人間科学としての地球環境学

人とつながる自然・自然とつながる人

立本成文◉編著

序

限界状況に直面した人間は、どのような反応をするのか。東日本大震災のように身近にそのようなことが起こると、しっかり考えてみなければと思う。

死の危険、苦悩、争い、罪責などによって、人間の存在が揺らぐ状況を限界状況という。東日本大震災では大地震、大津波によって村や町が根こそぎにされ、原発の事故を起こして人が住めなくなり、生存を脅かした状況は、限界状況の一つである。大震災に対する防災を当然考え直さねばならない。しかし、大震災がもたらした限界状況は、私たちの目覚めをうながすものでもある。豊かさにどっぷりつかってしまって、ついうっかり眠りに陥ってしまった人間の存在、文明のあり方を見直すための警鐘なのだ。地球環境問題というのも、限界状況への危機意識を喚起するものということができる。

人間の歴史に、カタストロフィ的な経験は無数にある。ただ人は忘れる。天災は忘れたころに来る。自然現象ではないが、戦乱、世界大戦、ホロコーストという経験もそのような経験の一つである。限界状況を乗り越えて人が生きていくということは、「共に生きる」ことにほかならない。絆が根っこから崩れさる「根こぎ」[*1]を乗り越える必要がある。デラシネ（根無し草）、故郷喪失ということばが日本でも流行したのは、ついこのあいだのような気がする。東日本

＊1　シモーヌ・ヴェイユ『根をもつこと』（冨原眞弓訳）岩波文庫、2010年。

でも、単なる復旧（それすら不可能に近い地域もある）あるいは復興ではなく、新しいつながりを構築する再生、新生こそが明るい未来を約束する。良く生きるというつながりは、「思いやり」を生きることである。本書は、このような思いを込めて、「人とつながる自然、自然とつながる人」としたものである。人と環境のつながりを究明するのが地球環境学である。

つながり、絆、関係ということばは、なにかその素になるものがあるように錯覚しやすい。じつはその「素」こそ人間がつくりあげたもので、それ以外にはない。物質としてエーテルや気として存在していることは証明されていない。常に人間がつくりあげ、それを共有し、伝承することによって活性化されるのである。人間と自然とのつながりもそうである。ただ、ここで「自然」というのは、山川草木、動植物、気象、森羅万象と同時に、「おのずからそうなっているさま。あるがままのさま」という意味も込められ、それには人間も含まれているのである。したがって、人とものつながりばかりではなく、人と人とのつながり、ものとものとのつながりも考えなければならない。それらのあいだの、相互作用、共生、規制、略奪、利用のあり方である。

二一世紀初頭、二〇〇一年四月に、大学共同利用機関として総合地球環境学研究所（地球研）は京都に産声をあげた。人間と自然の相互作用環、つながりを解明して地球環境問題の解決に資することをミッションとして謳っている。最初の六年間は動物行動学者の日高敏隆博士を所長として自由な気風のもとで研究所のかたちをつくった。その後六年間を私が、「人間科学としての総合地球環境学」構想のもと、領域プログラムの編成と未来設計イニシアティブを

導入して研究組織を充実させる役目を担った。次には大気や気候など地球学、地球環境学研究者である安成哲三博士が、地球研プロジェクトのグローバル化と地球環境研究の超学際化を目指して研究所の舵取りをする。

本書は、舵手交代の一二年目の節目を記念して、地球研の根本ミッションを考えなおすために編まれた。それはとりもなおさず、総合地球環境学の基本的な枠組みを示すことでもある。もとより、この枠組みは数ある試みのなかのささやかな試論であることは認めざるを得ない。試論が常に必要なのは、総合地球環境学の性《さが》でもある。総合地球環境学というのは、人間が存続するかぎり考え続けなければならない問題群に対処する、終点のない営みであるからである。

人間が生存するかぎり、環境の設計は常に再考していかねばならない。そのときに、こうあるべきだというユートピアを目指すことはあっても、未来にそれが実現されることは難しいことも確認しておかねばならない。むしろ、人間は根をもつことを工夫し、それを自分で壊し、あるいは外的に壊されて、また新たな根をつくっていく、そのような創造的主体であると考えるほうが現実的である。変革、創造をなくした人間は、生物と同じく地球の物理的な循環に身を任さざるをえないからである。

本書は独立した九章からなっている。各章はそれぞれ独自の音色を奏でる別個の曲である。しかし、それぞれが他の章と微妙に響きあって和音を奏でている。その通奏低音が「つながり」である。本書の構成を示しておきたい。もっとも、各論考が共鳴しあっているのを聴きとる

のは読者の自由な主体的な想像力、構想力、創造力であることも付け加えておかねばならない。九章は大きく三つに分かれる。部構成をとっていないがこの序論では、九章を三部に分けて紹介する。

人間とは何かという問題を考える材料として、第一部にあたる第一章から第三章が用意された。いわば第一部は人が分析の中心にある環境学である。

第一章の鞍田論文では環境問題を考える主体性の考察がまず行われる。地球環境問題が問われてきた半世紀を世代論的に三つの世代に分類し、現代社会、とくにわが国においてあらためてこの問題に向き合う際の主体性の必要性があらためて確認されている。

つながりを関係として概念化するときに関係をあらしめている原理とでも言える、関係価値についての阿部論文が続く。経済学でいう価値に「労働価値説」と「希少性の理論」とがあるとすると、価値のあり方が実体（＝商品に投下された労働）にあるのか関係性（＝商品に対する主体の選好）にあるのかの区別を援用すれば、関係価値というのは関係性に価値があるとする試みである。[*2] 端的にいえば、つながりに価値をみることである。この論文では科学のあり方を問題視し、関係価値が環境学に必須のものであるという主張をする。

第三章のベルク論文は、環境を風土として捉えるための固有の論理を摘出している。ベルクはその風土論で有名である。[*3] 本論文では、東西の哲学・思想ならびに周辺領域を精査し、従来の二元論的思考を克服する風土的思考の今日的意義を説いている。

＊2　荒川章義「価値」永井均他編『事典 哲学の木』講談社、2002年。

＊3　風土をテーマとした主な著書に『空間の日本文化』宮原信訳、筑摩書房、1985年（*Vivre au Japon*, Presses Universitaires de France, 1982.）、『風土の日本──自然と文化の通態』篠田勝英訳、筑摩書房、1988年（*Le sauvage et l'artifice: Les Japonais devant la nature*, Gallimard, 1986.）、『風土としての地球』三宅京子訳、筑摩書房、1994年（*Méediance de miliuex en paysages*, Reclus, 1990.）、『地球と存在の哲学──環境倫理を超えて』篠田勝英訳、ちくま新書、1996年、『風土学序説──文化をふたたび自然に、自然をふたたび文化に』中山元訳、筑摩書房、2002年（*Écoumène: à l'étude des milieu humains*, Belin, 2000.）、『風景という知──近代のパラダイムを超えて』木岡伸夫訳、世界思想社、2011年（*La pensée paysagère*, Archibboks+Sautereau Éditeur, 2008.）などがある。

第二部は第四章から第七章までで、地域を中心に環境問題を論じたエッセーで、地域から環境問題を見る際の空間的フレームづくりの試論である。発表形態、書かれた時期が違うので用語等に齟齬があるところもある。また繰り返しもまま見られる。しかし、第一部の三章がそれぞれ個性のある文体をもちいているように、第二部では同じ著者であるが初出の原論文を尊重して大きな修正はしていない。

第四章は地球世界のなかでの地域のあり方を語っている。国家や村落や大陸などといった範囲の定まった「地域」を考えているのではなく、全体と個との階層関係のなかで、マクロな全体とミクロな個との媒体としての「地域」であり、その範囲はさまざまなレベルで、状況に応じて実体化されうる地域概念であるということを強調するために「地域圏」ということばを使っている。この地域圏概念の内容とサンプルが以下の章で敷衍される。

第五章は、環境、地球環境を腑分けして、それらを考える枠組みを説き起こす。それをうけて環境問題と地球環境問題を考えなおし、主体としてどのように取り組むべきかを説いている。次に一転して、それを研究する際の枠組みとして、風土としての地域圏が環境研究の根幹にあるということを敷衍する。結論として知の統合について論じている。章全体として、一章の主体性、二章の科学批判、関係価値、三章の風土論と深くかかわっており、方法論は八章と九章につながりながら、アプローチの違いを主張している。

第六章と第七章は、地域圏の例示として環境学よりは国際関係論、地域研究に焦点を合わせ

て論じられたものである。両章の大きな特色として、陸志向ではなく海志向であり、海域世界というものを構想している背景がある。

第六章は、中華世界、朝鮮半島、日本列島を中心に論じられる「東アジア」という地域区分を、海志向の観点から解体し、新しい東アジア地域圏を構想している。

第七章は、環境論ではあまり問題にされない「海域世界」のあり方をフィールド研究から理論化している。

第八章と第九章が本書の第三部を構成し、結論的な章となっている。地球システムを考察するなかで、総合地球環境学構築のための方法論と「持続可能な寄生から未来可能な相利共生」というパラダイムシフトを提示している。

第八章では、第五章で提起された「統合知」をどのように求めるかを理論的かつ実践的に論じている。今後の研究方向を示唆していて、環境を総合的に考えるため、新たな学問体系構築のための知的トレーニングをする必要性を説いている。

第九章では、地球研のなかで地球環境研究の議論の中心になっているプラネタリー・バウンダリーズ（地球の環境許容限界）に対して、ヒューマニティー・バウンダリーズ（地域固有の環境許容限界、あるいは人間文化の限界）を導入し、未来可能性を論じている。このヒューマニティー・バウンダリーズというパラダイムは、最初に述べた限界状況を環境問題としてどのように考えるかということの解答でもある。

総合地球環境学というのは、地球学、環境学、人間学を総合して、人類全体が、そして一人ひとりの人間が「良く生きる」ことに収斂していくことを目的としている。本書を手がかりとして、読者自身がより深く環境を考えることによって、良く生きる糧を得られることを願っている。

総合地球環境学研究所
立本 成文

人間科学としての地球環境学——目次

＊本文中に掲載している写真はすべて阿部健一氏の撮影によるものです。

第一章 ● 環境問題と主体性……鞍田 崇

はじめに——「人はなぜ花を愛でるのか」

「人はなぜ花を愛でるのか」——二〇〇六年初夏、国立京都国際会館で、そんなテーマを掲げたシンポジウムが開かれた。

人間文化研究機構の第四回公開講演会・シンポジウムとして開催されたものだが、企画の中心を担ったのは、総合地球環境学研究所（地球研）。同年はじめに上賀茂本山の地に晴れて現在の地球研の施設群が竣工したのを受けた、記念シンポジウムだった。環境問題をたんなる自然現象ではなく、人間文化の問題として位置づけ、ときに問題の背景にある自然観にまで遡って検討しようという地球研の新しい出発にふさわしい、秀逸なテーマだった。

このシンポジウムでは、植物、芸術、民族、歴史・考古など、さまざまな分野の研究者が登壇し、じつに多様な議論が交わされた。後に同名タイトルで書籍化もされて、これがなかなか面白い。[*1] だけれども、そこには肝心なことが欠けているように思う。

というのは、誰も自分のことを語っていない。正確にいえば、自分のことしか語れない、そういうタイプの人物がいない。

そもそも「人はなぜ花を愛でるのか」というタイトルが陥穽《かんせい》だ。人間と自然の関わりを問うにあたって、きわめて根源的な問いであることはまちがいないし、それを正面から俎上に載せたことにはおおいに共感できる。だが、「人はなぜ花を愛でるのか」といういい方は、よくよく

＊1　日髙敏隆、白幡洋三郎編『人はなぜ花を愛でるのか』八坂書房、2007年。

考えれば、まるで「私が好きかどうかはともかく、なぜみんな花が好きなの？」——なんだかそんなふうにうそぶいているようでもある。花を愛でる、それは、どこまでも個人的な事柄であるはずなのに。

話の糸口として、地球研が関わったシンポジウムのことを取り上げたが、それはこのシンポジウムの意義を貶めるものではない。むしろ、そこで問われたこと、すなわち「人はなぜ花を愛でるのか」という問いが、現代社会のなかで環境問題を考えるにあたってきわめて本質的かつ重要であればこそ、パズルの最後のワンピースのように、なお残された課題が浮き彫りになったということを示唆しようとしたまでである。

「花坊主」——中川幸夫の死

冒頭でふれた「私」や「個人的な事柄」とはどういうことだろうか。そもそも「愛でる」とは、どういうことなのだろうか。

その点を考えるうえで、おおいに参考になると思わ

花冠をかぶる「森の民」オランアスリの少女、マレーシア

れる、ひとりの人物が、二〇一二年三月に亡くなった。花人の中川幸夫だ。

中川は、勅使河原蒼風、小原豊雲らとともに、終戦直後にわが国で台頭した「前衛いけばな」を代表する作家として知られる。前衛いけばなは、同時代のさまざまな表現活動と連動し、従来の伝統的な華道の枠組みを大きく逸脱していった。しかしながら、半世紀を経た現在、その多くは新たな流派を築き組織化され、かつてのみずみずしい前衛性を見いだすことはできない。そんななか、ひとり、個として花と対峙しつづけたのが、中川だった。

中川の代表作の一つに、「花坊主」(一九七三)がある。九〇〇本のカーネーションの花びらを自作のガラス瓶いっぱいに詰めこみ、瓶の口を下に伏せて密封、そのまま腐敗・発酵する様を撮影した作品だ。撮影者は土門拳の異母弟、牧直視だった。*2

腐敗が進行するにしたがい、花の色素が液体となって瓶の口辺から溶けだし、下に敷かれた和紙の上に滲みひろがってゆく。赤い花液は「花の血」のようでもあり、あたかもそれは殺戮現場をみるようですらある。さきの問いをふまえていうなら、「花坊主」はあまりの凄惨さゆえに、みる者に、おまえはなぜ花を愛でるのか、と問いかける作品ともいえるだろう。

と同時に、この毒々しいほどに真っ赤な情景は、「坊主」というタイトルの由来にもなったガラス瓶のふくよかな形状とあいまって、それはどこかセクシャルな興奮を連想させるシーンでもある。エロス(性)とタナトス(死)はオーストリアの精神分析学者ジークムント・フロイトが切開してみせた、両義的な生の欲動であるが、それを花に託して露呈してみせたのが「花坊

*2　財団法人東京都歴史文化財団、東京都庭園美術館、岡塚章子編『庭園植物記』財団法人東京都歴史文化財団・東京都庭園美術館、2005年。

主」であるといってもいいかもしれない。作品の二面性に端的にしめされているように、中川幸夫にとって、花と対峙することは、両義的な自らの生と対峙することを意味した。だが、そのことは、ただいたずらに花に自己を投影したということではない。彼の作品の主役は、あくまでも花そのものである。「花坊主」では、花の死がテーマとなっている。血を流しているのは花である。ひたすら花の目線、花の立場につき従うなかで、中川は、自らの両義的な欲動（それを「業」とよんでもよいのかもしれない）に立ち返り、それを表現した。そんなふうに理解することもできるだろう。

中川の表現のスタンスは、一見、通常のいけばなとはまるで異なるようにも映る。たとえば、終生彼を支援しつづけた作家の早坂暁は、「生け花五百年の歴史の中で、死んでゆく花の血を生けた人間はなかったはずである」[*3]といい、美術評論家の瀧口修造は、「花をいける、という逆説の現場検証。そしていけばなという固定観念の静かな瓦解すら視える」[*4]という。[*5]

だが、いみじくも瀧口が「逆説」という言葉に託しているように、そもそも「花をいける」というふるまいそのものが、逆説的で残酷なものだ。「生ける」といいながら、いけられる前に花はまず切られる。つまり、殺されてはじめて、花はいけられる。神仏荘厳に根ざした「たてはな」にせよ、それを解体し心のおもむくまま個人の創意の発露を実現したとされる「なげいれ」にせよ、いけばなには、生ける、つまり花を花としていかす行為にともなう、自然に対して鋏を入れるという逆説的な残酷さへの自覚があるのを忘れてはならない。

＊3　早坂暁『華日記――昭和生け花戦国史』小学館文庫、1997年。

＊4　瀧口修造「狂花思案抄 中川幸夫氏に」中川幸夫『華 中川幸夫作品集』所収、求龍堂、1977年（『美術手帳』No.794、美術出版社、2000年）。

＊5　三上満良、安藤輝美編『花人 中川幸夫の写真・ガラス・書――いのちのかたち』求龍堂、2007年。

中川は、たんなる自己表現として花に対峙したわけでもなければ、頑なにいけばなという伝統に抗ったわけでもなく、人と花との関わりの本質をふまえた現代の花の姿を追求した。そこに通底しているのは、同じく命あるものとしての生の儚さへの共感である。それが彼にとっての花を愛でるということであったといってよいだろう。

一年前の中川幸夫の死は、彼が終始一貫して追求しつづけたものの継承の意義を、人々にあらためて痛感させた。

中川本人に関しては、特に二〇〇〇年以降、一種のリバイバルが起こっていた。直接的には、二〇〇二年に「第二回大地の芸術祭 越後妻有アートトリエンナーレ」のプレイベントとして信濃川河川敷で行われたイベント「天空散華　中川幸夫『花狂』」の影響によるものだ。これは、二〇万本ともいわれる膨大な数のチューリップの花弁が空中のヘリコプターから「散華」されるなかで、大野一雄が舞踏するというもので、多くのメディアに取り上げられ話題となった。しかしながら、イベント的な一過性のものではなく、たとえば、片桐功敦や東信など、花を扱う若いアーティストの間で、いまなお中川幸夫への信頼は絶大なものがある。彼らにとって、中川の存在は、その死によって、神格化され決定的となったといってもよいだろう。そんな彼らの活動が同世代の多くの共感を集めているのをみるとき、中川が一貫して追求しつづけた、自然との主体的関わりに対する時代の渇望をうかがい知ることができる。それは、日常のリアリティが失われ、生きる主体が浮遊した現状の裏返しでもあるとも考えられる。次節で、その点

の検討をさらに進めてみたい。

カウンターとトレンド——時代とエコロジーの世代論的性格づけ

地球環境問題が社会的に共有される関心事となって、すでに半世紀近くが経とうとしている。この間、環境問題の社会的位置づけは、およそ二〇年周期でターニングポイントを迎えてきた。メルクマールの一つは、一九七二年のストックホルム会議(国際連合人間環境会議)、一九九二年の「地球環境サミット」(環境と開発に関する国際連合会議)、そして二〇一二年の「リオ+20」(国際連合持続可能な開発会議)と二〇年ごとに開催されてきた、国際連合による環境関連の国際会議だ。これをふまえて、世代論的に、一九七〇年代～一九八〇年代を第一世代、一九九〇年代～二〇〇〇年代を第二世代、二〇一〇年代以降を第三世代と括ることができる。

三つの世代分類は、たんに年代ごとの括りによるものではなく、さきに述べたように、環境問題の社会的位置づけの変遷を意味している。それは同時に、そのときどきの主体のあり方あるいは志向性と連動するものでもある。それをキーワードとしてしめすなら、第一世代はカウンター、第二世代はトレンド、第三世代はノーマルといえるだろう。以下にこれらのキーワードの内実を、それぞれの世代の思想的動向の変遷とあわせて簡単にスケッチしておきたい。

まず第一世代は、カウンターの時代である。一九七〇年代になり、日本の公害問題に象徴さ

れるように、工業化による環境汚染や開発による自然破壊が深刻化するなかで、さらに地球規模の環境問題が社会的な関心を集めはじめた。その際、環境問題をめぐる議論は、たとえば、この世代の幕開けと同時に刊行された『成長の限界』というタイトルに端的にしめされているように、経済活動と環境保護を対立的に理解する、あるいは、自然環境への配慮を経済活動の抑制と理解するものであった。*6 言いかえると、たしかに環境意識の高まりはあったものの、それは決して社会全体のメインストリームではなく、環境志向はあくまで少数派であった。

反経済としての環境意識の高まりをしめしたこの世代は、思想的にみても、反権力・反体制的傾向が顕著であった。その典型的な例は、ノルウェーの哲学者アルネ・ネスらによるディープ・エコロジーだ。*7 ネスは、たんに経済のみならず、そもそも人間活動そのものを批判的に位置づけ、いわゆる人間中心主義からの脱却と、生態系全体の視点に立った生命平等主義を志向した。ちなみに、ネスがこうしたスタンスをはじめて明確に表明した論文「シャロー・エコロジー運動と、長期的視野を持つディープ・エコロジー運動」が、中川幸夫の「花坊主」の発表と同じ、一九七三年に刊行されているのは興味深い。直接の交流はなかった二人だが、同時代の浅薄であまりにも人間的な自然理解に対する警告が共有されていたことを示唆する事例といえるだろう。

第一世代がカウンターを志向したことは、思想や芸術といった特殊なジャンルにとどまるものではない。こうした気運に共感した者たちは、都市を捨て田舎に暮らし、自ら大地を耕した。彼らは汗をかくことを厭わず、従来の消費生活を捨て、衣食住のすみずみにわたって、自らの手

＊6　ドネラ・H・メドウズ『成長の限界――ローマ・クラブ「人類の危機」レポート』（大来佐武郎訳）ダイヤモンド社、1972年。

＊7　アルネ・ネス「シャロー・エコロジー運動と、長期的視野を持つディープ・エコロジー運動」アラン・ドレングソン編『ディープ・エコロジー――生き方から考える環境の思想』（井上有一訳）所収、昭和堂、2001年。

で再構築しようとした。アメリカで一九七〇年に刊行され、一九七二年に日本語訳が出た『地球の上に生きる』は、そうしたカウンター的ライフスタイルの教科書となった。[*8] 主体の問題としてみれば、彼らはまさしく自らの問題として、環境問題を認識していたといえるだろう。だが、多くの場合、それは少数派としての疎外的状況の裏返し、体制や権力への反抗にとどまり、自発的に創出された主体とはいいがたいものでもあった。

熱烈な少数派によって自然との共生が希求された第一世代に対し、第二世代において、環境問題は、もはや反体制的な意味をもつものではなくなり、むしろ時代の本流となった。背景には、東西冷戦の終焉により、かつてのようなイデオロギー的視点の議論が効力を失し、新自由主義的なグローバリゼーションが本格化したこともあげられるだろう。環境意識の浸透は、反権力・反体制はいうに及ばず、反経済ですらなくなり、家庭から産業界にいたるまで「緑色にそめた」[*9]。エコロジーを意識する人々は、もはや田舎ではなく都市に居住し、ハイブリッドカーに象徴されるように、環境保護は経済活動と対立するものではなく、少なくとも表面的には相即するものとみなされるようになった。

この第二世代においては、多くの環境保護運動が消費資本主義に取りこまれ、いわゆるエコ消費やエコ生活といったかたちでのエコブームが先進諸国を席巻することになった。環境意識は、少数派によるカウンターではなく、社会の多数派の動向、すなわちトレンドとしての洗練を志向した。トレンドとしての「エコ」は、社会企業の活動にみられるように、第一世代とは

＊8　アリシア・ベイ＝ローレル『地球の上に生きる』（深町真理子訳）草思社、1972年。

＊9　アンドリュー・ドブソン『緑の政治思想——エコロジズムと社会変革の理論』（松野弘、池田寛二、栗栖聡、丸山正次訳）ミネルヴァ書房、2001年。

異なる仕方で社会変革をうながす勢力の形成を志向するものでもあったが、当初は結局、新たな消費を喚起する装置にすぎず、第一世代による痛烈な近代批判を個人的欲望の充足契機に矮小化したといわざるをえない。

主体の問題としてみた場合、第二世代はどのようになるのだろうか。環境意識は本質的に経済活動との間に齟齬を生じるものである。なぜなら、経済活動が、根本的に自らの利潤を追求するのに対して、環境意識とは、自らとは異なる他者、人間とは異なる自然といった他なるものの利益を追求する。すなわち、利己と利他という、主体の倫理的ふるまいにとっての本質的な対立がそこにはある。第一世代は、時代の本流である利己的な経済活動に対抗し、利他を志向した。それに対して、第二世代は、一見、両者の宥和を実現したかのようではあるが、すでに述べたように、それはあくまでトレンド志向の利己的な欲求の実現にほかならなかった。第二世代におけるこうした分裂した状況が、結果的に主体の不在を助長したとはいえないだろうか。

ノーマル――エコロジー第三世代

では、二〇一〇年代以降のエコロジー第三世代はどうなのか。

内閣府の『国民生活白書』[*10]によると、「個人の利益よりも国民全体の利益を大切にすべきだ」と答える人の割合は、二〇〇〇年を底に上昇をつづけ、統計がとられた二〇〇八年には五割を

＊10　内閣府『平成20年版 国民生活白書』2008年。http://www5.cao.go.jp/seikatsu/whitepaper/h20/10_pdf/01_honpen/index.html

超えたという。利己的であるよりも利他的であろうとする、この時期の動向は、ソーシャルビジネス（SB）やコミュニティビジネス（CB）の台頭に典型的に現れている。*11 もっぱら自分のための消費活動をベースとしたトレンド志向は、私有を前提にするものであったが、SBやCBは、たんなる個人利益の追求の限界から、私有ではなくむしろ共有を是とするものである。消費者の側からいえば、この間、はじめに私有ありきの「ハイパー消費」から他者とのシェアを前提とした「コラボ消費」への転換が行われてきた。*12

二〇〇〇年以降のいわゆるゼロ年代は、本稿で二〇年を単位としてみた第二世代の後半にあたるわけだが、このころには、ほかにも、トレンド志向だけではおさまらない、人々の意識の変化をうかがわせる社会的動向がみられる。

たとえば、「暮らし系」雑誌の多くがゼロ年代のはじめに創刊され、身近な日常生活に豊かさを求める傾向に拍車がかかる。*13 木工作家の三谷龍二によれば、彼が手がける素朴な木の器は、ゼロ年代に入った途端、急速に売れはじめたという。*14 それは、従来のアート系ではなく、伊賀の「yamahon」や多治見の「百草」など、日常使いの器を専門に扱うギャラリーが、全国的に広まっていくのと連動した動きでもあった。こうした動きは、それはそれで新たな消費傾向というトレンド的側面をもつものであったことは否めない。しかし、さきの『国民生活白書』の結果とともに、次の世代に向けた、第二世代の自己修正とみることもできるのではないだろうか。トレンドからの方向転換のポイントは、ひとまず「他者」、「共有」、「暮らし」、「日常」といった言

＊11　先の『国民生活白書』と同時期の2007年に、経済産業省の第１回「ソーシャルビジネス研究会」が開かれている。

＊12　レイチェル・ボッツマン、ルー・ロジャース『シェア——〈共有〉からビジネスを生みだす新戦略』（小林弘人監修、関美和訳）日本放送出版協会、2010年。

＊13　『クウネル』（マガジンハウス）は2002年、『リンカラン』（ソニー・マガジンズ）、『天然生活』（地球丸）は2003年。

＊14　瀬戸内生活工芸祭実行委員会編『道具の足跡——生活工芸の地図をひろげて』アノニマスタジオ、2012年。

葉で表してよいであろう。

ところで、もう一つ、第三世代の方向をうかがううえで示唆的なものがある。フランスの思想家フェリックス・ガタリの小著『三つのエコロジー』[*15]だ。

同書のなかで、ガタリは、現代社会が直面しているエコロジー的アンバランスを克服するには、自然環境を対象とする従来の「環境のエコロジー」のみならず、「社会のエコロジー」、さらには「精神のエコロジー」をも視野にいれ、それら三つのエコロジーを横断的に関係づける新たな知（ガタリはそれを「エコゾフィー」とよぶ）の確立を求めている。

あえて強引にまとめるなら、ガタリのいう三つのエコロジーを、ここで述べた世代論にあてはめてみることもできるのではないだろうか。カウンターとしての第一世代は、ディープ・エコロジーにみられるように、ときに人間社会に背を向け自然を志向するものであった。その限りで、この世代はもっぱら「環境のエコロジー」を志向したといえよう。一方、第一世代のマイノリティー的運動ではなく、トレンドという浅薄なかたちではあるが、広く社会全体で環境問題の共有をはかった第二世代は、「社会のエコロジー」を志向した。とすると、第三世代に残された課題は、いかに「精神のエコロジー」をこれまでの議論に連結できるか、ということになる。議論の整理の手がかりにすぎないといえばそれまでだが、第三世代に求められているのがある種の「精神性」であるということは、あながち見当違いではあるまい。

ふたたびゼロ年代の変化に目を向ければ、前節で触れた、中川幸夫のリバイバルがある。そ

*15　フェリックス・ガタリ『三つのエコロジー』（杉村昌昭訳）平凡社、2008年。

の際に、本節の議論を先取りするかたちで、「自然との主体的関わりに対する時代の渇望」、「日常のリアリティが失われ、生きる主体が浮遊した現状」について指摘したが、それこそ第三世代の「精神のエコロジー」に課せられた課題といえるだろう。

他方で、中川の再評価にかぎらず、ゼロ年代には、第二世代の方向転換の兆しと歩を一にして、第一世代の表現や活動の復活やそれに対する見直しが数多くみられたが、*16 だからといって、カウンター的ふるまいが再来するわけではない。カウンターとトレンドという二つの対照的な世代を経た後に、第三世代は新たな主体的ふるまいを志向する。それがノーマルだ。次節では、その点を、さらに詳述してみたい。

スーパーノーマルあるいは「ふつう」

環境問題との関わりのなかで、カウンター、トレンドと推移してきた主体の志向性は、二〇一〇年代からの第三世代において、ノーマルという新しい地平へと移行する。

このことは、さしあたり、環境問題がもはや少数派の関心事にすぎないものとして疎外されるものでも、トレンドとして消費・私有されるものでもなく、「あたりまえ」で「ふつう」の事柄になったことを意味する。さらに付言すれば、さきにゼロ年代にみられた第二世代の方向転換を略述し、「他者」、「共有」、「日常」、「暮らし」といった転換ポイントをしめしたが、「ノーマル」

＊16　たとえば、さきに触れた『地球の上に生きる』もこの間にふたたび注目されたものだし、他者の利益に対する重視も同様の動向の現れとみることができるかもしれない。

という言葉は特に日常に対する関心と関連しつつ、この時期に頻繁に耳にするようになったものである。

その代表的な例として、二〇〇六年に六本木AXISで開かれた「スーパーノーマル展」がある。プロダクトデザイナーのジャスパー・モリソンと深澤直人の二人のディレクションになる、日常生活に随伴するプロダクトデザインの本質的な意味を見いだすことを試みた展覧会だ。

無駄を排した彼らのデザインは、ミニマムとも形容されるが、あえてノーマルというのは、デザインの世界で閉じるのではなく、よりいっそうの一般化と日常化を意図したものともいえる。じっさい、この「スーパーノーマル展」を通して、デザイン界だけでなく、一般消費者のなかにも、身の周りの器や家具のデザインについて考えるようになったという人は多いようだ。

特に深澤は、ノーマルではなく、むしろ端的に日本語で「ふつう」という。

> 単純で、ふつうで、あまり人に刺激を与えないものがいいんじゃないか、ということがわかってきた。だから、僕はそこをやります。えー、と思わせるような強さをなくすことの方がすごいと思う。わっと驚かせることよりもはるかに強い。それが難しい。だってみんなふつうを期待していないわけだから。ふつうにするには勇気がいります。
>
> 『デザインの輪郭』＊17

＊17　深澤直人『デザインの輪郭』TOTO出版、2005年。

いままで誰もみたことのない独創的なものではなく、たとえばコップなら、誰もがコップという言葉とともに連想するようなイメージを原型として、現代ならではのかたちを探ること。それが深澤のいう「ふつう」だ。そうした原型は、明確な情報や知識として自覚されるものというよりは、無意識的な身体知のレベルで「あたりまえのこと」として認知されているものともいえるだろう。深澤がアメリカの心理学者ジェームズ・ギブソンらの生態心理学、とりわけアフォーダンス理論に深くコミットしていったのは必然的でもあった*[18]。

ノーマル、ふつう、あたりまえ。ここで気をつけなければならないのは、前ページの引用にもあるように、ノーマルはきわめて「難しい」ものだ、ということだ。と同時に、だからといって、いたずらにその難しさにかまけてしまい、あたりまえがあたりまえでなくなってしまうのも本末転倒だろう。

他方で、ノーマルであることは、ときに主体の主体性、すなわちその個別性の喪失をもたらすものでもある。フランスの思想家ジャン＝リュック・ナンシーが『フクシマの後で』において露呈してみせたのは、まさにそうしたネガティブな意味でのノーマルとしての「等価性」が現代社会に蔓延し、破局（カタストロフ）ですらもそこに絡めとられてしまうという破局的事態であった*[19]。

だが、そうした困難や危惧をふまえてなお、第三世代の主体の志向性をノーマルとするのは、なぜなのだろうか。

＊18　後藤武、佐々木正人、深澤直人『デザインの生態学――新しいデザインの教科書』東京書籍、2004年

＊19　ジャン＝リュック・ナンシー『フクシマの後で――破局・技術・民主主義』（渡名喜庸哲訳）以文社、2012年。

「ノーマル」や「ふつう」をキーコンセプトとする深澤直人は、わが国を代表するプロダクトデザイナーであると同時に、二〇一二年夏からは、日本民藝《げい》館の新館長という顔もあわせもつ。二〇一三年の年頭に、民藝協会ならびに友の会の会員に対し「新館長と語り合う会」というトークイベントが催された。館長就任後はじめての試みだった。

その講演のなかで、まず彼は、物の美は常に環境との調和のなかにあること、デザインの仕事は物が置かれる環境のコンテクストを解読し、そこにあるべき物の必然的な輪郭を探りだすことであり、自分は一貫してそうしたスタンスで物作りに従事してきたとした。そのうえで、いまなぜ民藝にコミットするのかについて、これまで手がけてきた物作りではなく、物が置かれる環境を整える必要があると感じたため、と説明した。

ゼロ年代における方向転換を探るさまざまな動向のなかで、民藝に対する再評価と共感もまた急速に浸透していった。その一部は、物としての民藝（もしくは民藝品）に対するノスタルジックな回顧趣味に根ざすものであったが、ゼロ年代にはじまる再評価の傾向は、たんに物としての民藝ではなく、物が置かれる空間とそこで営まれる生活全体としての民藝、しいていうなら思想としての民藝に寄せられているということができる。深澤が「物が置かれる環境を整える」にあたって民藝に注目するというのは、時宜にかなったものであるというべきだろう。いうまでもなく、「物が置かれる環境を整える」際の指標となるのが、ノーマルというコンセプトである。

一九二八哲学的考察――風土・民藝・聴竹居

「物が置かれる環境を整える」という目的のもとに、民藝から何を得ることができるのだろうか。第三世代におけるノーマルの内実を掘り下げるためにも、さらにその点の検討を進めてみよう。

ところで、前節末尾で「思想としての民藝」といういい方をしたが、これは物と区別された精神性ということではない。思想としての民藝の意義は、それが思想、すなわち言説として展開しながらも、決して物の世界から遊離しないところにある。その点をふまえ、ここでも、具体的空間を手がかりに議論を進めることにしたい。

民藝というコンセプトが具体的空間としてはじめて可視化したのは、一九二八年。この年、上野公園で開かれた「御大礼記念国産振興東京博覧会」に、民藝運動の主導者、柳宗悦らによって出品された「民藝館」が、それだ。民藝館とはいうものの、目黒区駒場に現存する日本民藝館とは別物である。この博覧会に出品された民藝館は、展示空間というよりは、民藝の理念に即した暮らしをしめすモデルハウス的なもので、じっさい博覧会終了後には、実業家・山本為三郎が購入し、大阪・三国にあった自宅の一部とした。*[20]

いまも述べたように、このときの民藝館はあくまで居住空間、すなわち人が物とともに日常的に住まう場を想定したものであったのだが、この一九二八年という年には、「住まうこと」

＊20　後に「三国荘」とよばれ、いまではこちらの名前で知られている（藤田治彦、川島智生、石川祐一、濱田琢司、猪谷聡『民芸運動と建築』淡交社、2010年）。

との関連からみると、ほかにもエポックメーキングな出来事があった。

環境工学の先駆者として知られる建築家の藤井厚二は、同年、主著である『日本の住宅』を出版、「住宅とは自然に同化して之に包容され周囲に反抗せざるものである」という基本スタンスのもと、長年試みてきた環境共生型住宅の集大成として京都・大山崎に「聴竹居《ちょうちくきょ》」を建てている。[*21]

また、ヨーロッパ遊学から帰国したばかりの哲学者の和辻哲郎は、「風土」という概念に注目し、のちに『風土――人間学的考察』へとまとめられる端緒となった講義を、この同じ一九二八年に京都帝国大学ではじめて行っている。ちなみに、『風土』で次のように述べられているように、和辻が風土で読み解こうとしたのは、宗教や芸術といった非日常的な文化現象よりも、日常生活のなかでの自然との関わりであった。

> 我々にとって問題となるのは日常直接の事実としての風土が果してそのまま自然現象と見られてよいかということである。自然科学がそれらを自然現象として取り扱うことはそれぞれの立場において当然のことであるが、しかし現象そのものが根源的に自然科学的対象であるか否かは別問題である。[*22]

民藝、聴竹居、そして風土。人間の日常的ふるまいをめぐって三つのコンセプトが、時を同

＊21　藤井厚二『日本の住宅』岩波書店、1928年。

＊22　和辻哲郎『風土――人間学的考察』岩波書店、1935年。

じくして登場してきたのは、たんなる偶然だろうか。

じつは和辻と柳は一八八九年生まれの同い年だ。藤井厚二は一つ年上になるが、同世代と考えてよいだろう。*23 建築（藤井）、工芸（柳）、哲学（和辻）と、それぞれに専門は異なり、直接の親交はなかったものの、同時代を生きた者として、彼らには何か通じるものがあるように思われる。*24

やはり彼らと同時代を生きたドイツの哲学者マルティン・ハイデガーが「建てる」、「住まう」、「考える」という三つを連関づけて、人間が「住まう」ことの本質を追求したように、藤井（建てる）、柳（住まう）、和辻（考える）の三人が追求した事柄を連関づけてみることもできるかもしれない。*25 ハイデガーが問うたように、彼らをむすびつけているものが、「住まうこととは何か」を考える際の手がかりになるのであれば、それはまた、本節で問うている点、すなわち「物が置かれる環境を整える」にあたって、民藝から何を得るのかを知るための指針をも与えてくれるのではないだろうか。

そうした意味で一九二八年の「民藝館」について語った建築家・堀口捨巳の次の文章は、非常に示唆的である。

> 今度の博覧会の中で不思議に私の心をとらへたものが一つあつた。それは民藝館である。それは建築としては不健全な衒學的な物臭さがないでもないし又手工藝的主張と其作品が如何にも時代錯誤的である。（中略）然し民藝館がかうした反時代的であるに係は

*23　和辻・柳は3月生まれ、藤井は9月生まれなので、3人は同学年である。

*24　ちなみに、1928年当時、柳は関東大震災後の京都時代で、吉田山に居を構えていた。和辻と藤井がつとめる京大とは目と鼻の先だったわけで、3人にまったく接点がなかったのかどうかはなお検討すべき課題である。

*25　中村貴志訳・編『ハイデッガーの建築論――建てる・住まう・考える』中央公論美術出版、2008年。

らず尚私には何か心牽かれるものがある。其は其郷土的な情緒や懐舊的雰囲気に囚れるのみでなしに何かそこに真実なものが隠されてゐる様に思はれるのである。

雑誌『日本建築士』博覧会記念号に掲載された、「大礼記念国産振興東京博覧会を見て感想二題」の一節である。[26] 同号は、上述の博覧会の建築について報告するとともに、前年にドイツで開催された〈シュトゥットガルト住宅展〉についても詳述し、同時代のモダニズムの動きを反映した内容となっている。堀口自身も、上掲文で略した箇所で、フランスの建築家ル・コルビュジェの有名な「建築は住む機械《マシン》である」、「椅子は座る機械である」というフレーズを引用し、機械の時代には機械にふさわしい建築が要請されることを時代の趨勢として認めている。そういう時代の流れからすると、民藝館はいかにも「時代錯誤的」である。しかしながら、にもかかわらず、そこには何かしら「真実なもの」があるように思う、というのだ。

堀口のいう「真実なもの」。それは、さきの藤井・和辻・柳の三人に通底するものをしめしている、といえば、あまりにも強引だろうか。

彼らが生きた時代は「機械の時代」であった。柳、和辻、そしてハイデガーが生まれた一八八九年に開催された第四回パリ万博で、エッフェル塔と並んで一番の話題となったのは、「機械館《La Galerie des Machines》」だった。いうまでもなく、万博は来たるべき近未来の見本市だ。このパリ万博は、機械の時代の到来を宣言するものであったといえよう。

＊26　堀口捨巳「大礼記念国産振興東京博覧会を見て感想二題」『日本建築士』Vol.2、No.5-6、日本建築士会、1928年。

機械の時代の申し子たちは、機械とともに成長するとともに、次の時代を探るなかで、機械でないもの、機械によって見失われたもの、端的にいうなら自然と日常生活の接続に新しいリアリティを求めた。民藝も、風土も、聴竹居も、失われた自然と暮らしの新たな接続を追求するなかで、それぞれに時代のオルタナティヴとして提起されたものといえるだろう。

それは、二〇世紀という時代の申し子として生きてきたわたしたちが、二〇世紀的でないもの、二〇世紀によって見失われたものを志向している状況と、符合するのではないだろうか。経済性と合理性の偏重、地域コミュニティの分断、深刻化する環境問題、そして原発。二〇世紀初頭に次の時代を志向した人々が見いだし試みたものを、わたしたちは、さらに先鋭化した事態のなかで、もう一度咀嚼しなおす必要がある。エコロジー第三世代が直面している状況を、私はそんなふうに思うのだ。

「肯定のみされる平凡」あるいは愛おしさ

機械の時代のオルタナティヴとしての民藝は、暮らしと自然との再接続を追求しつつ、まさしく「物が置かれる環境」を整えなおそうとするものであったといえるだ

竹細工のかごを抱え、観光客に腕輪を売る
タイ山地民のおばあさん

ろう。だが、民藝はどのような環境に物が置かれるべきとしたのだろうか。民藝的主体の志向性は、いかなる指針に導かれていたのか。

「美と生活とを一つに結ぶことを努めたい。それは手近く私自身から出発せねばならない」*27。自らの言葉どおり、彼はただ古物を収集したわけではなく、衣食住全般にわたり、具体的な暮らしのかたちの提案を試みた。もっとも身近なもの、日常的に体感されるものこそがリアリティといってよいのであれば、柳を民藝へといざなったのは、どこまでもリアルであろうとする思想家としての志向だったということができるだろう。では、柳が追求した民藝というリアリティはどういうものだったのだろうか。

あの平凡な世界、普通の世界、多数の世界、公の世界、誰も独占することのない共有のその世界、かかるものに美が宿るとは幸福な報せではないでしょうか。否、かかる世界にのみ高い工藝の美が現れるとは、偉大な一つの福音ではないでしょうか。平凡への肯定、否、肯定のみされる平凡。私は民藝品に潜む美に、新しい一真理の顕現を感じるのです。私はこの偉大な平凡の中に、幾多の逆理が啓示されてくるのを順次に見守っています。

『民藝とは何か』*28

「肯定のみされる平凡」、「偉大な平凡」。そう柳はいう。平凡であることは、ともするとネガ

＊27　柳宗悦「私の念願」『工藝』No.25-26、日本民藝協会、1933年。日本民藝館監修『柳宗悦コレクション３　こころ』所収、ちくま学芸文庫、2011年。

＊28　柳宗悦『民藝とは何か』講談社学術文庫、2006年。初版は昭和書房、1941年。

ティブにとらえられかねない。だが、柳は民藝というコンセプトのもとに執拗にそれを求めた。柳は自らの民藝という視点に先立ち、同じく平凡さに意義を見いだしたものとして、侘び茶草創期の茶人のまなざしを評価している。家元制という組織化・制度化のなかで、当初の片鱗すら残っていない現状に対する批判と連動して、ますます彼は古き時代に茶人たちが見いだした物のなかに、自らのいう「平凡」の具体例を発見し、その視点をゆるぎないものにしていく。少々長くなるが、そうした彼の徹底ぶりをうかがうことのできる文章を一つ紹介したい。江戸期より茶道具のなかで最高峰の「大名物」の筆頭と目され、現在は国宝にも指定されている、李朝時代の茶碗「喜左衛門井戸」を手にしたときの随想である。

「いゝ茶碗だ——だが何と云ふ平凡極まるものだ、」私は即座に心にさう叫んだ。平凡と云ふのは「あたり前なもの」と云ふ意味である。「世にも簡単な茶碗」、さう云ふより仕方がない。どこを捜すも恐らく是以上平易な器物はない。平々坦々たる姿である。何一つ飾があるわけではない。何一つ企みがあるわけではない。尋常之に過ぎたものとてはない。凡々たる品物である。

それは朝鮮の飯茶碗である。それも貧乏人が不断ざらに使ふ茶碗である。全くの下手物《げてもの》である。典型的な雑器である。一番値の安い並物である。作る者は卑下して作ったのである。個性等誇るどころではない。使ふ者は無造作に使ったのである。自慢など

して買つた品ではない。誰でも作れるもの、誰にだつて出来たもの、誰にも買えたもの、其の地方のどこでゝも得られたもの、いつでも買えたもの、それが此の茶碗の有つありのまゝな性質である。

それは平凡極まるのである。土は裏手の山から掘り出したのである。釉は炉からとつてきた灰である。轆轤は心《しん》がゆるんでいるのである。形に面倒は要らないのである。数が沢山出来た品である。仕事は早いのである。削りは荒つぽいのである。手はよごれたまゝである。釉をこぼして高台にたらして了つたのである。室は暗いのである。職人は文盲なのである。窯はみすぼらしいのである。焼き方は乱暴なのである。引つ附きがあるのである。だがそんなことにこだはつてはゐないのである。又ゐられないのである。安ものである。誰だつてそれに夢なんか見てゐないのである。……之がまがひもない天下の名器「大名物」の正体である。

「『喜左衛門井戸』を見る」[*29]

民藝的主体が志向するのは、どこまでも平凡な世界である。それはまさしく「スーパーノーマル」であって、ここに、エコロジー第三世代が志向するとしたノーマルとの共鳴をみてとることは容易である。だが、それは、民藝にすべてが尽くされていることを意味するものではない。

＊29　柳宗悦「『喜左衛門井戸』を見る」『工藝』No.5、日本民藝協会、1931年。『柳宗悦全集』第17巻所収、筑摩書房、1982年。

「下手もの」の美は無心な素朴な心から自然に表わされ育った美で、自然美にも比すべき美である。無心な素朴な心は一度失われた以上再び返って来ないものである。その心が失われた今そうした美を表現しようとする所に錯誤がある。心ばかりでなしに先ず材料がなくなっているし、道具が変っているのである。それを敢えて無理して実行しようとする所にディレッタントの病的な偏愛が表われるのである。その不純な表れの故に一種の不快が伴うのである。私は民藝館の中に心牽かれるのは只ありし日の健康な素朴な工芸の本質が何処かに反映している所にである。それは只反映しているのである。只反映ではあるが、見るものに偏した刺激強い現代の建築工芸界に何かを私語するのである。

前節で引いた文章の末尾で、堀口捨巳はこう述べている。「真実なもの」を見いだしたとしながら、現実の具体的表現としての民藝に対し手放しで賛意を表するわけにはいかない。こうした堀口のアンビヴァレントな民藝理解は、わたしたちも大きく共感できるところである。

そもそも近年の民藝への共感は、「美」という視点で理解してよいのだろうかという疑問が私には長らくくすぶっている。[*30] 近年の民藝への関心の背景には、暮らしへの意識の高まりがある。いかにこの平凡な日常をより充実した、より豊かなものにするか。それはまた、あたりまえの繰り返しのようにすぎていく日々、その一瞬一瞬をいかにかけがえのないものとして感受できるか、ということではないだろうか。日々の暮らしのかけがえのなさへの感性。それをこ

＊30　鞍田崇＋編集部編『〈民藝〉のレッスン——つたなさの技法』、フィルムアート社、2012年。

こでは「愛おしさ」とよんでみたい。「物が置かれる環境を整える」ということは、美しさではなく愛おしさのデザインを意味するのではないか。

愛おしいものには、必ず限りがある。空間的にいうと、大きいものよりも小さいものの方が「愛おしい」。時間的にいうと、永久のものに対して、「愛おしい」とは思わない。もうじき終わるかもしれない有限のものに愛おしさは生まれる。つまり、たえざる終わり、終末への意識。わたしたちは「いま、ここ」という限られた瞬間を常に過去のものに終わらせながら生きているわけだが、そういう限りあるものに対する共感が、愛おしさである。限りあるものは、自分の生き様でもあるし、時代のありようでもあるし、ただただ平凡なこの毎日でもある。そうした自己と時代と暮らしの本質を見いだすこと、いま求められているのはそういうことではないだろうか。

おわりに——殿堂と物置小屋

数節にわたって、民藝ならびにその周辺を顧みながら、エコロジー第三世代において追求される主体性について考えてきた。ひとまずノーマルというキーワードのもとに検討をすすめてきたわけだが、具体的には、愛おしむというふるまいを現実の暮らしに実現することが求められているといえるだろう。それはまた、本稿冒頭で触れた「花を愛でる」という態度にも通じる

ものである。限りあるという点で「愛おしさ」を惹起するのが、何よりもまず自らを含む命あるものであることはいうまでもない。

問題は何も解決していない。本稿冒頭で花との関わりから指摘した主体をめぐる陥穽は、環境問題をめぐる言説についても、しばしば見いだされるものである。「私が守りたいかどうかはともかくとして、分野を越えて問題を包括的にとらえ、みんなで地球を守らなければいけない」。研究の場はいうに及ばず、社会的動向を顧みても、さまざまな問題が次々と指摘され、危機意識が煽られ、「エコ」を冠した情報や商品が着々と用意されていくが、核になる主体への問いかけは、いつも抜け落ちたままだ。

本質的に主体への問いが抜け落ちたままの現状。そんな現状を顧みたときにふと思いだすのは、デンマークの哲学者セーレン・キルケゴールによる痛烈なヘーゲル批判として知られる、次の一節だ。

> 或る思想家が巨大な殿堂を、体系を、全人世と世界史やその他のものを包括する体系を築きあげている——ところが、その思想家の個人的な生活を見てみると、驚くべきことに、彼は自分自身ではこの巨大な、高い丸天井のついた御殿に住まないで、かたわらの物置小屋か犬小屋か、あるいは、せいぜい門番小屋に住んでいるという、実におそるべくもまた笑うべきことが発見されるのである。たった一言でもこの矛盾に気づかせるようなことを

言おうものなら、彼は感情を害することであろう。なぜかというに、体系さえちゃんとできあがりさえすれば、——それは誤謬のなかにいるおかげでできるわけなのだ——彼は誤謬のなかにいることなど恐れはしないからである。

『死にいたる病』桝田啓三郎訳[*31]

もちろん一世紀以上前の言説だ。これがそのまま現状だというわけではないが、同じような誤謬にともすると陥りかねない状況に、現在のわたしたちもあるのではないだろうか。とりわけ主体性を問えば問うほど、ますますそんな気がしてくる。

いまあらためて環境問題を、従来とはちがう地平で問うのであれば、主体性の問題を無視することはできない。もし、いまほんとうにわたしたちが新たな世代の戸口に立っているのであれば、であるが。

＊31　桝田啓三郎編『世界の名著40 キルケゴール』中央公論社、1966年。

第二章

価値を問う——「関係価値」試論

……阿部健一

科学あるいはディシプリンの再編について

「近代科学」は、今日、大きな変革を迫られている。変革への要請は内部的なものではなく外部的、つまり社会的なものである。科学をとりまく世界的状況が、近代科学の生存理由をあらためて問うようになった。一七世紀に確立された近代科学は、もはやいわゆる「現代の問題群」に十分な解決策を提示できなくなっているのではないか、という懸念が生じているのである。

近代科学については、最初に少し定義をしておいたほうがよいだろう。ここでの近代科学は、自然科学と社会・人文科学とのあいだに横たわる大きな溝にとりあえず目をつぶって、ディシプリンを基礎とした科学ということである。近代科学は、ディシプリンという本質的に自己言及的なコミュニケーションを基盤としている。

ディシプリンとは権威であり、そのために積み上げられた方法であり、こういうと差し支えがあるかもしれないが「慣習」ですらある。ディシプリンをもたない研究者は存在せず、ディシプリンを「磨き上げる」ことは、研究者にとっての至上命令でもある。

現代社会の二つのベクトルがもたらす問題群と地球環境

ディシプリンに関わる問題は後節で触れることにして、現代の問題群に話をもどそうと思う。解決すべき現代の問題群に、地球環境問題が含まれている。

現代の問題群とは、現代社会の二つのベクトルがもたらすものと考えるとわかりやすい。その二つのベクトルに対してそれぞれ、近代科学は近代科学の枠組みのなかで解決のための方法を編みだしている。

ベクトルの一つは、社会の外延的拡大と地域間の相互依存の増大である。ここではグローバリゼーションのことと考えてよい。環境問題や資源問題、さまざまな紛争の問題、南北問題、貧困と飢餓など、一つの国家や地域の枠組み・視点では解決の困難な問題群である。解決のためには国家を超えた国際的な協力関係が不可欠である。逆に、国家の内部で解決できる課題は限られることが多いから、地球規模の問題群とよばれている。

近代科学も、国際協力で問題に肉薄しようとしている。わかりやすい例がIPCC（気候変動に関する政府間パネル）である。地球の気候変動を理解するには、一つの地域のデータの蓄積・分析だけでは不十分である。多くの地域の比較可能なデータを集積し、分析する必要がある。問題が地球規模なら、対策に必要なデータ集めも地球規模のネットワークで行えばよい。問題が相互依存的なら、研究も相互依存で行えばよい。世界中の気候・気象研究に関わるディシプリンが協力する。そのための共通の研究基盤を構築すればよいという考えである。

研究のための共通基盤は、生物多様性に関する研究においても、同様にこうした点で重要になる。生物学者を中心とする世界中の研究者グループがデータを共有し、共通の課題にあたるDIVERSITAS（生物多様性科学国際共同研究計画）のことを思い起こしてもらえれば

よいだろう。ディシプリンの水平方向でのつながりによる対応である。

学際的研究の可能性と期待

もう一つのベクトルは、社会の複雑化・重層化である。

時代とともに社会は複雑さを増してゆく。現代の問題群に関わる要因は多岐にわたるようになった。一つの事象にあまりに多くのことが関与しており、単純に一組の因果関係だけを対象にしていては、問題は解決できない。さまざまな要因を網羅し、その影響力の大きさを推し量りながら、もつれた糸を解決に向けて一つひとつ解きほぐすしかない。

複雑化した問題を解決するために、近代科学は学際的研究という方向をとった。問題が複雑で一つのディシプリン（学問領域）で扱いきれなければ、複数のディシプリンが統合すればよい。学際的研究、インターディシプリンという考え方だ。

インターディシプリンについては、地球研の目指す「地球環境学」にとっても、重要な視点を含んでいる。以下、やや詳しく触れておきたい。

広義のインターディシプリンの概念について整理したのは、ＯＥＣＤの一九七二年の出版物が最初である。[*1] そこでは、基本的にはディシプリンの統合性の強弱により、マルチディシプリン、狭義のインターディシプリン、トランスディシプリンに分けている。ただし、時代的な背景もあり、トランスディシプリンの意味する範疇については、近年の使い方とは若干の乖離があ

＊1　Leo Apostel, Guy Berger, Asa Briggs, and Guy Michaud (eds)., *Interdisciplinarity: problems of teaching and research in universities.* Organization for Economic Cooperation and Development, 1972.

ることに留意しておくべきであろう。

マルチディシプリンは、各ディシプリンを並置したものである。複数のディシプリンを寄せ集めることで、より広く知識、情報、ときには新たな方法を得ることができる。個々のディシプリンは、別のディシプリンから知識や方法を「借用」することはあっても、それぞれが独立していて、相互の影響はほとんどなく、それぞれのディシプリンの特質、アイデンティティは維持されたままである。したがって、マルチディシプリンは百科事典的であり、異なる視点の知識を広く網羅的に集めるのに適している。

総合科学雑誌の『ネイチャー』や『サイエンス』は、ディシプリンに依拠する専門学術雑誌ではなく、マルチディシプリン的な雑誌であるといえる。マルチディシプリンは、一つの対象を違った角度でみることができることが利点である。たとえば、一つの都市の成り立ちを歴史的に、人口学的に、地形学的に、地政学的に明らかにするようなプロジェクトに適している。しかしながら、課題と目的とを十分に共有できなければ、成果の無秩序な「寄せ集め」になりがちである。

ディシプリン間になんらかの統合と相互作用があるのが、狭義のインターディシプリンである。立本成文は、地域研究という分野でインターディシプリナリティ（学際性）について考えてきた。[*2] 立本が強調しているのは、統合と相互作用にも強弱があるということである。新たな学問に向けて統合を目指すインターディシプリンもあれば、それぞれのディシプリンの発展・深化のためにほかのディシプリンの考えや方法をとりいれようとするインターディシプリンも

＊2　立本成文『地域研究の問題と方法――社会文化生態力学の試み』（増補改訂）京都大学学術出版会、1999年。

ある。前者はディシプリンを「超えて」、新たなディシプリンを創ろうとする立場であり、後者は既存のディシプリンを「磨く」立場である。二つの立場は、問題解決を指向するのか、あくまでも学術的な範囲にとどまろうとしているのかの違いを反映したものでもある。

求められる強い統合性――戦術と戦略の構築

フィリピン地域研究の中心人物であるチャールズ・マクドナルドは、二〇〇四年に開催された第七回フィリピン研究国際大会で、立本のマレー海域研究に基づく「下からの理論構築・ディシプリン再編成」*3を批判して、地域研究という新たな学問はありえない、としている。*4 地域を分析・理解するために、ディシプリンという道具箱から最善の「道具」を借りてくるのが地域研究であり、新たな学問を目指すのではなく、研究の場にほかならない。社会人類学者である彼にとって、「フィリピン研究は私の仕事場であり、人類学は私の家である」とも述べている。

明確な主張であるが、現実の緊急の課題を突きつけられたときに、そして既存のディシプリンでその課題の解決が困難だとわかったときに、はたしてインターディシプリナリティという手段を、現象を分析・理解してそれぞれのディシプリンで理論を構築するだけにとどめておいてよいのだろうか。差し迫った、たとえば環境問題や構造的格差という現実を前にして、学問の意義を既存のディシプリンの範囲に限る必要はない。現代の問題群への取り組みの場は、「仕事場」でも「家」でもなく、「戦場」である。戦場で勝利するには、ディシプリンという武器

*3　Narihumi Tachimoto, Global Area Studies with Special Reference to the Malay or Maritime World, *Southeast Asian Studies*, Vol.33, No.3, pp.187-201, 1995.

*4　Charles MacDonald, "What is the use of Area Studies?" *IIAS Newsletter*, No.35, pp.1-4, 2004.

だけでなく、戦術も戦略も必要となる。

問題解決を指向した場合、インターディシプリナリティは強い統合性——戦術と戦略の構築を希求することになる。それは一つのディシプリンを「超えた」、新しいディシプリンであるはずである。当初のトランスディシプリナリティは、こうしたインターディシプリナリティの一つの立場を示したものだった。今日では、先に触れたように、一つのディシプリンではなく、学問という枠組みすらを超えた知的営みのことを指すことが多い。この点についてはさらにこのあと議論したい。

インターディシプリン（学際的研究）の展開を地域研究を中心にみてきたのは、地域研究が一つの地域を理解するために、つねに一つのディシプリンを超えた「なにか」を求めようとしたからである。かなり早い時期から学際的研究を意識していたのが地域研究でもある。さらに地域研究は、地球環境問題に対して一つの解決のあり方を提示できる学問領域でもある。[*5] 地域への理解がなければ、地球環境問題は解決できない。

地球環境問題に結集する多様なディシプリン

あらためて地球環境問題に対して、「近代科学」がどのように対処してきたのか、一つの例をあげてみよう。とりあげるのは熱帯林の消失という問題である。

熱帯林の消失が国際社会の関心を集めはじめた当時、具体的には環境と開発に関する国際

＊5　阿部健一「地域生態史の視点」『地域研究論集』Vol.1、No.2、6-17ページ、地域研究企画交流センター、1998年。

消失が問題になった熱帯林の一つ、インドネシアのマングローブ林

連合会議、いわゆるリオ・サミットのころだが、研究の中心となったのは林学と生態学の研究者たちである。熱帯林の現状について、温帯林などほかの森林との比較も含めて、さまざまなデータを集積し情報を発信することで、熱帯林の問題への一般社会への関心を喚起した。

林学は、応用学問ともよばれるが、もともと複合的なディシプリンである。ここまでディシプリンの多層性についてはまったく触れず、あたかもすべてのディシプリンが同質であるかのように扱ってきた。しかし、既存のディシプリンは、実際にはいくつかの階層をなしていて、林学はその階層の上位に位置している。[*6] さま

*6　第５章図20参照。

ざまなほかのディシプリンの下支えのうえに成り立っているのが林学である。そして、その林学だけでも、熱帯林問題の解決にはいたらない。

生態学も、同様にかなり早い時期から熱帯林問題に取り組み、啓発活動を行ってきた。[*7] 問題が一般化してからは、経済学や人類学、社会学といったさまざまなディシプリンがそれぞれの視点から問題の本質に迫ろうとした。

問題解決のために多くのディシプリンを招来しなければならないことは、熱帯林の持続的な利用のありかたを研究するため、リオ・サミット後に創設された国際林業研究センター（CIFOR）の研究員の構成がきわめて広いことからもうかがえる。国際連合傘下のこの研究所には、それこそありとあらゆる分野の研究者が集まっている。CIFORは、森林研究所というより、熱帯林地域を対象にする地域研究の研究所である。

熱帯林問題の解決のための研究枠組みは、マルチディシプリンから狭義のインターディシプリンへと移行していった。特定のディシプリンの扱う範囲で熱帯林を理解すればよいのではなく、熱帯林を全体論的《holistic》に理解するためには、ディシプリン間の協力が不可欠である。熱帯林そのものが、多義的な存在であるからだ。[*8]

たとえば熱帯林から生活の糧を得ている人たちがいる。生活の場として熱帯林に関わる、いわゆる「森の民」とよばれる人たちである。彼らのことを理解するには、人類学の手助けがいる。一方で、熱帯林を資源とみなす人たちもいる。熱帯林を開発の対象とする人たちで、利

＊7　一般に一つのディシプリンと認められている生態学も、アメリカの自然保護の父とよばれるアルド・レオポルドによれば、本質的に学際的である。「生態学はすべての自然科学が融合するところの学問である」(Leoplold 1999, p.266) としたうえに、さらに人文科学も付け加えるべきだと主張している。「土地の倫理 (land ethics)」はそのような作品である。生態学(Ecology)が、自然保護という課題解決のための実践的学問として位置付けられたときには、さらに学際的な側面がより強く出てくるのだろう。Aldo Leopold, A biotic view of land, in Susan L. Flader and J.Baird Callicott (eds)., *The river of the mother of God and other essays by Aldo Leopold*, pp.266-73, University of Wisconsin Press, 1999.

＊8　阿部健一「だれのための森か」日髙敏隆、秋道智彌編『森はだれのものか？——アジアの森と人の未来』所収、110-133ページ、昭和堂、2007年。

益を追求する企業家や国や地域の経済発展を願う行政官などが含まれる。その立場で熱帯林の利用と保護を考えるのなら、経済学ほか広く資源の管理に関わる諸分野の結集が必要だろう。さらに熱帯林を環境という視点——一般に多くの人はこの点を最重要視するのだが、この目線でみるのなら生態学などの領域となる。熱帯林がそなえる生態系サービスを明らかにして、その重要性を訴えることになる。

熱帯林が「理解できた」として、無思慮な消失が抑制されるわけではない。解決にあたっての出発点に立っただけである。近代科学が、問題解決に真に対峙するためには、ある種のメタモルフォーゼが必要となる。

近代科学の限界と地球環境学

環境問題を含めた現代の問題群に、近代科学がどのように対処してきたのかを簡単にみてきた。地球規模とされる空間的な拡がりの問題に関しては、中心となるディシプリンを国際的なネットワークで結びつけることで対応してきた。かりに「ディシプリンの水平的統合」とでも言っておこうか。同質のディシプリンによる協働であり、もともと「学問には国境がない」と信じてきたように、さほど抵抗なく研究体制を整えることができる。ディシプリン間の学術用語の差異を含めた「文化」の違いも少ない。

一方、対象が複雑なために「単純に」解決できない問題に関しては、多様なディシプリンを用

いることによって対応しようとした。インターディシプリン（学際的研究）ということであり、文理融合を標榜する地球研の研究もその一つの試みである。水平的統合に対して「ディシプリンの垂直的統合」とでもよんでおこうか。ある期間に解決すべき課題を措定し、必要とされるディシプリンを集めて研究を進める。その試行錯誤の蓄積にもとづいて、「地球環境学」という統合性の高い学問領域の構築を目指している。強調しておきたいのは、水平的であれ、垂直的であれ、学際的研究は、近代科学の枠組みからはずれず、あくまでディシプリンを基盤としていることだ。そして、どちらの方向性であれ、ある程度の成功を収めることができた。環境問題についても、具体的な事実の把握に関しても、問題のありようの認識についても、かつてないほどに研究は進展している。

一方で、「近代科学」の限界も明らかになっている。ディシプリンそのものも問われている。一八〇〇年ころには今日的な意味でのディシプリンが形成されたが、そのディシプリンは、科学が外部からの要請を受けて経験とデータを蓄積するのではなく、科学の内部で自ら問題を設定するものである。その結果、科学は外部から切り離されてしまうことになった。また、科学で大事なのは新しい原理などの発見を行うことで、問題解決は目的ではなくなる。

環境問題に寄りかかって考えてみよう。環境問題の解決に「資する」研究はされてきた。解決に向けて考えるための準備は整った。しかし、真の意味で解決に向けての研究はどうあるべきなのか。学問が問題解決を社会から要請されたとき、必然的に近代科学という枠組み自体

を見直すことになるのだ。ディシプリンを超えたものとして、「地球環境学」とはなにか、どうあるべきかを自答することにもなる。*9

ポスト・ノーマル・サイエンス——価値判断の時代

「科学では問うことができても、科学では答えられない問題がある」《Questions which can be asked of science and yet which cannot be answered by science》。しばしば引用されるアルヴィン・ワインバーグの言葉である。初めてトランス・サイエンスという言葉を使った論文に記されている。*10 トランス・サイエンスは、超科学と訳されることもあるが、ワインバーグはむしろ「分野横断的な科学」の意味で用いている。核物理学者であり、加圧水型軽水炉の考案者として知られているワインバーグにとって、科学とは自然科学のことだ。社会科学や人文科学は、ここでは科学ではないと考えている。したがって、彼にとっての「トランス・サイエンス」は、自然科学を「超えて」人文社会系の科学もとりいれるべきという考えも含めている。

ワインバーグが、「科学では答えられない問題」というのは、次のような例だ。

「原子力発電所は、何重もの防御システムによって保護されており、そのすべてが故障する確率はきわめて小さい」ことは科学者が一致して認めている「事実」である。しかしその確率をもって、だから事故は起こりえないとするのか、逆に事故は起こりうるとするのか、科学者の見解は一致していない。原子力発電所を建設すべきかどうかは、科学者には判断できず、科

*9 言うまでもないことだが、地球研が全所的に、「地球環境学」を目指しているわけではない。プロジェクトに参加している個々の研究者は、既存のディシプリンを志向しているし、学際的な場に置かれることによりそれぞれのディシプリンが鍛えあげられることのほうが重要である。

*10 Alvin M. Weinberg, Science and Trans Science, *Minerva*, Vol.10, pp.209-222, 1972.

学では答えられない問題となる。

どのような論文でも、時代的背景・文脈を抜きに引用することは危険である。しかし、ワインバーグの四〇年前の言葉は、原子力発電の是非があらためて問われているこの時代にこそ、より大きな意味をもつ。近代科学を超えなければならないのが現代である。社会がそのように要請しているのだ。

不確実性、予測不可能性を増す社会

科学と社会の関係の現代性について、少し詳しくみておきたい。

現代社会は、科学と技術、あるいは政治・経済など、社会のさまざまなシステムが一つひとつ独立したシステムとして機能するのではなく、相互に複雑に絡みあっている。因果関係は、かつてのように直線的ではなく、複雑な関係性の網目を連鎖的に相互作用する。その結果、たとえば「バタフライ効果」という現象が生じる可能性がある。

いくつものヴァージョンがあるが、たとえば北京の一匹の蝶がはばたくと、因果関係の網をへて、最終的に北米の気候に帰結するといった類だ。地球研では、「風桶論」という。風が吹けば桶屋が儲かるという諺からきている。ある一つの事象が、一見すると無関係な事象とつながることの喩えである。「ありもしないこじつけ」という意味で使われることもあるが、一つの小さな「行動」が予想外の大きな動きをもたらすことも起こりうるのだ。

ワインバーグがトランス・サイエンスの重要性を指摘したときは、まだ通常科学の枠内で「危険性の確率」を計算できた（としていた）。しかし、それすらできないのが現代社会である。トランス・サイエンスと後述するポスト・ノーマル・サイエンスの考え方には共通点が多いが、科学の名のもとに想定している範囲は異なっている。

複雑化は、予測不可能性を生む。バタフライ効果のように小さな差が大きな変化を生みだすことは、カオス力学系とよばれる。一般的な力学系では、微小な差異は時間の経過をへても、その差は基本的に維持されると考えられてきた。そのため自然界では、ごく小さな差異は、誤差の範囲であり無視できるものとして扱われてきた。しかし初期の小さな差が、しだいに大きな差となる系が存在することがわかった。小さな差は積分的には予測できない世界。それがカオス力学系である。

予測不可能な現代の問題群を扱う「科学」

カオス力学系の存在は、現代社会に相似的にあてはめることができる。複雑な社会はしだいに不確実性、予測不可能性を増している。そのなかで科学はどうあるべきか。こうした状況を踏まえて、科学と社会との関係を整理したのが、『ラベッツ博士の科学論——科学神話の終焉とポスト・ノーマル・サイエンス』を書いたジェローム・ラベッツである。[*11] 図1をみてほしい。ラベッツの考えを少し拡大した図である（**図1**）。

＊11　ジェローム・ラベッツ『ラベッツ博士の科学論——科学神話の終焉とポスト・ノーマル・サイエンス』（御代川貴久夫訳）こぶし書房、2010年。

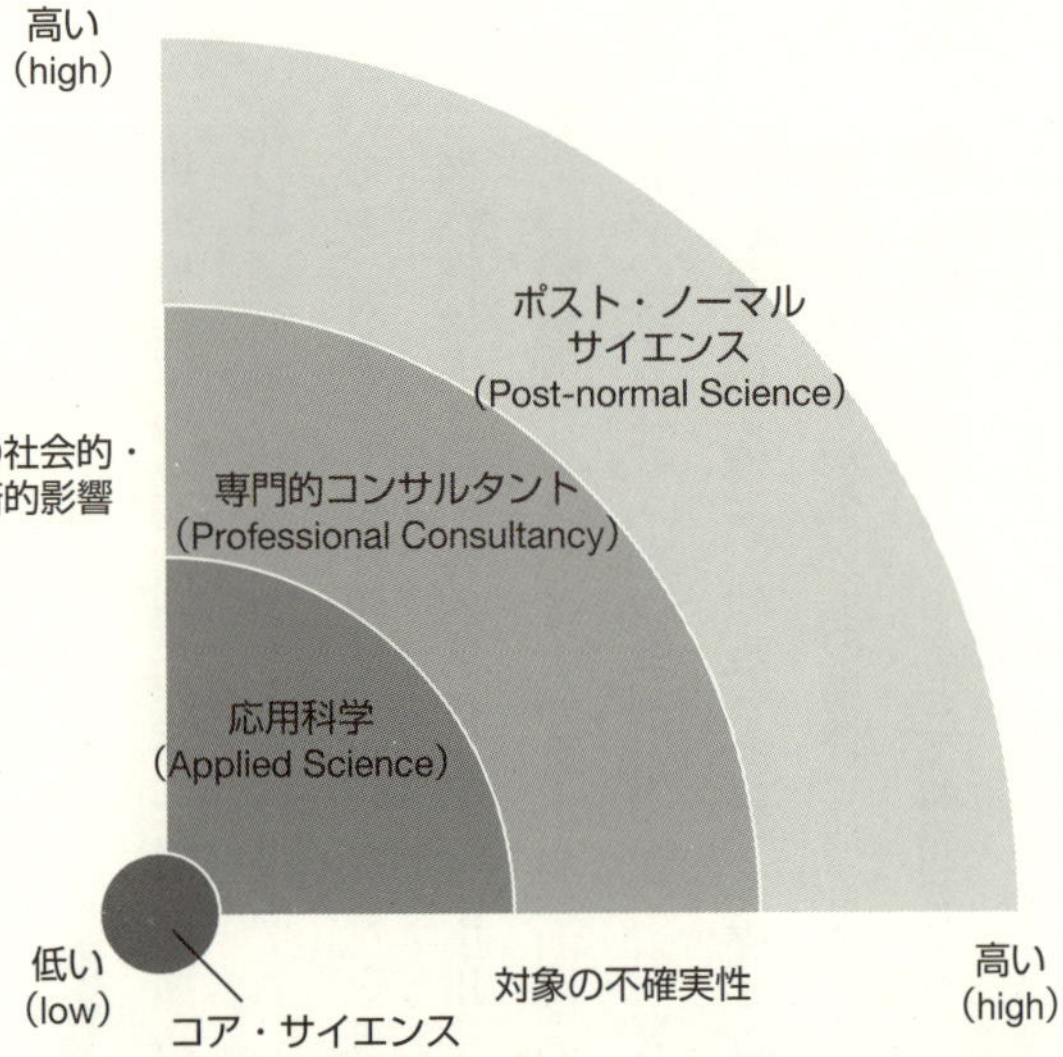

図１　ラベッツが主張するポスト・ノーマル・サイエンスの領域
米本昌平『地球変動のポリティクス――温暖化という脅威』弘文堂、2011年をもとに作成

横軸はシステムの不確実性である。原点に近いほうが不確実性は低い。縦軸は決定を下したときの社会的影響で、利害の大きさといってもよい。この二つの軸から科学と政策の問題を扱うべきだというのが、ラベッツの主張である。縦軸と横軸はある程度相関するので、同心円状の領域を区切ることになる。

コア・サイエンスとは、たとえばニュートン力学系などを思い起こせばよい。物の運動や力関係は数学で表される。因果関係は直線的である。１＋１は、必ず2になるし、加速度は力の大きさに比例し、慣性質量に反比例する。物理・化学・数学など基礎科学とよばれる分野が扱う領域である。

二〇一二年七月に発見された「ヒッ

グス粒子」もコア・サイエンスの大きな成果だ。理論的に存在が予想されていたものが、衝突実験の結果から存在を確認されたという。宇宙の成り立ちがわかる世紀の大発見らしいが、われわれの実生活に与える影響はまったくない。

不確実性が少し高くなると、応用科学の領域である。[*12] 気象学や農学などを想定してほしい。法則や原理はあるが、因果関係は多くの独立した外部要因に左右されやすい。たとえば天気予報は観測衛星の技術の向上で精度は高くなったが、いまだ確率の問題である。作物育種においても、対象とする作物に望むべき性質を付加するのに、遺伝子組換え技術が発達したいまでも偶然性は大きい。「社会の役にたつ」応用学問の多くがそうだが、不確実性が高くても、経済などへの影響が大きいことから応用学問への社会的要請はなくならない。地震予知に多額の予算がつけられてきたのも、応用学問へのいびつな期待からであったともいえる。

次の同心円領域は、知識と経験で商売するコンサルタント会社などがあてはまる。たとえば、石油探索コンサルタントの場合、地質学などの成果を最大限に援用しながら、石油のありかを「確率論的に」掘り当てることを商売とする。科学的蓋然性を高くして、最終的には、過去の経験から、リスクを承知で判断する。試掘には厖大な金がかかり失敗すれば損失も大きいが、「当たれば」利益は膨大である。逆に、だから商売となるのだ。天気予報も、公的なものよりも正確できめ細かい情報を提供することで、「商売」となる。

もっとも外側にあるのが、ポスト・ノーマル・サイエンスとよばれる領域である。不確実性

*12 不確実性の点だけで応用学問を説明したが、本来学問の名称に「応用」とつけるのは、基礎的な研究では扱いきれない、あらたな社会的な課題に解決を与えるという積極的な意味がある。

がきわめて高いシステムを扱い、しかもそこで下される判断が社会的に大きな影響を与える「科学」である。原子力発電所の必要性を、ほかのエネルギー源の効率と比較し、将来のエネルギーの需給を予測しながら判断することなどが、その例である。これは個別の従来の「科学」、あるいはその組みあわせでできることではない。独立性の高い単純なシステムから生じる問題ではなく、一つひとつが複雑で相互に作用しあうシステムが生む予測不可能な問題群、すなわち現代の問題群を扱う「科学」である。それは客観性を重視し、自己言及的で自ら境界をつくるようなディシプリンによって確立された近代科学とはまったく別の位相にある「科学」である。言うまでもないが、環境の変動の予測が不確実で、かつ社会的・経済的な影響の大きい環境問題も、ポスト・ノーマル・サイエンスの領域に入る。

伝統的科学論の対極にある「価値観」の誕生

その環境問題ほど多様な価値観がぶつかりあう領域はない。生物多様性条約や気候変動枠組条約の制定にしても、共通の目的・目標がありながら、途上国と先進国を軸に意見が対立するのは、それぞれの国でなにを優先すべきかが異なるからである。その時点で重要な事柄が、国により地域により異なることは避けられない。

環境問題には、一つの正解があるわけではなく、確率論的に正解に近いものがあるのでもない。いくつものありうべき可能性のなかから最適の一つを選び取る価値判断のあり方が問われ

る。「ポスト・ノーマル・サイエンスでは、早急に結論をだすことが求められる。そこでは、価値自由だとしてきた伝統的な科学論とは対極にある「価値観」が、重要な決定因子となる」。*13

近代科学とはあい容れない「価値判断」——研究者の側でも、科学の客観性に疑問を呈する場面が多くなっている。とりわけ現実的課題に直面したときだ。生物学者を例にとろう。

なぜ自然を保護しなければならないのか、客観的理由を問われると、多くの生物学者は答えに窮する。『生物多様性という名の革命』を書いたデヴィッド・タカーチがインタビューで明らかにしているように、多くの生物学者は「主観的」に生物多様性の重要性を語っている。しかし、客観的であるべき科学者として、生物が好きだとか、自然がすばらしいという主観的な理由を封じられた結果、「生物多様性」というロジックを創りあげることになった、というのがタカーチの主張である。*14

客観性への固執は「価値ニヒリズム」を生むことになる。われわれは生物の進化の妙や、曖昧さを許さない数学の美しさに魅せられて生物学や数学を志したはずである。学問が対象とするものの魅力にひき寄せられ、問題に解を与えることに喜びを見いだす。あるいは、問題を解決するために学問のもつ力を信じることもある。「経世済民」という本来的な目的を達成しようと経済学を学び、頻発する紛争をなんとかしたいという思いから平和学や国際関係論で解決の道筋を探ろうしてきたはずである。いたずらに客観性を主張することは、科学の豊かで人間性にあふれた発展性を、自ら閉ざすことになりかねない。

*13 米本昌平『地球変動のポリティクス——温暖化という脅威』弘文堂、2011年。

*14 デヴィッド・タカーチ『生物多様性という名の革命』(狩野秀之ほか訳) 日経BP社、2006年。

*15 Arne Naess, “Intrinsic Value: Will the Defenders of Nature Please Rise?” In *Conservation Biology*, Michael Soule ed., Sinauer Associates, 1986.

独りよがりな考えや独善におちいることはむろん避けなければならないが、「あこがれ」、「期待」、「思い込み」といったものがなければ学問の進歩も深化もない。使命感も情熱もない研究者による地球環境学にどれほどの説得力があるだろうか。

ノルウェーの哲学者で環境思想家のアルネ・ネスは、次のように言明している。*15「あらゆる形態の生命——息を飲むほど美しいものだけではなく、ありふれたものや奇怪なものに関して自ら進んで得た経験を豊かで味わいのある言葉で表現することをやめたら、生物学者は横暴な環境政策に潜む価値ニヒリズムを支持することになる」。客観的考え方を重視することと、主観的な価値を表明することに、じつのところなんら矛盾はない。優れた生物学者のほとんどは、生物への愛着を隠そうともしないナチュラリスト（自然愛好家）である。*16

トランスディシプリナリティと価値

科学のなかで価値判断をとりこむ学問はあるのだろうか。日本学術会議がその必要性を主張する設計科学は、従来の認識科学が事実命題（どうあるのか）を問うのに対して、まさに価値命題（どうあるべきか）を問う学問である。*17 設計科学は、「目的や価値に正面から取り組んだ新しい科学」であり、ポスト・ノーマル・サイエンスと重なるところも大きい。

地球環境学においても、設計科学的考えは重要である。環境問題の多くが事実の積み上げのうえに、最終的に価値判断を迫るものであるからだ。先に例としてあげた原子力発電所の要不要な

＊16　前掲書＊14のなかで、タカーチは生物学者がなぜ保全を強く支持する見解を公にしないのか、理由を7つにまとめている。近代科学を支えるディシプリンの本質と現状が垣間見えて興味深い。①職業としての仕事の時間が奪われるから、②昇進や地位に悪影響があるから、③自分の「専門分野」以外では能力が十分でないと感じているから、④マスメディアを利用したり、一般の聴衆を前に立ったりする訓練ができていないから、⑤「主観的」な意見や評価を表明すること、つまり「客観性」の規範に背くことに対する否定的態度。論争に加わりたくない姿勢、⑥研究とは無関係な、論争的な分野に面白半分に手を出しているとか、公の場に出るのは虚栄や人気取りのためだと、上司や同僚が思うのではないかという怖れ、⑦「非科学的」という烙印への怖れ。

＊17　日本学術会議運営審議会附置新しい学術体系委員会報告「新しい学術の体系——社会のための学術と文理の融合」日本学術会議、2003年。 http://www.scj.go.jp/ja/info/kohyo/pdf/kohyo-18-t995-60-2.pdf

どがそうである。正しいか正しくないかではなく、どちらを選択するか、が問われるのである。

それでは、予測不可能な確実性の低い課題への回答として、だれが価値を判断すればよいのか。研究者だけが行えばよいのだろうか。

前述のラベッツは、近代科学が、より正確には自己言及的なディシプリンが、ピア・レヴュー（専門家仲間による査読）という制度で正統性・権威を担保してきたことを踏まえ、「拡大されたピア・コミュニティ」という考えを提示している。拡大されたピア・コミュニティは、科学者だけではなく、その問題に関心のある、あるいは利害関係のあるすべての人を含む。専門家・研究者だけが判断するのではない。もっと広い範囲の、広義の「専門家」コミュニティの間で意見を交換し、判断を下す。

広義の「専門家」については、水俣学の故・原田正純が、以下のような専門家観を述べている。福島の原子力事故で専門家の信頼性が疑問視されたのをうけてである。

「僕は専門家の存在そのものを否定するわけじゃない。でも『何が専門家なのかが曖昧だと言いたい』。いわゆる専門家（学者）の言うことだけをうのみにすると危ない。魚の専門家とは誰か。大学にもいるだろうが、水俣の海で毎日魚を捕って暮らす漁師も専門家です」[*18]。狭義の「専門家」が漁師の言葉にすなおに耳を傾けていれば、水俣病の拡散を早めに抑えられたかもしれない、という思いがにじみ出ている[*19]。

科学者だけでなく、行政官、企業家、一般市民など、異なる立場・価値観の持ち主、利害関係者

＊18　原田正純「教訓生きなかった福島原発の事故――専門家とは誰か」朝日新聞インタビュー記事、2011年5月25日。

＊19　鷲田清一は、やはり福島の事故を受けて、社会が専門家にあまりに多くのことを「委託」しすぎていたことを指摘し、科学者の責任について論じている。判断が求められるのは、従来の科学研究を超えるものであり、そこでは「なによりも、社会運営における価値の選択が問われる」としている。科学者には、それは科学の領域でないと価値判断に参加しないことを非難し、一方で市民には、「専門家にお任せします」という態度を戒めている。鷲田清一「トランスサイエンス時代の科学者の責任」『科学』Vol.81、No.11、1106-1107ページ、岩波書店、2011年。

たちが、協働で的確な判断に到達するには、徹底した議論、コミュニケーションが不可欠である。これは、もっとも極端な意味での、つまり科学を超えるという意味での「トランスディシプリナリティ」が求められているということになる。マルチディシプリンでもインターディシプリンでもなく、トランスディシプリンである。

ヨーロッパの研究者を中心に提出されたトランスディシプリナリティの定義は、まだ混乱しており、一つに収束していない。現段階では、四つの傾向がある。

一つは学問としての超越的《transcendent》「統合知」を希求するもので、古代ギリシア哲学にはじまり、啓蒙思想、超越的認識をへて、エドワード・オズボーン・ウィルソンのコンシリエンスに通ずるものである。二つめは、既存の学問への非難を土台にしたもので、正統派からの「逸脱《transgressive》」を強調する。三つめは、ディシプリンの狭い世界観を「乗り越え《trans》」て新しい学問領域を構築しようとするもので、当時のOECDの考え方の延長線上にある。構造主義やマルキシズム、現象学などはこうしたトランスディシプリナリティの成果と考えられる。最後は、科学を「乗り越えた」トランスディシプリナリティであり、ポスト・ノーマル・サイエンスであり、問題解決のための「科学」である。それはもう科学者だけの視線ではなくなっている。

ディシプリンの枠に拘泥する研究者は、ポスト・ノーマル・サイエンスの領域では、控えめに言って別の役割を与えられることになる。必要なのは学術用語ではなく、市民社会とコミュニケーションできる「わかりやすい」用語である。わかりやすい言葉で、難しい事象を説明するに

は特別な能力がいる。こうした能力は、科学者としての価値を貶めるものではない。地球研の初代所長日高敏隆から教わったことの一つだ。「高校生にわかるように説明できないと、本当にわかったことにならないよ」。

新たな価値を探す

新しい科学としてのポスト・ノーマル・サイエンスでは、価値命題が問われることになる。価値判断が必要とされるのである。では、判断を下すために重視すべき価値とはなにか。環境問題を考えるにあたって重視すべき価値とはなにか。価値公準ともいうべき判断基準が必要になる。

たとえば、アルド・レオポルドは、「ものごとは、全体性、安定性、美しさを保っているかぎり正しい。そうでない場合は間違っている」という明確な基準を示している。[20]「美しい」という主観に大きく左右されるものを大切だとして挙げているのがとりわけ印象深い。

判断基準は、このように単純なものほどよいのかもしれない。

価値の客観的判断基準に苦悶してきた経済学

一九世紀のイギリスを代表する評論家・美術評論家であるジョン・ラスキンも、単純な判断基準を示している。「所有と利用の価値メカニズム」の流通を第一とする経済学を批判した思

*20 Aldo Leopold, *A Sand County almanac and sketches here and there*. Oxford University Press, 1949.

想家である。ラスキンは、「豊かな社会であるかどうかは、きれいな空気と水と大地を維持できるかどうかだ」と言い切っている。[*21]

引き続き伊藤邦武の『経済学の哲学——一九世紀経済思想とラスキン』から引用すれば、ラスキンが批判した経済学は、ジョン・スチュワート・ミルが、人間を「現存する知識をもとに、最小量の労働と自己否定によって得られるような、最大量の必需品、便宜、贅沢を手に入れるよう、必ず行動する者」と想定したことで、近代科学として定位された。さまざまな行動をとる人間を、さまざまな価値観をもつ、と言い換えてもよいが、きわめて抽象的なモデル——エコノミック・マンに押し込んだわけだが、そのために近代科学としての経済学は、人間性を切り離してしまったのである。

ここまでは、人文社会科学と近代科学としての自然科学とを区別してこなかった。しかし、両者の違いについて言及しておいたほうがよいだろう。いくつかあるなかの一つが価値中立であるかどうか、という点である。ここでは単純に、人の創りだした文化を考察するのが人文科学、人の活動が生みだした社会を考察するのが社会科学としておくが、重要なのはどちらも広く人とその活動を対象としているかぎり、観察者である研究者の価値観からまぬがれることはできないということだ。事実の認識のしかたやその事実をどう分析・考察するかは、程度の差はあれ、研究者の価値観に左右される。[*22] 人文社会科学の方法論の展開の歴史をなぞると、こうしたバイアスを限りなく小さくし、「客観性」を確保しようと苦心惨憺した歴史のようにみえる。

＊21　伊藤邦武『経済学の哲学——19世紀経済思想とラスキン』中公新書、2011年。

＊22「価値相対主義」という考えである（日本学術会議・科学者コミュニティと知の統合委員会「提言：知の統合——社会のための科学に向けて」日本学術会議、2007年、http://www.scj.go.jp/ja/info/kohyo/pdf/kohyo-20-t34-2.pdf）。なお、自然科学の価値中立性についてもさまざまな意見がある。村上陽一郎によれば「自然科学の歴史を振り返ってみると、その自然科学の理論が時代の価値規範によって影響を受けてきたことがわかる」（村上陽一郎『近代科学を超えて』日本経済新聞社、1974年。講談社学術文庫、1986年）。また黒田末寿は日本の霊長類学（サル学）は、文化人類学と手法的に違いはなく、西洋的な意味とは異なる「客観性」を有していると答えている（浅田彰、黒田末寿、佐和隆光、長野敬、山口昌哉『科学的方法とは何か』中公新書、1986年）。

経済学に関して言えば、多様な価値観を排して近代科学とする最初の工夫が、エコノミック・マンという単純なモデルを理論的前提とすることであった。そして、人間が、「最大量の必需品、便宜、贅沢を手に入れるよう、必ず行動する」ことがもたらした帰結が環境問題である。

むろん、その後の経済学がエコノミック・マンを前提として発展したわけではない。優れた経済学者は、世の中の見方を変えてくれた。社会の仕組みを見る目を磨いてくれた。ただ経済学は、自然科学の一つであることにこだわりすぎているからだと思うが、まだ価値命題を学問体系のなかに十分にはとりこんでいない。さらにいえば、バングラデシュにグラミン銀行を創設した経済学者のムハマド・ユヌスが指摘するように、「最大量の必需品、便宜、贅沢を手に入れるよう、必ず行動する」と想定した束縛からさえも十分脱却していないようだ。*23

競いあう社会から分かちあう社会への転換——コモンズ

ムハマド・ユヌスはアメリカで経済学を学び、祖国バングラデシュの独立後、母国の大学で経済学の教鞭をとっていた。しかし、自分が教えている理論的な経済学とはまったく別の経済があることをキャンパスの外で発見する。少額のローンが、借り受けた人に大きな幸福をもたらす可能性があることだ。この発見をもとに、グラミン銀行（村の銀行）を創始すると、たちまち七百万人に近い人がその恩恵を受け、家を建設したり、大学に通ったり、小さなビジネスをはじめたりするようになった。

*23 ムハマド・ユヌス『貧困のない世界を創る——ソーシャル・ビジネスと新しい資本主義』（猪熊弘子訳）早川書房、2008年。

ムハマド・ユヌスとグラミン銀行は、二〇〇六年に、経済学賞ではなくノーベル平和賞を受賞する。その受賞記念スピーチで、ユヌスは自由市場の強化には賛同しながら、市場に参入する企業家を利益の最大化を最大の使命としている者とみなすことを不愉快に思う、と表明している。人間をそのように一元的な存在としてみることは、「人間の生の中の政治的、感情的、社会的、精神的、環境的側面を隔絶してしまうことになる」というのである。*24

人間を一元的な存在としてみることの弊害は大きい。しかし一方で、多元的な存在である人間の共通価値とはなんだろうか。価値観は一人ひとり異なっている。そういうなかで共有できる価値観は存在するのだろうか。そのような疑問が、堂々巡りのなかで再び浮かびあがってくる。

突破口の一つが、「共有する」ということ自体を問うことだと思う。共有という考え、すなわちコモンズという考えは、とりわけ地球環境問題においては重要である。一人の人間でも多元的なのに、文化も言葉も、民族も国籍も、年齢も経済状況も、職業も教育も一人ひとり異なる人たちが、地球という一つしかない「環境」を共有しなければならない。地球という自然と資源の利用と保護をめぐって、つまり環境と開発をめぐって利害が対立しないほうが珍しい。繰り返し指摘したように、地球環境を保全するという目的は明確である。そのなかでコモンズは、その共通の目的に向けて、みんなでルールをつくり、みんなで守ろうという考え方である。

コモンズという考え方が、いまの時代にことのほか注目されているのは、競争ではなく協調を重視しているからである。日本の例にとれば、高度成長期の見直しとしてあらわれている。

*24 Muhammad Yunus, Nobel Lecture, Oslo, December 10, 2006. http://www.nobelprize.org/nobel_prizes/peace/laureates/2006/yunus-lecture-en.html

豊かさを競いあうように、みんながむしゃらに働くことで、日本社会は物質的にはたしかに豊かになった。ただ、右肩上がりで経済が発展した時代は、川も空も海も汚れた公害の時代でもあった。自然の価値をもっとも低く評価し、大切ななにかを失くしたと感じた時代である。

コモンズが世界的に評価されていることは、故・エリノア・オストロム教授が二〇〇九年にコモンズの理論的・実証的研究でノーベル経済学賞を受賞したことに象徴される。彼女は、共有資源の管理の問題から、利害が対立する人たちが共通の目的のためにどのようにして一つになれるのか、その協調行動についての研究に関心を拡げていった。*25 競争よりも協力の研究に関心をもった研究者がノーベル経済学賞を受賞したのは、かつてない画期的な出来事と評価されている。*26

経済学は、その出発点から利益の最大化、つまり豊かさを競いあうことを前提としていた。しかし、時代は大きく変わろうとしている。豊かさのために競いあう社会から、豊かさのために分かちあう社会への転換である。経済学においても要求されているのは、豊かさのためにどのように協働すればよいのかを考えることだろう。そのためには、ますます共有可能な価値の「発見」が必要となる。*27

試論としての関係価値

あらためて価値について考えざるをえないのは、豊かさを競いあってきた既存の価値観が大き

*25 Amy R. Poteete, Marco A. Janssen, Elinor Ostrom, *Working Together: Collective Action, the Commons, and Multiple Methods in Practice*, Princeton University Press, 2010.

*26 トーマス・カリアー『ノーベル経済学賞の40年――20世紀経済思想史入門』(上、下)(小坂恵理訳)筑摩書房、2012年。

*27 グローバリゼーションにより、宗教的・政治的・民族的・経済的・文化的・歴史的につくられた異なる価値観をもつ人たちが、共通の課題に協働で対処しなければならない時代になった。シセラ・ボクは、価値相対主義の名のもとで抑圧や迫害が国際社会に看過されていることから、紛争解決や国際人道支援の現場では、価値の相違を際立たすよりも、たとえ最低限のものでも、まず共通する価値を求めることが必要であると考えている。シセラ・ボク『共通価値――文明の衝突を超えて』(小野原雅夫監訳、宮川弘美訳)法政大学出版会、2008年。

く揺らいできたからである。世界中が、豊かさについて問い直しをはじめている。ブータンの国王の国民総幸福度が注目を浴びているのも、そうした動きの一つである。*28

日本では、東日本大震災が大きな転機になるだろう。既存の価値観、物質的豊かさや生活の利便性を追求してきた価値観に、多くの人が疑義を感じるようになった。なにを大切にすべきかを、一人ひとりがもう一度問い直すようになった。そのなかで注目されるようになったのが、「つながり」ということである。

つながる社会に――進む意識の変化

いま、社会のあちこちで、しずかに、散発的に、さまざまな変化が起こっている。その変化は一見ばらばらで脈絡がなく、それぞれ異なった様相を示している。にもかかわらず、その根底に共通するものがあるように思う。それはどれも、「つながり」を見直すことのようだ。

東日本大震災においても、人と人との「つながり」の大切さが再認識され、一方で人と自然の「つながり」が切れていたことが反省すべき点として挙げられた。

人と人のつながりについては、震災後、「きずな」という言葉が日本国中で広まったが、さまざまなメディアを通して、その重要性を示す事例が報告された。まとまった報告や分析は未見だが、日本人がつながりの重要性を再認識したことは、いくつかの世論調査で明らかになっている。

NHK放送文化研究所が東日本大震災から半年後に行った世論調査では、人との「つながり」

*28　上田晶子「関係性、充足、バランス――国民総幸福量（GNH）の視点と実践」『科学』Vol.81、No.6、540-545ページ、岩波書店、2011年。

東日本大震災で津波の被害を受けた岩手県大槌町（2011年6月）

や「きずな」について考えに変化があったかという設問に対して、「前よりも大切だと思うようになった」という回答は、被災地外で五七・三パーセント、被災地では七〇・六パーセントに達している。*29

内閣府の二〇一二年一月の調査では、「震災前より社会における結びつきが大切だと思うようになった」と回答した人は七九・六パーセントであった。さらに、震災後、強く意識するようになったことはなにか聞いたところ、「家族や親戚とのつながりを大切に思う」を挙げた者の割合が六七・二パーセントともっとも高く、以下、「地域でのつながりを大切に思う」（五九・六パーセント）、「社会全体として助け合うことが重要だと思う」（四六・六パーセント）、「友人や知人とのつながりを大切に思う」（四四・〇パーセント）を挙げている（複数回答）。*30 これまで大切だと思わなかったことに価値があることに気づきはじめたのである。※文末注参照

震災後、「自然とのつながりが弱くなっていた」と

＊29　NHK 放送文化研究所「震災後半年調査（2011年9月5日）単純集計結果」、2011年。http://www.nhk.or.jp/bunken/summary/yoron/social/pdf/110905.pdf

＊30　内閣府「世論調査報告書　平成24年1月調査：社会意識に関する世論調査」内閣府大臣官房政府広報室、2012年。http://www8.cao.go.jp/survey/h23/h23-shakai/2-2.html

振り返るのは漁業従事者である。自然とは海のことである。漁師さんは、海の幸で暮らしをたて海にもっとも近いところで生活していたのに、海の異変に気づかなかったと悔悟する。現代の日本の漁業は近代的な養殖業が主流となって、海という自然を相手にしている意識が生まれにくい現状である。

居住地区を守る防潮堤も、海と沿岸に暮らす人たちとを切り離してしまった。防潮堤が海の様子をわからなくしてしまったことは、多くの人が指摘する。海との関わりが希薄になったことを意識して、たとえば岩手県上閉伊郡大槌町は、復興計画のなかで、「海の見えるまちづくり」を前面にだすようになった。

震災は海と人とのつながりを思い起こさせたが、つながりは海だけに限らない。日本社会全般で、人と自然とのつながりは、それと気がつかないうちに、いつの間にか希薄になってきている。人と自然の関係は遠く離れてしまって、ときにはまったく切れてしまっている。

関係価値の概念——つながることによって豊かになる価値

人と自然とのつながりの喪失は、環境問題を考えるときに、より大きな意味と影響をもつ。そもそも環境問題は、このつながりが切れてしまったところから生じていると考えられるからである。さらに言えば、人と自然とはもともと区別されるものではなく、人が自然を客体化しはじめたときから環境問題が生じたと考えられる。これは「環境の資源化」という概念でかつ

て論じたことがある。[*31]

イギリスの社会人類学者、ティム・インゴールドもほぼ同じ考えを示したが、彼はまず世界観をもちだしている。[*32] かつてのわれわれは、自然と人とは連続していると考えるスフィア《sphere》的世界観をもっていたが、今日のわれわれは、自然を客観視するグローブ《globe》的世界観をもつようになった。その結果、〝WHAT I AM〟、われわれそのものであった自然が、〝WHAT I HAVE〟、われわれの「もの」になったという。人が自然から「離床」したのが環境問題の根源である。

それでは、自然からいったん「離床」した人が、再びどのように自然と関わってゆくのか。遠く離れてしまった人と自然とをどうつなぐのか。環境問題解決のために考えなければならないことである。

そのために、「関係価値」という概念を提示しておきたい。

関係していることに、「つながっている」ことに価値があることを、日常的にも学術的にも、意識することが大切であると考えている。関係性やつながりは、物の豊かさや生活の利便性のように、直接実感できるものではない。見えるものではなく、失われていても、それがほんとうに必要になるまで気がつかない。自然が、そして自然と人との関係がそうであるが、つながっていることがあたりまえすぎて、重要性に気がつかないのである。

意識しにくいもの、見えないものには名前を与えるのがよい。名前を与えることにより、気づかなかったものに気づき、見えないものに「形」が与えられ、「ほかのもの」と比較して考える

＊31　阿部健一、内堀基光「環境と資源」内堀基光、菅原和孝、印東道子編『資源人類学』第14章、176-190ページ、放送大学教育振興会、2007年。

＊32　Tim Ingold, Globes and Spheres: Topography of Environmentalism" In *Environmentalism: A View from Anthropology*, Kay Milton ed., Routledge, 1993.

ことができるようになる。だから、つながることによって豊かになる価値、あるいは、つながりが切れてしまって気づくことになる価値をことさらとりあげて、「関係価値」と名づけておきたいのである。

関係価値は、説明概念である。この点で、マルクス経済学の「使用価値」や「交換価値」と基本的に同じである。「使用価値」は物のもつ本来的価値である。水はわれわれの生存に不可欠で、使用価値はきわめて高い。にもかかわらず、日本の場合とくに容易に入手できるので値段は安い。生存には不必要な宝石と「交換」しようとすると、大量の水が必要となる。つまり交換価値は低いというわけだ。価値について理解できたような気になるが、「使用価値」と「交換価値」の二つの価値概念だけの説明では見過ごされてきた、より重要な価値が「関係価値」である。

森林の関係価値

では、「関係価値」とはどのような価値なのか。具体的な例として森林をとりあげてみる。

誰にとっても、森林は大切なものである。森林の消失や劣化は、多くの人にとって解決すべき共通の課題である。にもかかわらず解決が難しいのは、森林のなにに価値を見いだしているのかが異なるからである。まず「使用価値」と「交換価値」をあてはめてみよう。

「使用価値」から「交換価値」への移行

森林に生活を依存している人にとって、森林のない生活は考えられない。森林は、食糧になる果実、葉、新芽、種子を提供する。家や道具類の材料を提供する。木のさまざまな部位はそれぞれ薬になる。森林は台所であり、食糧庫であり、道具箱であり、仕事場であり、薬箱である。熱帯林の「森の人」から、近年の日本の山村に暮らす人まで、生活を森林に依存する人たちにとって、程度の差こそあれなくてはならないものであり、森林は使用価値にあふれていた。

使用価値だけなら、ほかの人と競争して「物」を獲得する必要はない。必要な物を必要な量だけ手に入れればよい。これに対して、日本の「入会《いりあい》」制度は、森林の産物の使用価値を基底に、生活のために分けあうという考えに根差している。自分の生活につかうためだけなら森林は「無限」の資源であり、みんなで利用できる。森林はだれか個人のものではなく、みんなのものである。制度の有無はともかく、「入会」的考えは世界の森林ではあたりまえのもので、森林はみんなのものであった。

ラオスの森で食用の花を採ってきた

その森林に大きな変化が訪れた。変化は、森林に使用価値だけでなく、交換価値

が付与されるようになったことにはじまった。森の産物が売れるようになる。さほど使用価値の高くなかった木材が、建築材の需要が増すことで値段がつくようになる。あるいは、自家用として採取していたキノコや果実や山菜が、市場で販売されるようになる。森の産物が次々と商品になる。森林の使用価値より、交換価値が重視されるようになる。これまで価値がなかったものに価値が生まれるようになった。外部市場による「森の錬金術」である。*33

錬金術が生みだした混乱と対立、そして環境破壊

中国・雲南の松林のマツタケもそういうものの一つである。チベット系の住民にとって、マツタケは「靴の中と同じ匂い」のするものであり、価値は、つまり使用価値はまったくなかった。ところが、日本の市場と結びつくや「蹴飛ばして歩いていた」マツタケが価値を、つまり「交換価値」をもつようになる。住民は夜明け前にマツタケ採りに出かけ、日がとっぷり暮れて村に戻ってくる。村では、道もないようなところを四輪駆動車でやってきた仲買人たちが秤と札束を手に待っている。仲買人たちは、買いあさったマツタケを夜を徹して飛行場まで運ぶ。雲南産のマツタケは、その翌日には日本の市場にならぶことになる。

そうなると、マツタケを産する林自体が、価値をもつようになる。それまで、薪や自家用の建材としてみんなが利用してきた森に、所有という感覚はだれももたなかった。それが、一変する。村と村とのあいだで、森の所有権をめぐる争いまで起こるようになる。

＊33 阿部健一「森の錬金術と国境——雲南と東南アジア大陸部山地」秋道智彌、市川昌広編『東南アジアの森に何が起こっているか——熱帯雨林とモンスーン林からの報告』所収、153-176ページ、人文書院、2008年。

同じような例は、世界各地でいまも起こっている。森が急に交換価値をもったために、森の使用価値を大切にする人と、森の交換価値に目を向ける人との間の争いである。

日本では、入会権をめぐる闘争がそうだ。岩手県の小さな山村でおこった「小繫《こつなぎ》事件」はとくによく知られている。一〇〇年にわたる法廷闘争は、やはり森の産物を長く生活のために利用してきた村人と、森を資産とみる外部の人との争いであった。[*34]

東南アジアの熱帯林では、使用価値と交換価値との対立は、しばしば地域住民と国家との対立という構図をとる。どちらにとっても森林は大切である。しかし、森林を生活の手段とみるか、資源とみるかという視点の違いは大きい。森林問題の大きな対立軸の一つである。

そこに、新たな視点が加わる。森林を地球環境の一部とみる視点である。異なる視点は新たな対立軸を生む。環境保全のために森林保護区を設定すれば、木材資源から利益を得ようとする企業は困惑し、地域住民は生活の場を失う。

地球環境問題のなかで、森林とりわけ熱帯林の問題が扱われるようになったのは比較的新しい。熱帯林の消失は、リオデジャネイロで開催された環境と開発に関する国際連合会議を嚆矢として、一九九〇年代初頭から環境問題を扱う国際的な会議で話題となり、その対策が緊急の課題となった。そのころから、森林を生活の場としてでも資源としてでもなく、環境という枠のなかで考えることになった。

＊34　発端は明治初期の森林の官民有区分だった。地租改正にあわせて林野の納税主体を明確にしようとする全国的事業である。共有は基本的に認められず、入会地の多くは国有地として登録された。小繋の場合、先祖伝来共有されていた入会地は民有地とされた。村人が生活のために森林産物を利用することは、これまでどおり認められていたため、当初は問題がなかった。ところが、営利目的で森林を利用しようとした外部の者が、名目上の地権者から所有権の譲渡を受け、村人の森林利用を公権力で阻止しようとし、村人の抵抗を受けた。戒能通孝『小繋事件――三代にわたる入会権紛争』岩波新書、1964年。

混乱する環境としての森林の価値

生活の場であり、資源であり、地球環境の一部である森林。先の節では、こうした森林の重層的な存在を例に、学際性の必要性を説明したが、ここでは「環境としての森林」とはどのような価値かについて考えてみる。

「環境としての森林」は気候変動枠組条約のなかでもとりあげられている。CO_2などの温室効果ガスの吸収源として重要という位置づけである。二〇〇五年の第一一回締約国会議では、森林の減少・劣化を防止することが、もっとも費用対効果の大きい温室効果ガスの排出削減につながるという考え（REDD）[*35]が初めて議論された。森林は、気候変動を防ぐから価値がある、ということだ。REDDあるいはその発展形であるREDD+では、発展途上国での森林保全事業に対し、国際社会が対価を払うというシステムを構築しようとしている。ここでは森林の価値は、どれほど温室効果ガスの排出削減に貢献するのか、ということではかられる。

一方、生態学者・生物学者は、「生態系サービス」という概念をもちだして、森林の総合的価値を説明しようとしている。森林などの生態系には多様な「公益的機能」が備わっており、それらを生態系サービスと総称したのである。食糧や生活資材を生産・供給する「供給サービス」、気候、疾病、土壌侵食、洪水などの自然災害を制御する「調整サービス」、精神的、さらには美的な利益をもたらす「文化サービス」、そしてこうしたサービスを維持するための一次生産を行い、水・物質循環の基盤を提供する「基盤サービス」などがある。

＊35 REDD (Reduced Emissions from Deforestation and forest Degrandation)。具体的には、過去の温室効果ガスの排出量を参考に、森林減少に伴う排出量の将来予測シナリオを設定し、森林の減少を押しとどめることによって、削減された排出量を金銭的に評価しようとするもの。

生態系サービスは、初期の萌芽的概念に検討が加えられ、より精緻にかつ網羅的になってきている。しかしいまだに、森林などの生態系が「役にたつ」ことを思いつくかぎりとりあげ、いくつかにグループ分けしただけにもみえる。さらに、こうしたサービスを、たとえそれが政治・経済的な戦略として有効であっても、すべて経済的に評価することを想定していることが気になる。REDDもそうだが、森林に価値があることを認めることと、価格をつけることとはまったく違うのではないか。

役にたつから守りましょう、という考え方も疑問である。森林が人間の役にたったからこそ、森林は消失したのである。森林を利用するのも、保全するのも同じ次元での行為である。いま必要なのは、別の次元の考え方である。「問題をつくりだしたときと同じ思考では、その問題を解決することはできない」。アインシュタインの言葉である。生態系サービスという概念は、人の役にたつことを多くの人に訴えかけるために、使用価値と交換価値とをまぜこぜにして、あれもこれも人の役にたつと訴えている。

森林の新たな価値こそが「関係価値」

森林の環境面での価値は、使用価値でも交換価値でもない、新しい価値である。この新たな価値は、自然に生じるものではなく、環境問題の根底になにがあるかを見極めることで、われわれが意識的に案出するものだ。価値の拠り所をはっきりさせていないと、環境面での森林の

インドネシア、スマトラ島の森で伐採した材木を運ぶ。木材資源は森林の交換価値となった

価値は、市場価値の大きな力のなかに埋もれてしまう。生態系サービスの考え方は、既存の価値概念に生態系の機能を落とし込むだけで、新たな価値概念を創出するものではない。

森林の新たな価値こそが、つながりを重視する「関係価値」だと思っている。森林に「関係価値」を見いだすことは、森林の価値がそのさまざまなつながりにあることを知り、そのつながりがゆがんでいたり、切れていることが問題の根底にあることを見極めて、森林問題を捉え直すことである。環境問題としての森林問題で重要なのは、つながりを考えることだ。*36

たとえば、われわれが、遠く離れた熱帯林の消失を憂慮するのはなぜだろうか。直接、関係していないものをなぜ大切だ

＊36　阿部健一「森林という関係価値」『BIOSTORY』、Vol.16、108-109ページ、誠文堂新光社、2010年。

と思うのだろうか。熱帯林は、一見するだけではわれわれの生活とわれわれが関わっている環境問題とはまったくつながっていないようである。しかし、熱帯林と日本にいるわれわれとは、あえてここでは示さないが、さまざまな形でつながっているのである。そのつながりは想像力が豊かでないと見えにくい。

生態系サービスという概念は、そのつながりを想像力にたよらず、具体的に見せようとしたものと考えればよい。間接的・潜在的な関係性も含めて、われわれが受けている恩恵という形に変換して、一つひとつ事細かに示したものにほかならない。生態系サービスという概念は、価値については混乱しているものの、森林という生態系の関係性の拡がりと奥深さと多様性をみごとに一覧したものだ。その一つひとつに熱帯林をあてはめてみれば、さまざまなつながりが見えてくる。以下、生態系サービスで整理した関係性を、ところどころ援用しながら、さらに関係価値についての説明を加えたい。

失ってはじめて気づく価値

使用価値や交換価値が「発見する価値」なら、関係価値は、基本的には「失ってはじめて気づく価値」である。そのため、「通常状態」では意識することはないが、問題が生じてその原因を探ったときに、存在が明らかになる。先に、関係価値は案出するものといったが、解決策を考えるときに新たな関係を創出することになる。問題の解決策は、関係価値を高める方策を講じる

ことなのだ。

一般的なことより、具体的なほうがわかりやすい。先述の「小繋事件」に、再び目を向けてみよう。大きな社会問題化した小繋の森林は、かつての争いがウソのようにいまは静かだ。村を二分して争った森林を利用する人はほとんどいない。和解のために共同で植林した山も、荒れ果てたままである。森林に関わってきた人たちが、森林に関心を失ってしまったのである。森林の重要性は失われ、使用価値も交換価値も低くなった。

森林への関心のなさは小繋に限ったことでなく、日本国中どこでも同じだ。問題は、いまや過剰利用ではなく、十分に利用されていないことにある。間伐・枝打ちなどの植林地の交換価値を高める作業は、経済的に引きあわないという理由で行われなくなった。森の産物を楽しみとして採取する人はいても、生活の糧として日常的に利用する人は激減している。使用価値も薄れてきている。その結果、植林地は劣化し、豊かな森の産物を生むはずの森林にゴミが不法投棄されてもほったらかしにされることになる。無関心は森林に価値ではなく問題を生む。

使用価値でも交換価値でもない関係価値

関心を失う人がいる一方で、新たな関心を寄せる人もでてきた。これまでのように、森林が身近にある人や、森林に直接的に関わる人たちではない。森林から遠く離れた人たちであり、森林とのつながりが見えにくかった人たちである。積極的に関わることで、関係価値が生まれる。

山に木を植えはじめた漁師さんがそうだ。川の上流の森林が荒れると、その川が注ぎ込む海の豊かさが失われる。日本には「魚附き林」という言葉があるが、物質循環をていねいに追うことで、森林と海とがつながっていることは科学的に証明されてきている。漁師さんは経験的にこのことを知っていて、海の活力をとり戻すために山に行き植林をはじめた。植林をすることで、山村と漁村との交流が生まれ、さらに活動に共感した都会の人たちも植林に加わる。植林を仲立ちにして、これまでになかったつながりを創り、副次的な関係価値を生じている。宮城県の気仙沼湾でカキ養殖をしていた畠山重篤さんがはじめた運動である。

都市の人たちのほうが、いまは森林への関心は高いかもしれない。休日に森林でリフレッシュしたい、あるいは精神的な疲れを癒したいといった、生態系サービスでいえば「文化サービス」を受ける人たちである。こうした人たちは、積極的に森林との関係を強化しようとしている。都市の企業に勤める人たちが山村に出かけて森林の整備にあたるモデルフォレスト事業なども、都市と森林を結びつけようとする活動だろう。

都市も、森林の恩恵を間接的に数多く受けている。生態系サービスのなかの「調整サービス」を思いだしてほしい。上流の森林の荒廃は、下流の都市の生活に影響する。しかし、山村では、高齢化や人口の減少で森林管理が十分にできなくなっている。ただ、都市には労働力と資金があり、山村には森林を守り利用する知恵と技術がまだ残っている。モデルフォレスト事業は、そういう両者をつなげることである。そうすることで森林に再び価値が生まれる。使用価値

でも交換価値でもない、関係することによる価値の創出である。休日の森林内での作業は、都市の人にとっては気晴らしでもある。

森林認証制度もそういう一つである。森林劣化を憂慮する人たちの意志が、市場を通じて反映される制度である。健全な森林管理のもと生産された木材を、第三者機関が認証し、認証された木材を市場で消費者が通常よりも高く購入する。生産者と消費者とを結びつけることによって価値が生じるのである。認証を受けた木材に付加された価値は、関係価値である。

関係価値とは、「つながる」ことによって豊かになることである。森林の使用価値や交換価値だけでなく、関係価値に目を向けることによって森林は、そして森林とさまざまな形で関わる人が、ともに豊かになることができる。

関係価値を展開する

関係価値が説明概念として有効であるかどうかは、ひたすら例を挙げて判断していただくしかない。森林を対象に、関係価値についての説明を試みてきたが、森林以外の例を少しだけ挙げよう。紙幅の関係で短い紹介にとどめておく。

生物多様性自体が関係価値

まず、生物多様性についてである。生物多様性の価値も、じつは関係性がもたらすものである。生物多様性は、しばしば生物種が多いことに価値があると思われているが、大きな間違いである。生物多様性は、生物種の数が多いことではなく、それらがつながっていることである。そして、さらに重要なのは、そのつながりに、われわれ人間も含まれているということである。生物多様性を経済的に評価しようとすることは、つまり交換価値だけをとりあげることは、政策決定者や企業家を説得するには必要かもしれないが、根本的に間違っている。生物多様性自体が、つながりの連続が価値を生んでゆく関係価値なのである。*37

次は、食をめぐる関係価値についてである。もともと関係価値ということを想起したのは、食の安全について考えたときであった。*38 われわれは、日々食べているものを、どこでだれがつくっているのかを知らなくなっている。食の安全・安心が脅かされたのは、生産者と消費者のつながりが切れてしまったからである。そこに問題があると考えたのである。

知産知消——見えないつながりを明示する

地産地消というのは、生産者と消費者の物理的な距離を近くすることである。そうすれば、生産者と消費者は自然につながりやすくなる。「顔の見える」関係が生まれる。それはすばらしいことだが、地産地消は生産者と消費者との関係を限定してしまい、消費者にとってはより

＊37　阿部健一「生物多様性という関係価値——利用と保全と地域社会」『科学』、Vol.80、No.6、1032-1036ページ、岩波書店、2010年。

＊38　阿部健一「地産地消から知産知消へ——つながりという『関係価値』」窪田順平編著『モノの越境と地球環境問題』所収、180-211ページ、昭和堂、2009年。

豊かな食生活の機会を、生産者にとってはより広い市場で生産したものを販売する機会を奪ってしまうことになる。重要なのはむしろ、積極的・意識的に生産者と消費者とを「つなぐ」ことである。両者が健全な関係をつくることで、食の安全・安心が担保されるのではないか。そうした関係性そのものに価値があるということで、初めて「関係価値」という概念をもちだしてみたのだ。

積極的につなぐには、まず互いがよく知ることである。地産地消に対して、「知産知消」という言い方もしてみた。知産知消がさらに発展したものがフェアトレードであり、生産地と消費地を、「正しく」つなごうとする運動と理解できる。森林の関係価値の節でも触れたが、有機認証などの認証制度も、生産者と消費者とを交換価値を通してだけでなく、関係価値的につなぐ制度である。

最近よく聞く「生きものブランド米」も、関係価値を前面にうちだしたものである。魚や鳥などの生きものが暮らす水田で生産される米が、食の安全を求める消費者の支持を受けている。貴重な生物を水田にとり戻そうという運動と結びついた。消費者は自分が食べる米と、その米が生産される水田の状況を関係づける。いままでは見えなかった、あるいは大切だと思わなかった関係である。お米の表示で「コシヒカリ一〇〇パーセント、一〇キログラム入り」というのは使用価値の表示であり、「特売、三〇〇〇円」とあるのは交換価値の表示である。いっぽう、「コウノトリ育むお米」(兵庫県豊岡市)や「魚のゆりかご水田米」(滋賀県彦根市)などと袋に書

かれているのは関係価値を示したものといえる。

例を挙げるのはもうよいだろう。

見えないつながりを明示するのが関係価値である。環境問題を考えるうえで、つながりを重視した関係価値という視点をもう一つとりいれることで、社会のなかで新しい価値観づくりができるのではないか。関係価値という考えに期待していることである。

従来の学問の延長線上では解決できない

最後に、次への展開のために、関係価値の特徴についていくつか指摘しておこうと思う。

まず、関係価値の重要な特徴は、決して目減りしないということである。この価値は消耗しない。どのような価値がある物でも、つかっているうちになくなってしまうことがある。しかし、関係だけは別である。つかえばつかうほど関係は強化され、価値は増していく。それが関係価値である。

もう一つの特徴は、関係価値の創出にあたっては、二つのものをつなぐ役割、媒介者《mediator》が重要となるということだ。もともと関係の薄かったもの、あるいは関係が途切れてしまったものを再び結びつけるのには、媒介者によって発揮される特別な力がいる。仮に作用力とよぶが、その作用力の源は知識であり情報であろう。この点で研究者は優れた媒介者として、関係価値の創出に寄与できると思う。ただし、自らの知識と情報を、学問（ディシプリン）のなかにとどめようとするのではなく、学問の外で活かそうとする、つまりトランスディシプリンを志向する限

りにおいてである。事実を明らかにすることにとどめようとせず、なにが大切か判断しようとする、つまり設計科学を志向する限りにおいてである。

繰り返すが、環境問題は人類がこれまで直面しなかった課題である。既存のどの学問領域でも解決できないだけでなく、既存の価値観でも対処しきれていないものである。だとすれば、この時代に創出できる新しい価値観について考えることが必要だろう。

先人の知的蓄積には、最大級の敬意をはらうが、まったく新しい問題には、これまでの概念、言説、伝統から、直ちに解は見いだせない。妙な伝統主義や解釈学を抜きにして、「関係価値」という仮説を提示したのは、環境問題がこれまでの学問の延長線上に解決できるものではないと思っているからだ。いまのところ、関係価値は定量化できるものではなく、あくまでも説明概念である。論理的理解の助けになるかどうかわからないが、仮説《speculation》は通用しなければ、学問の常道により破棄すればよいだけだ。

*

総合地球環境学研究所（地球研）に在籍してから考えはじめた「関係価値」についてまとめてみた。書きはじめてみると、自然科学（生物学）を研究生活の最初に学んだ者が、専門領域を超えてなぜ価値の問題について考えているのか、自己存在の確認のような作業をしなければ書き進めなくなってしまった。前半部はそれに費やした。

結果として「関係価値」については、これまで書いたものを多少拡げただけで、粗い「ロジック」の素描に終わった。しかし、地球環境問題を扱うには新たな価値観が必要だと確信しているし、その一つとして関係価値を発展させる鍵を提示したと自負している。

関係価値が「思いつき」にすぎないという批判に対しては、ビクトリア朝期のイギリスの偉大な二人の生物学者の手紙のやりとりを引用しておきたい。

チャールズ・ダーウィンは、アルフレッド・ラッセル・ウォレスから、彼が東インドネシアの小さな火山島テルナテで書いた論文を受けとる。「変種が、原型から限りなく遠ざかる傾向について」と題された試論には、ダーウィンがまだ明らかにできていなかった進化のメカニズムが記されていた。そこからダーウィンは『種の起源』を書きはじめるのだが、ウォレスへの返事には「思いつき《speculation》がなければ大きな研究は生まれません」としたためている。「思いつき」を大物にするには、さらなる努力が必要なことは肝に銘じている。

最後に自然科学的な思考と人文社会科学的な思考についても触れておきたい。研究者としての存在理由にも関わるからである。

インドネシアの熱帯林に暮らすオランウータン。彼らとわれわれとの間にもつながりがある

地球研も含めて、私はこれまで文理融合を標榜する研究所に在籍してきた。自然科学系の研究者と人文社会科学系の研究者とが協力して課題にあたる共同プロジェクトにも数多く参加してきた。「対話」の工夫がされているプロジェクトも少なくなかった。実際、個人として異なる学問領域の研究者との対話は、つねに刺激的なものであった。

ただ、研究所の、あるいはプロジェクトの成果として、個々の学問領域の研究成果が並べられただけでは「知の統合」にはほど遠い。誤解を恐れずに言えば、結局のところ真の文理融合あるいは「知の統合」は、一人ひとりの研究者のなかでしか実現できないのである。統合された結果は共有されることはあっても、統合への過程は研究者の頭のなかでしかない。「関係価値」はそのような試みの一つである。

※復興の現場では、あらたなつながりが次々生まれている。こうしたつながりは、復興を牽引するだけでなく、あらたな財産ともなる可能性がある。ここでは自分が関わっている例を、少し長くなるが紹介しておきたい。NPO法人平和環境もやいネットによる「集会場」へのコーヒーと茶菓子の提供事業である。震災後にすぐに必要とされたのが、さまざまな呼び名はあるが、人と人が寄り集まれる「集会所」である。被災者のひきこもりや孤独死をふせぐとともに、コミュニティの再生やヴォランティア活動の中心となる。

集会場を運営するうえでの課題は、人がすすんで集まれる雰囲気づくりである。そのために、平和環境もやいネットは、コーヒーとお菓子を二年間にわたって提供することにした。震災以前から関わっていた岩手県大槌町で、集会場の担当者から、おいしいコーヒーがあると助かるのですが、という声を聴いたからである。

コーヒーは東ティモール産。長く東ティモールでコーヒー栽培農家支援事業を行っていたことが役立った（阿部健一「『小さな国』東ティモールの大きな資源――みんなで考えるコーヒー豆の活かし方」加藤剛編著『国境を越えた村おこし――日本と東南アジアをつなぐ』所収、NTT出版、二〇〇七年）。

お菓子は、活動の拠点がある滋賀県守山市の養護施設でつくったものである。活動の資金は、ドイツのドレスデン市民の募金に拠った。地球研の同僚が、ドレスデンに本部のあるNGOと知り合いだったのがきっかけである。

世界の最貧国の一つである東ティモールのコーヒー栽培農家は、経済的な弱者である。日本との経済格差は一〇〇倍ほどである。養護施設の障碍者は、社会的な弱者である。手間のかかる者とみなされることもある。しかしそのような弱者であっても、他者の支援を通じて、被災者の支援を行うことができる。支援事業を通じて再認識したのは、このつながりは、支援する側の誇りと自信にもなるということだ。

守山市、東ティモール、ドレスデン、大槌町で新たなつながりができた。これは今後拡がってゆくかもしれない。実際、東ティモールの歌手を招へいしてのチャリティ・コンサートが開催され、守山市と大槌町の商工会議所ベースでのマッチング・ビジネスが行われるようになった。

なおドレスデン市民が、今回寄付金を募ったのは、かつてこの町が第二次世界大戦での壊滅的な爆撃から見事に戦前の街並みを復興させた経験から、「復興」に強い関心をもっていたという背景がある。また二〇〇二年夏に、エルベ川の氾濫による大きな洪水害を受けたときに、世界中から支援を受けたことも、多額の寄付につながったと聞いている。

第三章 ● 風土とレンマの論理

…………オギュスタン・ベルク

本稿では、風土論の主要概念（アフォーダンスないし手懸り、風土性、通態化など）を、山内得立が著書『ロゴスとレンマ』で提起した「レンマの論理」と比較検討する。比較は、特に、山内が四句分別（テトラレンマ）において二重肯定よりも二重否定を先に位置づけたことと、風土論における r＝S／P（Pとして把握されたS）というリアリティ（r）の定義とのあいだでなされる。そこから、風土の論理（人間に特殊な風土の論理だけでなく、生物一般の環世界としての風土の論理）は、レンマ的論理であろうと推定される。なお、本稿は、東京大学大学院総合文化研究科・教養学部附属 共生のための国際哲学研究センター（UTCP）の企画になるUTCP Asian Philosophy Forumの講演原稿として執筆されたものである。当該講演は、二〇一二年一一月六日、東京大学駒場キャンパスにおいて行われた。英語によるオリジナルテキストについては、UTCPブックレット（二〇一三年七月刊行）に収載される予定である。

風土論の起源

「風土《milieu》」に関する問題をはじめて提起したのは、一八四八年六月七日、フランス生物学会の発会式における医師シャルル・ロバンの講演でした。「フランス生物学会の創立者らが学会名称に即して所期するところの方針について」と題されたこの講演のなかで、ロバンは、オーギュスト・コントの科学分類を解説したうえで、この分類がなされたのと同じ意図のもとで生物学の任務を述べるとともに、生物学のうちの一つとして風土研究の設定を提案し、またそれのために mésologie（風土論）という造語も作りました。*1

言葉としての風土論の生年月日は、このように確定することができます。また、その対象である風土《milieu》という概念は、それよりさほど古いものではありません。*2 しかしながら、その一方で、問題そのものをたどれば、ヨーロッパ思想における存在論とほとんど同じぐらい古くまで遡ることになります。実際、もしこの問題を、存在するものとそれを取り巻く環境の関係性として定義するなら、プラトンの『ティマイオス』[訳注1]において、「コーラ《χώρα》」という名のもとにそれを見いだすことができるでしょう。[訳注2]コーラという言葉の基本的な意味は、「ポリス（都市国家）の領域」ということなのですが、それは相互的な適合関係においてポリスの存在を可能にするものを指しています。具体的にいえば、コーラとは、第一に、通常の都市《astu》を取り囲み養う農村地帯のことです。プラトンは、コーラという語を、類推によって一つの存在論的なイメージとして用

＊1 Georges Canguilhem, *Études d'histoire et de philosophie des sciences concernant les vivants et la vie*, Vrin, 2002, or. 1968.

＊2 当時は「環境」という意味で想定された。

いています。そのイメージのなかでコーラは、生誕してからいずれ死を迎える運命にある相対的存在（ゲネシス）を支える乳母の役目を担うものであるとされます。時空を超越し、そのものとして存在し続ける絶対的存在（オントース・オン、エイドス、イデア）とは違い、ゲネシスはコーラなしでは存在できないのです。ゲネシスとコーラの二つは不可分であり、しかも両者の関係は両義的です。というのも、コーラはゲネシスを支える乳母役であり、また母的存在であるばかりでなく、その痕跡ないし印型でもあるからです。*3

相対的存在に関していえば、このようにコーラ――言い換えれば、ある存在の風土とは、一つの項（母型）であると同時に、またその真逆の項（印型）でもあるのです。*4 つまり、Aであると同時に非Aでもあるということです。これは、プラトンが解決することのなかったアポリア[訳注3]です。それに関連することですが、プラトンはコーラを定義せず、上述の乳母などのさまざまな隠喩によってそれを示唆したにすぎません。その結果、母型と印型のあいだに未解決の矛盾を残すこととなりました。私は最近、このアポリアが排中律の原理[訳注4]に依拠するプラトンの合理主義に由来するという仮説を提唱しました。*5 すなわち、Aであり非Aでもあるような第三の項は存在しないがゆえに、プラトンは、絶対的存在でもなく相対的存在でもない「第三の他の項《triton allo genos》」を理知的には承認することができませんでした。にもかかわらず、彼はそうした第三の項をコーラに帰しているのです。

本稿で私は自身の仮説を追究しようと思います。その際、この「第三の他の項」こそが、ま

*3　この点についてのさらなる議論は次を参照。オギュスタン・ベルク『風土学序説――文化をふたたび自然に、自然をふたたび文化に』（中山元訳）1章、筑摩書房、2002年。[Augustin Berque, *Écoumène: Introduction à l'étude des milieu humains*, chap. I., Belin, 2000.]

*4　Luc Brisson, *Le même et l'autre dans la structure ontologique du Timée de Platon*, pp.175 ff, Academia Verlag, 1994. による、「空間的風土（milieu spatial）」というコーラの翻訳に即した。

*5　Augustin Berque, La chôra chez Platon, in *PAQUOT and YOUNÈS*, pp.13-27, 2012.

さしく風土における実在、リアリティであるということをしめします。また、山内得立[訳注5]の『ロゴスとレンマ』[訳注6]を参照することで、「レンマの論理《lemmic》」こそが、形式論理による抽象化とは対照をなして、アフォーダンスの論理、もしくはわたしたちが風土における具体的な事物のリアリティから得ている「手懸り《holds》」[訳注7]の論理をなしているということをしめしていきます[*6]（ちなみに、手懸りはフランス語でいえばプリーズ《prise》となります[*7]。これは、レンマの語源が、ギリシア語で「取る」を意味する動詞ランバノー《λαμβάνω》の名詞形レンマタ《λήμματα》からきた概念であることと対応するものです）。レンマの論理は、排中律の原理とその存在論的な転身である近代二元論がわたしたちに残してきた、さまざまなアポリアを合理的に克服することをかなえてくれます。しかしながら、あたかもかつて西田幾多郎の周囲に集った京都学派によって明言されたように、「近代の超克」を実現するためには、主語の同一性の論理をその鏡像体《enantiomer》である「述語の論理」または「場所の論理」[訳注8]へと覆すだけで十分だ――そんな錯覚には陥ることのないようにしましょう。[*8]

風土と環境の区別

存在するものとそれを取り巻くものとの関係性という右述の意味でいえば、風土という観念は、一八世紀後半にまで遡ります。その歴史は、ジョルジュ・カンギレム[訳注9]によって、『生命の認識』のなかで詳説されています。[*9・訳注10] この観念は力学に由来するものです。ただ、すでに観念とし

＊6　アフォーダンスという概念は、James J. Gibson, *The ecological approach to visual perception*, Houghton Mifflin, 1979. による。

＊7　動詞 prendre（取る）の名詞形で、取ること／取られるものという両義的な意味をもった概念。

＊8　このテーマについては Augustin Berque ed., *Logique du lieu et dépassement de la modernité*, Ousia, 2 vol., 2000.、特に Augustin Berque, La logique du lieu dépasse-t-elle la modernité?, pp. 41-52. と、Du prédicat sans base : entre *mundus* et *baburu*, la modernité, pp. 53-62 in MONNET, 2002. を参照されたい。

＊9　Georges Canguilhem, *La Connaissance de la vie*, chap. III : « Le vivant et son milieu», Vrin, 2009, or 1965.

てはあったものの、別の名のもとで考えられていました。たとえば、アイザック・ニュートンは、エーテルを典型とする「流動体《fluid》」という言葉を用いています。一九六四年版の『コンサイス・オックスフォード英英辞典』の定義では、物理学においてふつうエーテルが意味するところは、「空間に浸透し、空気中の微粒子とその他の物質との隙間を充たすと想定される媒体《medium》、電磁波を伝える媒体」とされています。

ニュートンにとって、問題は、二つの離れた物体間の相互作用を説明することでした。カンギレムによれば、ルネ・デカルトにとっては、そのような問題は存在しませんでした。というのは、彼の物理学の枠組みでは中間項はなく、物体の相互作用は直接的接触によってのみ起こりうると考えられたからです。明らかにこうした発想は、デカルトの二元論と関連するものです。実際、この二元論により、やがてエーテルは物理学の圏域から除外されることとなりました。

しかしながら、生物学そして人文学においては、この問題は、そう簡単には解決されませんでした。オーギュスト・コントによって、風土は、生物学的説明の普遍的かつ抽象的な原理という地位を得ることとなります。多くの博物学者らが、相互作用という点から、生物とその

ヴェトナムの田植え。東アジアの風土として連想されるであろう光景

生息環境[訳注11]の関係について考え、すでにコント自身がしめしていたように、生物はその環境に適し、また環境も生物にとって有利なものとみなされました。しかし、この点に関するヨーロッパ思想の一般的傾向としては、因果関係という視点から、環境は生物に影響を及ぼすという決定論への道をたどることとなります。こうした見方は、とりわけドイツの地理学で目立ち、そこから「地理学的決定論」と表現されました。

反対に、フランス人文地理学派[訳注12]では、「環境可能論《possibilisme》」が唱えられ、後に決定論の限界が明らかとされることになりました。決定論と可能論のこうした対比は、とりわけ、(実際は歴史家であった)リュシアン・フェーブルの『大地と人類の進化』に見ることができます[訳注13]。しかし、彼らの議論は、客観的な外界としての環境に直面した人間的主観の自由意志を強調するにいたったため、なおも二元論の枠のなかにとどまるものでした。環境可能論は偶発性《contingence》を強調しましたが、それによってしても、何ら説明原理が立てられることはありませんでした。それは、またある意味で、コーラという観念によって風土をめぐる議論の歴史のはじめから残されてきた主要問題を避けたものでもありました。こうした傾向は、第二次世界大戦後には、主体による客体への恣意的投影[訳注14]という点に関してのみ、この問題に人文学のまなざしをむけさせることとなりました。

しかし、ほぼ同時期に、自然科学界また人間科学界では、根本的な変化が起こっていました。一九三四年、ドイツの博物学者ヤーコプ・フォン・ユクスキュル[訳注15]は、のちに動物行動学とよばれ

ることになる観点から重ねられてきた、長年にわたる研究の主な見解を、一冊の小さな書物に要約しました。『動物と人間の環世界への侵入』と題したこの書物において、一つの革命的な区別が強調されています。[*10・訳注16] すなわち、「環境《Umgebung》」（ある環境における客観的データ）と「環世界《Umwelt》」（ある種に対して存在するという仕方で、ある種に固有の周囲世界あるいは風土）との区別です。この区別と関連して、ユクスキュルは、知覚イメージ《Merkbild》、探求イメージ《Suchbild》、活動イメージ《Wirkbild》、知覚サイン《Merkmal》、食調《Fresston》、住調《Wohnton》等、一連の概念を導入しました。その考えの骨子に従えば、ある種とその環世界は、相互に働きかけ合って、一つの生成作用をなすものであり、そうした相互作用において、動物は、ある作用にある動作で反作用する機械ではなく、むしろ、ある合図にある操作で反応する操縦者のような存在であるのです。

ユクスキュルによる議論は、明らかに二元論の克服に相当します。風土《Umwelt》におけるリアリティは、主体と客体、Aと非Aといった二分法的分離の以前にあります。それは第三の項《triton allo genos》であって、近代二元論とその排中律の原理によっては把握されえません。しかしながら、ユクスキュル自身は、その研究結果が含有していた存在論的そして論理的な結論を導きだすことはありませんでした。にもかかわらず、彼の見解は、マルティン・ハイデガーはじめジル・ドゥルーズ、ジョルジョ・アガンベン[訳注17]や他の哲学者らに影響を及ぼしました。[*11]

一九二七年から一九二八年にかけて、一年半のドイツ滞在中に、和辻哲郎[訳注18]がユクスキュルの存在を聞いていた可能性もありますが、その証拠はありません。一九二八年から、この日本の哲学者が、

*10 フランス語では、Umwelt（環世界）の訳語としては、当初 monde ambiant（周囲世界）が、のちに milieu（風土）が用いられた。日本語では、ユクスキュルの意味での Umwelt の訳語は、環境ではなく、環世界である。だが、通常のドイツ語の用法では、Umwelt は環境、つまりユクスキュルの意味では Umgebung に相当する内容を意味する。

都市も風土の一つ。イラン、バム遺跡。2003年に地震で崩壊する前の姿

ひと続きの論文を書きはじめ、一九三五年にそれらを一冊に纏め、著書『風土――人間学的考察』を出版したのは、明らかにハイデガーの影響を受けたことによります。[訳注19] 同書で、彼は、「環境」（近代科学によって抽象的に対象化されるもの）と「風土」（ある社会によって具体的に経験されるもの）の区別をはじめて紹介しています。この区別は、ユクスキュルが「環境」と「環世界」とのあいだに打ち立てた区別と正確に相応しています。ユクスキュルが生物一般という存在論的位相を扱う一方、和辻は、特に人間のそれを扱っているという違いはありますが。言い換えれば、和辻の議論における文化と歴史は、ユクスキュルのそれにおける種と進化に相応しているわけですが、後に見るように、両者はともに、milieu（それが風土であれ、環世界であれ）のリアリティに対する鍵として、主体性の問題を提起しているのです。

＊11 ハイデガーに対するユクスキュルの影響についてはGiorgio Agamben, *L'Ouvert: de l'homme et de l'animal,* Payot & Rivages, 2002. を参照。また Martin Heidegger, *Les concepts fondamentaux de la métaphysique. Monde-finitude-solitude*, Gallimard, 1992. (*Die Grundbegriffe der Metaphysik. Welt-Endlichkeit-Einsamkeit*, 1983.) も参照。

風土性と通態化

関連してさらに言えば、和辻は『風土』のなかで、はじめに「風土性」という存在論的な概念を導入し、それを「人間存在の構造契機」として定義しています。私は、これを「半分」という意味のラテン語 *medietas* からフランス語で「メディアンス《médiance》」という新語に訳しました。*12 実際、和辻の考えによれば、「人間」においては、二つの側面または二つの半分が動態的に(力学における二つの力のように)一つの「契機」のなかに結合されています。すなわち、一つは個人としての「人」であり、そしてもう一つは共同的な「間」またはより具体的に「間柄」、すなわち人びとを結びつける繋がりです。この繋がりを通じて、人びとと事物も結びつけ、それが歴史的に風土を構成するのです。「人間」とは、まさしくこの二つの半分からなる繋がりであり、その存在は必然的に風土的《medial》です。これが、風土という存在論的概念の内実です。

和辻による風土性への理論的アプローチは、もっぱら現象学的解釈学のそれでした。[訳注20] しかしながら、今日の視点に立って、上述したようなユクスキュルの議論との相応をふまえるならば、和辻の視点には、はじめから、自然科学のうちにも根拠をもつものであることがわかります。その根拠は、動物行動学におけるさまざまな発見と近年のポストゲノム革命とともにますます明白になりつつあります。実際に生物学では、あらゆるレベルにおける生物の形成過程が考慮され、エピジェネティックス《epigenetics》、すなわち生物(遺伝子、細胞、有機体)とその環境間における

＊12 オギュスタン・ベルク『風土の日本――自然と文化の通態』(篠田勝英訳)、ちくま学芸文庫、1992年。[Augustin Berque, *Le Sauvage et l'artifice. Les Japonais devant la nature*, Gallimard, 1986.]『風土』の英訳やドイツ語訳では、こうした含意を翻訳することができていない。スペイン語訳では、ambientalidad という語で訳そうとしている。

相互作用の過程にさらに重要性が置かれるようになっています。[*13・訳注21] 人文学の方では、現象学(とりわけモーリス・メルロー=ポンティによる身体性の解明)は言うまでもなく、アンドレ・ルロワ=グーラン[訳注22]による人類出現に関する解釈において、解釈的現象学にまったく頼らない実証的な表現で、(個としての)動物的身体《corps animal》と(共同としての)社会的身体《corps social》との結合が分析されています。[*14・15] この結合は、前者がもっていた本来のいくつかの機能を外化する技術的・象徴的体系から形成されるわけですが、実際のところ、これは和辻のいう風土性にあたるものにほかなりません。近年では、〈人間は生まれた時は不完全である〉という古来の考えをネオテニー《neoteny》という生物学的観念[訳注23]に統合することによって、ダニー=ロベール・デュフール[訳注24]が、精神分析用語を駆使し、たとえば一神教が神をあがめてきたように、個人が完全になるためには「偉大なる他者」への疎外が構造的に必要であるとしめしました。[*16] 和辻に立ち返っていえば、この個人と偉大なものとの連結とは帰するところ、彼が「人間存在の構造契機」とよんだもの、すなわち風土性にほかなりません。

概念としては使われていませんが、それでもなおこれらの議論は、風土性という考えにフォーカスしており、人間をたんなる個人としてとらえることを明らかに時代遅れだとするものです。言い換えると、人間は風土的であり、他のどの生物よりも人間の風土性の程度は高いといえます。というのは、人間は、他のいかなる生物にもまして、その動物的身体に技術的・象徴的な体系を付け加えてきたため、そういう体系はひと揃いのものとして人間の生存そのもの

*13 Luciano Boi, Epigenetic Phenomena, Chromatin Dynamics, and Gene Expression. New Theoretical Approaches in the Study of Living Systems, *Rivista di Biologia / Biology Forum*, Vol.101, No.3, pp.405-442, 2008.

*14 Maurice Merleau-Ponty, *Phénoménologie de la perception*, Gallimard, 1945.

*15 André Leroi-Gourhan, *Le Geste et la parole*, Albin Michel, 2 vol., 1964.

*16 Dany-Robert Dufour., *On achève bien les hommes. De quelques conséquences actuelles et futures de la mort de Dieu*, Denoël, 2005.

に不可欠となっており、もはや人間はそうした風土的身体、すなわち生態的・技術的・象徴的な風土なしでは生存できないからです。

それでも現代の存在論は、総じて二元論とそれに相関した個人主義的発想のままです。わたしたちを取り巻くリアリティとは、個人的主体が直面する客体によって構成された客観的環境ではなく、わたしたちが風土的であるがゆえにわたしたちの存在そのものに参与する事物によって構成された風土なのですが、こうした考えを容易に受け入れるにはまだ程遠いのです。[訳注25] ハイデガーの現存在《Dasein》ですら、こうした状況をおおきく変えることはありませんでした。というのは、いみじくも和辻が述べたように、現存在は「死への存在《Sein zum Tode》」であるというハイデガーの発想は、本質的に個人主義的だからです。他方、風土性は、人間は逆に「生への存在」であるという事を含意しています。[*17] というのは、人間の風土的身体は、動物的身体よりも長く存続するからです。

一方、こうした点を勘案し、風土学または風土論は、主体と客体のあいだに「第三の他の項」を考慮に入れた概念装置を開発しました。[*18] これは人間的風土のリアリティに関する概念装置であり、わたしたちが風土的であることのうちに含意されているものです。事物は人間の風土的身体、すなわちわたしたちの風土に参与しています。事物は物理的に「それ自体に《an-sich, en-soi》おいて」[訳注26]あるだけでなく、生態的・技術的・象徴的に「わたしたちにとって《für-uns, pour-nous》」あるものでもあります。[*19] こうした事態は、「通態性《trajectivité》」という概念によってしめされます。すなわち、主体と客体、

＊17 このテーマに関しては次を参照。Berque *et al*. *Être vers la vie. Actes du colloque de Cerisy, Ebisu* n° 40-41, 2008.

＊18 以下の議論については、前掲書＊3、＊12、Augustin Berque, *Histoire de l'habitat idéal. De l'Orient vers l'Occident*, Paris: Le Félin, 2010., Augustin Berque, *Milieu et identité humaine. Notes pour un dépassement de la modernité*, Donner lieu, 2011. を参照。

＊19 前掲書＊12参照。

あるいは「それ自体において」と「わたしたちにとって」という理論的な二極のあいだにおいて、事物は通態的なのです。

通態性が意味するところは、わたしたちが自らの感覚、精神、言葉や行動を通して事物を把握する仕方に即して事物は存在するということです。こうした把握、つまり手懸り《prise》は述語化に類似しています。すなわち、主語（S）は客体それ自体（言い換えれば環境《Umgebung》）としての事物であり、また述語（P）は、その事物がこうした把握あるいはアフォーダンスを通して現出する仕方なのです。したがって、事物のリアリティr（言い換えれば、わたしたちの環世界《Umwelt》）は、r＝S／Pというように公式化されます。この公式は、〈リアリティとはPとしてのSである〉ということを意味します。

これは、主体を客体に投影することではありません。通態性はある種の歴史的過程、すなわち、客体の主体化や主体の客体化、そして累積する双方の交替が無限に続く通態化《trajection》の結果です。実際、それぞれの新世代は前世代によって構築されたもの（S／P）を当然のこと（所与）として、言い換えれば、Sとしてとらえ、それを新たに自分達の仕方の述語化で把握します。このように、当初のデータないし所与（S）がS'、S''、S'''というように進化するのを終えることはけっしてなく、P'、P''、P'''として無限に理解されます。換言すれば無限にSがPとして受けとめられ、PはS'に実体化《substantialisation, hypostasis》されるわけです。[*20] これを次の公式に表現することができます。

(((S/P)/P')/P'')/P'''…等。

*20 「主体」（ギリシア語 hypokeimenon のラテン語訳 *subjectum*）と「実体」（ギリシア語 hypostasis のラテン語訳 *substantia*）はともに、「下に（hypo）存している（keimai）、あるいは下に立っている（stasis）」何ものかという同一のイメージに由来する。すなわち、この何ものかというのは、それについて何らかの述語化がなされ、それ自身はかの主体でも実体でもないような、事物の基底である。したがって、アリストテレスにとって、述語とは実体的ではない。というのは、（論理学における）主語／述語の組合せは、（存在論における）実体／属性の組合せに類比されるからである。

これが意味するのは、デカルトのコギト《cogito》と異なり、[訳注27] 人間は、けっして外在するただの客体と直面しているのではないということだけではありません。そもそも人間は無限に自らの風土によって構築されるとともに、その風土を自ら構築するという、相方向的な働きないし共同的な生成《concrescence》という過程のなかにあり、こうした現状こそが風土性にほかならない、ということでもあるのです。

実際、この風土性という「人間存在の構造契機」はけっして歴史とともに進化を止めることがありません。しかもこの進化は、つねにPの選択がそれに関わる人間によるがゆえに、つねに偶発的です。また、この偶発性は、客体それ自体への主観的な投影にすぎない気まぐれや恣意との共通点はありません。というのは、実在する事物は（Sではなく、S／Pとして）つねにすでに構築されており、そして人間は必然的に風土的、つまり、その関係そのものによって構築されているからです。したがって、こうした歴史的過程においては、偶然も必然もありません。そこにあるのは、正しくは、第三の他の項である偶発性です。たしかに、風土性、すなわち風土と歴史との通態性という点をふまえていえば、事物はそれが現にそうであるのとはつねに異なることも可能であります。しかしながら、その歴史性と風土性によって、事物は、自らに特殊な仕方で、それが現にそうであるもの（S／P）であるのです。

同じ原理は、生物一般の存在論的レベルおよび進化の時間的尺度にも相同的にあてはまります。*21

＊21　この問題はここではこれ以上論じない。こうした視点が、標準的なネオ・ダーウィニズムのそれとは異なるものであるということだけを強調しておこう。ネオ・ダーウィニズムでは、機械論的な用語、つまり環世界ではなく環境に関わる用語で問いが立てられる。ただし、ポストゲノム革命やエピジェネティックス革命のおかげで、進化理論は、本質的な変化を遂げつつある。たとえば次を参照。Eva Jablonka & Marion J. Lambs, *Evolution in four dimensions*, MIT Press, 2005., Andràs Paldi, *L'Hérédité sans gènes*, Le Pommier, 2009.

ロゴスとレンマ

このように風土論によって開かれた存在論の展望がもし効果的に近代二元論を克服するようであれば、その論理構成とはどのようなものになるでしょうか。とりわけ、排中律の原理が長年にわたって排除してきた「第三の他の項」はどうなるのでしょうか。

また同時に、西洋における合理性の古典的基礎——すなわちすでにアリストテレスによって主語的論理[訳注28]の構成のため用いられた、「同一律」・「矛盾律」・「排中律」の三原理[訳注29]——が、風土性および通態性に対する理解を妨げているということも問われてよいでしょう。ただし、その解決は、西田幾多郎が試みたように、「主語の論理」を「述語の論理」へとひっくり返すことにはならないでしょう。なぜなら中村雄二郎[訳注30]が適切に指摘した通り、述語の論理は結局のところ、（精神分析家シルヴァーノ・アリエティ[訳注31]の言葉を借りて言うなら）「原初論理《paleologic》」の隠喩にすぎず、確かに人間のあらゆる精神にみられ、また結果として認めざるをえない無意識である反面、合理的な思考に関していえば、けっして主語の論理に代わりうるものではないからです[*22]。

しかし西田は、風土論に関して重要な点を主張しました。世界は、述語的であるということです（述語世界）。こういった見方に立つと、ハイデガーの『芸術作品の根源』[訳注32]で大地と世界とのあいだに想定される、一見理解しがたい「闘争《Streit》」とは、S（大地あるいは環境《Umgebung》、人間による述語化作用のもともとの主語）とP（世界あるいは環世界《Umwelt》、つまり人間による述語の全体）の関係

＊22　中村雄二郎『場所——トポス』弘文堂、194ページ、1989年。

にほかならない、というふうに理解できます。*[23] 言い換えれば、それは、S／Pというリアリティのことであり、そこにおいて、かの「闘争」は、SからPまたPからS'へといった通態化に該当するものとして惹起するのです。「闘争」はたしかに存在します。というのは、SとPの関係は同一性に還元することはできないからです。この関係は一つの「契機」であって、つねに動的なものであります。

しかしそれでは、わたしたちがリアリティにおいて得ている手懸りの論理的な性質はどういうことなのでしょうか。わたしたちの風土において具体的な事物が供給するこれらのアフォーダンスは、実際に客体自体、その同一性（言い換えればS）に還元することができません。しかしまたすでに述べられているように、通態化の過程でSは無限にP、P'、P''、P'''等とみなされ、またPも無限にS'、S''、S'''…と受け止められているため、それらのアフォーダンスは述語自体、その同一性（Sの把握の仕方）にも還元できません。

さて、ひとまず通態化という概念を使わないでおいた場合に、こうした過程を明らかにしてくれるのが、「レンマの論理」です。山内得立が著書『ロゴスとレンマ』のなかで提唱したように、それは正確にはロゴスの論理という意味では論理、すなわちロジック（ロゴス的なもの）ではなく、率直に言うとレンミック（レンマ的なもの）です。ロゴスの論理は同一律、矛盾律と排中律の三原理を固守するもので、これはヘーゲルの弁証法にさえあてはまります。というのは、ヘーゲルの弁証法では、綜合に際して定立と反定立は共存せず、それらを止揚《aufheben》する、つま

＊23　Martin Heidegger, *Chemins qui ne mènent nulle part*, Gallimard (Holzwege, 1949). 53., 1962, or 1949. この件に関する筆者の解釈の詳細は次を参照。前掲書＊3、chap. 5.

＊24　「量子もつれ」の発見から、ステファン・ルパスコはじめ、何人かのヨーロッパの思想家が、中間項（Aでありかつ非Aである）を許容するような論理を想像するようになった。この点については、Basarab Nicolescu, *Qu'est-ce que la réalité? Réflexions autour de l'œuvre de Stéphane Lupasco*, Liber, 2009. 参照。私はここでは、山内得立の説に従うことを維持する。

り、それらを廃棄すると同時に高めるという手続きが取られており、したがって排中律の原理が遵守されているからです[*24]。

山内によれば、中立項（Aであり非Aでもある）を認めることができないのは、事物から切り離されまた客体に直面しながら抽象的形式論理として自身を自任するようになったという、ロゴスの作動から帰結したことです[訳注33]。これが帰するところ言語（ロゴス）を絶対化することになりました。その一方で、東洋思想とりわけ佛教は、そうならないように慎重でした[*25]。たとえば、ナーガールジュナ（竜樹）のテトラレンマ（catuşkoţi, 四句または四句分別[訳注34]）は、「A」（肯定）・「非A」（否定）・「Aと非Aのどちらでもない」（二重否定）・「Aであり非Aでもある」（二重肯定）という四つのレンマのなかで、あらゆる「論理」を解体しようとしたものです。「論理（ロジック）」で認められうるのは、同一律と矛盾律の原理に相当する第一と第二のレンマのみです。他方、これらの原理を超越する第三と第四のレンマは、佛教で「至上の真理」、paramārtha（勝義）とよばれるものにあたります[訳注35]。

多くの注釈者らに反して、山内は二重否定（Aでも非Aでもない）を第四ではなく第三に位置づけています[*26]。彼によると、実際のところ、第三のレンマはテトラレンマの節点であり、二重肯定（Aであり非Aである）を可能にするだけでなく、それを現実に作動させるものなのです。もし二重否定が第四の位置であれば、テトラレンマは際限なく同じループを繰り返すだけになるでしょう。

＊25　とりわけ、佛教は言語を精神の特権（「言語を有した動物」としての人間観をもたらすような特権）とはみなさなかった。すでに古代ヴェーダ讃歌に次のような一節がある。「神々は言葉の女神をもたらした。あらゆる種類の生き物は彼女を話す」（Pierre-Sylvain Filliozat, *Le sanskrit*, PUF, 1992. p.17 での引用による）。この一節に、生物記号学がずっと後に発見することになるもののはるか遠い予兆を感じ取ることもできるかもしれない。

＊26　たとえば、Frédéric Nef, *La force du vide. Essai de métaphysique*, Seuil, 2011. ならびにこの書で引用されているすべての著者たち。竜樹においては、後の二つのレンマの順番は、どちらかといえば可変的なものであるように思われる。しかし、山内によると、二重肯定を最後に置くことで、あるべきレンマの論理のかたちを確立したのは、まさに竜樹だということだ。

この話題について、ここで四〇〇ページもの著書の詳細をさらに調べることはできません。山内の主な考え方は、テトラレンマはロゴスの制限を克服することを可能にするというものです。後述にみられるように、風土論の見地から学ぶことは多くありますが、ひとまずここで風土論と『ロゴスとレンマ』の境界を示しておきましょう。山内にとって、後者二つのレンマは「至上の真理」(勝義)を表しています。それは、一つの絶対的なものです。その際、彼のいう「レンマの論理《lemmic》」は、宗教としての佛教とすっかり同じ態度を取ります。そこには、何らかの神秘的な飛躍が隠れていますが、風土論はそうした飛躍の遂行には踏み入りません。風土論の立場では、どんな認識であれその絶対化は問題外です。というのは、Sを知るというまさにその事実によって、Sは、ある述語Pにおける見方(S/P)におかれるのですから。*27 たとえ、そのPが秘法の法悦や禅の悟りのようにまったく非言語的である場合でさえも。以下においても、わたしたちは謙虚に、テトラレンマの世俗的で不可知論的な利用、つまりリアリティをS/Pとみなす立場にとどまることにしましょう。

結論——風土の論理《meso-logic》はレンマ《lemmic》の論理である

風土がわたしたちに与える(アフォードする)生態的・技術的・象徴的な手懸りは、(厳密な意味での述語化の場合のような)言語だけに関わるのではなく、同時にわたしたちの感覚、精

*27 これは、物理学においては、ヴェルナー・ハイゼンベルクの不確定性原理によって確立された事柄である。

神そして行動に関係します。それゆえ、特にそれらの象徴性によってしめされるように、ロゴスの抽象に還元されえません。実際のところ、象徴においては、Aはつねに同時に非A（第四レンマ——二重肯定）です。さらに広く、事物が「それ自体であること《An-sich》」（これはSの純粋自己同一性といってよいでしょう）には、S／Pとしてでなければ絶対に到達できないのですから、リアリティ（S／P）はいつでも必ず同一律の原理を克服しています。SはPを前提とし、PはSを前提とします。SとPのあいだには、相対だけでなく相互依存という関係性が存します。さらには、事物と存在の歴史的・風土的な共成《concrescence》という点では、山内が「相待《そうだい》」とよんだもの[訳注36]すら、SとPのあいだにあります。

相待性は、『ロゴスとレンマ』におけるもっとも有力な概念の一つです。相待性を風土性と並べて考えることは有益かもしれません。というのは、動物的身体と風土的身体のあいだには、実際、相待があるからです。これは、こうした概念やその著者らを知らないままに、ルロワ・グーランが人類出現の解釈のなかで描きだしたことがらに相当します。というのも、彼の学説は以下のように要約することができるからです。人類出現の過程のなかでは、技術による環境の人工化《anthropisation》、象徴による環境の人間化《humanisation》、そして動物的身体から人間の現代の姿への人類進化《hominisation》のあいだで相互反応、言い換えると相待が起こっていたのです。数十年も時代に先んじていたと言ってよいかと思うのですが、ルロワ・グーランが指摘した、人類の進化における相待ないし共成は、この四半世紀、後成（エピジェネシス）・系統発生（フィロジェネシス）・個体発生（オントジェ

ネシス）が複雑に絡まりあった事態をますます重要視するなかで、進化論の最先端の問題とされてきた、自己言及ループ《self-reference loop》説という逆説的な原理にほかなりません。[*28] こうした視点は、（生物と風土の空間的相補関係という点で）風土性の概念にあてはまる一方、また他方で（個と種の時間的相互作用だけでなく、後成とそれという点で）通態性にもかなっており、まさしく風土論的です。

換言すれば、和辻によれば歴史がそうであるように、進化もまた、環境の問題（したがって、偶然と必然の機械的な選択における連続の問題）というよりむしろ風土の問題（したがって、動機づけと偶発性の問題）となりうるのです。結局のところ自己言及とは、主体性の別名ではないでしょうか。そして、ユクスキュルが生物一般レベルでそうしたように、人間存在論レベルで和辻は主体性を風土の鍵としているのではないでしょうか。そう考えてみるなら、今西錦司が唱えたいくつかの学説をあらためて取り上げてもよいでしょう。今西は生物一般レベルで、主体性を進化の鍵とし、「主体の環境化、環境の主体化」について相関的な言及をしているからです。[*29] 今西のこの学説は、実際、ルロワ・グーランのそれに厳密に一致していますし、しかも、主体の環境化と環境の主体化の両プロセスは、風土論の視点からみれば、通態化のプロセスにほかならないのです。

結局のところ、山内が風土論に貢献するものは何なのでしょうか。山内の議論は、風土論に確証を与えてくれます。また、今後さらなる研究がたどるべきいくつかの道筋をもたらしてく

＊28 こうした逆説的ループについては、特に次を参照。
Hervé Le Guyader, *Penser l'évolution*, chap.19-21, Imprimerie nationale, 2012.

＊29 今西錦司『主体性の進化論』中央公論社、1980年。

れます。何を確証してくれるかといえば、二千年ものあいだ、西洋の合理主義や特に近代二元論によって受け入れられることのなかったコーラの「第三の他の項」というアポリアを、Aであると同時に非Aであるというテトラレンマによって合理的に克服することができるということです。そうした克服へとわたしたちがうながされ、さらにいえばその必要にかられるのは、（波動と粒子の二重性など、逆説的両価性を扱う）物理学そのもののせいですし、またそれ以上に、ユクスキュルによる動物行動学と和辻の風土論との相同があるためです。確かに、山内は、「中の概念」について論じるときですらも、和辻の意味での風土をまったく考慮していません。[訳注37] しかし『ロゴスとレンマ』全体の趣旨から、風土の論理たるメゾロジックは明らかとなります。*30

風土の論理について、実際のところ、和辻自身は詳述しませんでした。むしろ、風土の論理の形成は、近年の風土論の発展を通して行われてきました。たとえば、山内が「即の論理」と名づけたものと、風土論が「風土的〈として〉《l' en-tant-que écouménal》」とよぶもの——それを定型化したのが、〈SをPとして把握する〉という意味のS／Pなのですが——との比較は、実り多い成果をもたらすことでしょう。*31 SとPとの通態的関係において、主語（地球、環境《Umgebung》、自然など）は述語P（わたしたちの世界）でありかつ述語P（わたしたちの世界）ではありません。要するに、S即Pです。このように見てくると、今日の風土論的研究は、計り知れない遺産を秘めた東洋思想から、さらにいっそう豊かな内実を得ることができるといえるでしょう。しかも、風土論的研究は同時に、最新の問題領域をもたらす自然科学に依拠することもできるのです。かくして、東洋と西洋のあい

＊30 フランス語のmilieuは「真ん中」を意味するものでもある。

＊31 風土論において、エクメネとは、地球上のあらゆる風土を結合した全体、すなわち人類と地球との関係性のことである。

だから、真の相待（つまり、さらなる研究がたどるべき多くの道筋）が浮き彫りとなってきます。ラディヤード・キップリングの有名な「東は東、西は西、両者が互いにまみえることは決してないだろう」[訳注38]にしかるべき敬意を払いつつも、あえてそう申し上げたいと思います。

何といってもやはり、レンマの論理という視点こそが、風土論の意義を明るみにもたらしてくれます。これまでにもみてきたように、レンマという語は「取る／把握する」という動詞に由来しています。風土的手懸り、すなわちわたしたちの風土がもたらすアフォーダンスは、論理的な類推に先立ち、それに根拠を与えるものです。これはまさに帰するところ、レンマがロゴスに先立ち、それに根拠を与えるという、山内の命題とかさなります。それはまた、たとえばエトムント・フッサールによって遺稿「太初の大地は動かない」[訳注39]でしめされた大地不動説のような、現象学の一般的命題にも相当するものです。太古の昔から、大地つまり地球は動かず、わたしたちはこの地《Boden》から手懸りを得ているのです。これらの風土的手懸りはたしかにわたしたちの意識下で、またいかなる合理主義下でも機能しています。わたしたちは、無意識のうちにそれに依拠しているわけですから、そうした手懸りを、あたりまえのこと、つまり何らかすでに与えられているもの、つまり所与《Gebung》として、言い換えれば、Sとしてみなしています。これらの手懸りからS／Pを作り上げ、またそれを無限にS'、S''、S'''に実体化してきたものこそ、わたしたち自身の歴史（またその下支えとしての人類の進化）にほかならないのではありますが。

これらの実体――実体なきPのSへの実体化――は、山内が佛教用語を借りて「依止《えじ》」とよ

ぶもの[訳注40]に相当します。依止は、サンスクリット語 niśraya の漢訳です。このサンスクリット語を、フレデリック・ジラールは、appui（拠りどころ）というフランス語で表し、以下の例を引用しています。[*32・訳注41]「（すべてのダルマ・真理が）現成するのは、それらがいかなる固有の性質ももたないが故である／先んずるものは後んずるものの拠りどころとなる」（無自体故成、前為後依止）。

実際のところ、生物一般の風土、つまり環世界におけるように、人間の風土では、リアリティはいかなる固有の性質も有していません（リアリティは純粋なSとしての客体の「それ自体」ではありません）。というのは、リアリティは通態化、つまり、SをPとして受けとめ、PをS'へと実体化し、そのさらなる継起へとつづく状況から起因するためです。それにもかかわらず、わたしたちはリアリティの手懸り（S／P）、言い換えるとリアリティがわたしたちの存在に与えている拠りどころに依拠しているわけですが、それは、風土論で「通態的な楔留め《calage trajectif》」とよんでいるはたらきによるのです[訳注42]。これらの通態的な楔留めと佛教の依止とのあいだには、相違があります。すなわち、山内がしめすように、究極のところ佛教の依止は、空の絶対性――山内が好んで使った言い回しにならえば、むしろ空の「絶待性」――に由来しますが、一方、風土論は、S／Pの関係を跳び超えていくような神秘的飛躍に踏み入るのをよしとするものではありません。風土論はいつでも次のように考えます。すなわち、たとえSがどこまでもS'であるとしても、つまりどこまでもすでにS／Pであって、けっして純粋なSではないとしても、PはSへと自らを楔留める、と。絶対性を抜きにして考えれば、いま述べたことは、第三のレンマ、すなわち二重

＊32　ジラールが次の箇所から引用した部分である。
Mahāyānasūtrālamkāra, XI-51, T. XXXI, n°1604, pp. 615a et 623a.

否定のレンマが言わんとすることにほかなりません。S／PはSでもPでもなく、どこまでもすでに両者の通態であるのですから。そしてまた、このことは、山内が第三のレンマを二重肯定のレンマの前に位置づける際に意図していることでもあります。なぜなら、まさしくこのようにしてSとPの両方を否定することによって、SとPそれぞれの自己同一性の克服が可能になり、したがってS／Pというリアリティの共成が可能になるからです。そうなったとき、通態的に、そしてはっきりと近代を超克したかたちで、言葉と事物、事物とわたしたちの存在は相待することになります。そうして、こうしたことから歴史的にもたらされてきたものこそ、わたしたちの風土の風土性に他ならない「第三の他の項」、すなわち、わたしたちの存在（ゲネシス）の印型でありかつ母型であるもの（第四レンマ、二重肯定）なのです。

（訳　鞍田崇）

訳注1　プラトンの宇宙論・自然哲学についての主著と目され、伝統的に「自然について」という副題が付せられてきた。

訳注2　コーラはもともと「その中に何かがあるところの、空間、場所」を意味する。後にストア派のゼノンは、コーラを「部分的に占有されている空間」として、「虚（空間）」（ケノン）とも「場所」（トポス）とも区別している。

訳注3　原義は「通路や手段がないこと」を表すギリシア語。アリストテレスによれば、同一の問いに対する答えとして二つの相反する合理的な意見が提起されるような、解決しがたい事態を指す。

訳注4　真でもあり偽でもあるという中間的事態を認めず、「いかなる文も真であるか偽であるかのいずれかである」を貫く意味論的原則。伝統的論理学では、この排中律とともに、同一律（「AはAである」）、矛盾律（「あることがらが同時にAでありかつAでないということは不可能である」）の三つが三原理とされる。

訳注5　（一八九〇―一九八二年）大正―昭和の哲学者。京都帝国大学で西田幾多郎の薫陶を受けた第一世代にあたる。京大卒業後、ソルボンヌ大学を経てフライブルク大学に留学しフッサールに師事。一九三一年より京都帝国大学教授。戦前は哲学科哲学専攻の古代・中世哲学史を担当したが、戦後は、第一講座（哲学）の哲学概論を担当。現象学、実存哲学などの研究をベースに、独創的な見地から存在論や意味論の体系化を試みたことで知られる。著作に『現象学叙説』（岩波書店、一九二九年）、『ギリシアの哲学』（弘文堂、一九四四―一九六〇年）、『実存の哲学』（全国書房、一九四八年）、『実存と所有』（岩波書店、一九五三年）など。

訳注6　山内得立『ロゴスとレンマ』、岩波書店、一九七四年。

訳注7　生態心理学の主要概念。アメリカの知覚心理学者ジェームズ・J・ギブソン（一九〇四―一九七九年）が提唱。「与える、もたらす」という意味の英語の動詞アフォード（afford）を名詞化した用語で、たとえば、大地は歩くことを支え、断崖は落下の危険があるといったように、環境が人にしめす意味や価値、あるいはそうした意味や価値を環境が有する性質を表す。

訳注8　いずれも西田幾多郎の哲学の中心概念である。「述語の論理」（述語的論理）は、述語が主語を包摂するものであるという点に注目し、主語に対する述語の優位を追求した思想。のちに、述語的論理は、認識構造に依拠した主観主義的傾向が残存したものとしてその限界が指摘され、主語と述語、主観と客観をともに包摂する「場所」に西田は想到する。「場所の論理」の発見により、西田哲学は日本で最初の本格的な哲学体系という評価を受けることになった。

訳注9　（一九〇四―一九九五年）フランスの科学哲学者。ガストン・バシュラールの後任としてソルボンヌ大学科学史教授、フランス国立科学研究センター所長を歴任。科学哲学、医学、生物学にわたる深い学識をもとに、概念の生成を歴史的・系譜学的に究明。フランスの科学哲学界を長らくリードするとともに、ルイ・アルチュセール、ミシェル・フーコー、ピエール・ブルデュー、ミシェル・セールはじめ、数多くの思想家に影響を与えた。邦訳書として、『反射概念の形成――デカルト的生理学の淵源』（金森修訳、法政大学

出版局、一九八八年、原著一九五五年）、『正常と病理』（滝沢武久訳、法政大学出版局、一九八七年、原著一九六六年）、『科学史・科学哲学研究』（金森修訳、法政大学出版局、二〇一二年、原著一九六八年）、『生命科学の歴史』（杉山吉弘訳、法政大学出版局、二〇〇六年、原著一九七七年）などがある。

訳注10　ジョルジュ・カンギレム『生命の認識』（杉山吉弘訳）法政大学出版局、二〇〇二年。原著は一九五二年。

訳注11　当時はフランス語で milieu とよばれた。

訳注12　一九世紀後半から二〇世紀初頭にかけて活躍したポール・ヴィダル・ドゥ・ラ・ブラーシュやエマニュエル・ドゥ・マルトンヌらを端緒として、フランスで隆盛した人文地理学の潮流。地理学的現象における歴史性への注目から、人間と環境の関係を重視し、環境決定論ではなく、環境可能論が唱えられた。その系譜は、リュシアン・フェーブルを介して、歴史学におけるアナール学派にも連なるものとなった。

訳注13　リュシアン・フェーブル『大地と人類の進化――歴史への地理学的序論』（上、下）（飯塚浩二訳）、岩波文庫、一九七一―一九七二年。Lucien Febvre, *La Terre et l, évolution humaine*, Albin Michel, 1949, or 1922.

訳注14　「投影」は「投企」、「企投」とも訳される現代哲学用語。主体的に自らの可能性を実現する人間存在の能動性を指す。もとはハイデガーが『存在と時間』で提起した「企投（Entwurf）」に由来する（ハイデガーの場合は、「被投性」と対概念をなすことをふまえ、「企投」と訳すのがならい）。本文該当箇所での議論は、「投企」の能動的側面を強調し、自己の可能性を選択することがそのつど状況に意味を与える源泉となるとした、サルトルら第二次世界大戦後のフランス実存主義を念頭に置いていると思われる。そうした「投企」理解に立って、サルトルは、知識人が自らの自由にもとづいて選択した特定の政治的立場から現実社会のさまざまな問題に対して積極的に関わること（アンガージュマン）を強調し、同時代の広い共感を集めた。

訳注15　一八六四―一九四四年。

訳注16　Jakob von Uexküll, *Milieu animal et milieu humain*, Payot & Rivages, 2010, or 1934.

訳注17（一九四二年―）イタリアの哲学者。美学的視点を軸にしながら、政治哲学を展開。フーコーの「生政治」「生権力」概念を継承し、生物としての人間の生命を政治的存在としての人間の生活そのものと同一視する近代デモクラシー社会を批判的に分析している。邦訳書として、『スタンツェ』（岡田温司訳、ちくま学

芸文庫、二〇〇八年、原著一九七七年)、『言葉と死』(上村忠男訳、筑摩書房、二〇〇九年、原著一九八二年)、『ホモ・サケル』(高桑和巳訳、以文社、二〇〇七年、原著一九九五年)、『例外状態』(上村忠男、中村勝己訳、未来社、二〇〇七年、原著二〇〇三年)など。

訳注18　一八八九—一九六〇年。

訳注19　和辻哲郎『風土——人間学的考察』岩波書店、一九三五年。Watsuji Tetsurô, *Fûdo. Le milieu humain*, CNRS, 2011, or 1935.

訳注20　エトムント・フッサールが創始した現象学と、ヴィルヘルム・ディルタイに端を発する哲学的解釈学を結合したハイデガーの現象学的解釈学のこと。ハイデガーは、マールブルク大学一九二三年夏学期講義「事実性の解釈学」で、学の根底にある主体的な意識そのものの真相に迫ろうとする現象学的視点をベースとしつつ、当の意識の有限性・歴史性を重視し、歴史的な事柄に関わる解釈学を方法論的に導入した。この講義の発展として執筆された『存在と時間』(細谷貞雄訳、ちくま学芸文庫、一九九四年、原著は一九二七年)では、「解釈学的現象学」という言葉が使われている。和辻にとって、ドイツ留学中(一九二七—一九二八年)に『存在と時間』に接し、大きく影響を受けたことが『風土』執筆の一因であったことは、同書「序言」でも明記されている。

訳注21　ヒトゲノムの解読が完了したポストゲノム時代において、今後の課題は、同じ遺伝情報をもちながら、どのようにして個人ごとにさまざまに異なった形態・性質・発病など(形質)が現れるのかを知ることとされる。エピジェネティックスは、そのような課題に取り組み、DNA塩基配列の変化を伴わず細胞分裂後も継承される遺伝子機能の変化を研究する学問領域を指す。

訳注22　(一九一一—一九八六年)フランスの先史学者。コレージュ・ド・フランス教授、パリ大学教授、民族学研究所所長などを歴任。旧石器時代の洞窟壁画などを調査し、人間の言語活動や技術の問題についての社会人類学的な考察を展開。ジャック・デリダ、ドゥルーズ、フェリックス・ガタリをはじめとする思想家にも多大な影響を与えた。邦訳書に、『身ぶりと言葉』(荒木亨訳、ちくま学芸文庫、二〇一二年、原著一九六四—一九六五年)、『世界の根源——先史絵画・神話・記号』(蔵持不三也訳、言叢社、一九八五年、原著一九八二年)がある。

訳注23　動物において、非生殖器官に未成熟な、つまり幼生の性質を残したまま、性的に成熟した状態になること。アホロートル（メキシコサンショウウオ）やイソギンチャク類などに見られる。幼形成熟、幼態成熟ともいう。

訳注24　フランスの哲学者。パリ第八大学教授。言語哲学と政治哲学とラカンの精神分析とを連関づけ、ポストモダン的状況について考察を深めている。著作に、*Le Divin Marché, la révolution culturelle libérale*, Denoël, 2007.（神の市場、リベラルな文化革命）、*La Cité perverse, libéralisme et pornographie*, Denoël, 2009.（倒錯の国——リベラリズムとポルノグラフィ）など。

訳注25　ハイデガーの存在論で人間を指す言葉。ハイデガーは、古代ギリシア以来の哲学の歴史の解体を試み、新たな視点で人間の存在構造を明らかにしようと試みたが、その際、すでに多くの思想家が論じ、さまざまな歴史的痕跡を宿した「人間（Mensch）」という言葉を避け、人間を表す術語として「現存在」を用いた。ここでハイデガーが念頭に置いているのは、人間一般ではなく、私という個別性・有限性・主体性における人間であり、それらの性格を端的にしめすあり方として「死への存在」という言い方がなされた。なお、Daseinは、通常は「存在」一般を指すドイツ語だが、「現にいまここに（da）存在する（sein）」という原意からハイデガーがこの語を採用した点をくみ取り、このように訳される。

訳注26　「即自」とも訳され、事物が認識から独立してある様をいい、ゲオルク・ヴィルヘルム・フリードリヒ・ヘーゲルやジャン＝ポール・サルトルでは、「対自（自己に対して）」（für sich, pour soi）の対概念とされる。

訳注27　「われ思う、ゆえにわれ在り（Cogito, ergo sum）」の「われ思う」。主観的な意識作用そのものを指す。デカルトに倣いフッサールは、コギトを、私が何かを知覚したり想起したり想像したり判断したり感じたり意欲したりする、そうした自我の顕在的な意識作用のすべてを包括する概念とした。

訳注28　「主語となって述語とならない」個別者を基礎とするアリストテレスの論理思想。西田幾多郎は、こうしたアリストテレス的な主語的論理を克服するものとして、普遍者の自己規定により個別者が定まるヘーゲル的な論理を参照しつつ、述語的論理を考えた。

訳注29　訳注4を参照。

訳注30　（一九二五年―）現代日本の哲学者。明治大学名誉教授。西洋哲学に依拠しつつ、日本文化・言語・科学・芸術などについて独自の議論を展開。たんなる理性的な知識を超えた身体・共通感覚（センスス・コムニス）にもとづく実践知に注目し、近代知の解体を試みた。主要著作は、『共通感覚論』（岩波書店、一九七九年）、『魔女ランダ考』（岩波書店、一九八三年）、『西田哲学の脱構築』（岩波書店、一九八七年）、『述語的世界と制度』（岩波書店、一九九八年）など。

訳注31　（一九一四―一九八一年）イタリア生まれの精神科医。ピサ大学医学部卒業ののち、ファシストの迫害を避けて渡米、フロイトの原初的人間理解に回帰しようとする新フロイディズムの中心、ウイリアム・アランソン・ホワイト研究所で学び、統合失調症の研究で多くの業績をあげた。一九六一年以後、ニューヨーク医科大学の臨床精神医学教授を務める。邦訳書として、『統合失調症入門』（近藤喬一訳、星和書店、二〇〇四年）、『精神分裂病の解釈』（殿村忠彦、笠原嘉監訳、みすず書房、一九九五年）など。

訳注32　ハイデガーによる芸術論の主要著作。「世界」と「大地」との「闘争」が現実化したものとして芸術作品を位置づけ、ゴッホが描いた「農夫の靴」や古代ギリシアの神殿など具体的な作品事例の分析を通して、美と真理、そして存在の連関を考察。人間中心主義からの離脱を試みた後期ハイデガー思想を予示する、新たな真理観、存在論が展開されている。一九三〇年代半ばに行われた講演内容をベースとして、論文集『杣径』（茅野良男、ハンス・ブロッカルト訳、創文社、一九八八年、原著は一九五〇年）に収録、さらに一九六〇年には、ハンス・ゲオルク・ガダマーによる序文を添えて単行本化された。邦訳本は関口浩訳、平凡社ライブラリー、二〇〇八年。

訳注33　前掲書訳注5、二章「ロゴスの展開」参照。

訳注34　竜樹は、その代表作とされる『中論』で〈空〉の思想を展開したが、その議論を支えていたのが、テトラレンマ＝「四句分別」であった。四句分別とは、同一のテーマについて、肯定、否定、肯定かつ否定、非肯定にして非否定の四つに場合分けして思索を進めること。たとえば、『中論』冒頭では、次のように述べられている。「ものは自らも生ぜず、他からも生ぜず、自他の両者からも生ぜず、無因からも生じない」。中村元訳、講談社学術文庫、二〇〇二年。

訳注35　初期般若経典にしめされた、二種類の真理（二諦説）のうちの一つ。勝義が、言葉によっては表現

されえず、対象化して認識することもかなわないものであるのに対し、勝義と区別される、もう一種の真理は「世俗」とよばれ、言語表現や言語習慣の枠内にとどまるものと考えられた。

訳注36　他の事物との対比や関連によって存在することを意味する仏教用語。『中論』では縁起説を説明するに用いられる。「相対」が、互いに異なる自立した他者どうしの関係で、ときに対立を前提とするのに対し、相待は一緒になることで一つのものを形成する関係。

訳注37　前掲書訳注6、一〇章参照。

訳注38　イギリスの作家・児童文学者として知られるキップリングの詩「東と西の物語」の一節。なお引用部分には、次の一文が続く。「天と地が神の座す最後の審判の席の前に立つその時までは」。

訳注39　一九三四年。フッサールの遺稿「自然の空間性の現象学的起源に関する基礎研究」のこと。この草稿を入れた封筒には、「通常の世界観によって解釈されているコペルニクス説の転覆。太初の大地は動かない」と記されている。彼の死後、以下の書物に収められて公刊された。Marvin Farber ed., *Philosophical Essays in Memory of Edmund Husserl*, Haevard UP, 1940. 晩年のフッサールは、経験科学の基礎となる知覚世界の意義に注目し、「生活世界」概念を鍛え上げていく。その関連で、折に触れ言及されたのが、日常的世界においては、太陽は東から昇り、西に沈むのを誰もが経験しているという大地不動説であった。

訳注40　元来「たよること」を意味するが、特に力や徳のあるものに依存し、そこにとどまることを意味する仏教用語。

訳注41　Frédéric Girard, *Vocabulaire du bouddhisme japonais*, Droz, 2 vol., 2008.

訳注42　通態的に楔留めること、すなわちPをS'へと実体化すること。

第四章

地域と地球

立本成文

地球は一つ

地球という生命世界をいいあらわすのにガイア*[1]という概念が用いられる。地球は一つというパースペクティブ、地球規模の視点というものは近代がもたらした人類への重要なメッセージである。環境問題を考えるときには身の周りの環境にこだわるのではなく、地球全体を考えることが大切であるというので、地球環境学と名づけられている。しかし、ガイアはギリシャ神話における大地の女神である。当然ギリシャ人の知っていた大地は地球ではなく、ギリシャのある土地にすぎない。そのガイアをもって地球を代表させるのかということはさておいても、ガイアが一地域の土地神であるように、地球は地域から成り立っているというのも事実である。環境というのは地球を前提にして成立していて、地球全体と連動しているのは事実である。しかし、環境として人間に意味をもってくるのは地球世界ではなく局処世界*[2]であり、局処世界の視点に立った環境論でなければ地球環境学は成立しない。本稿では、地球環境学とのかかわりから地域について論じてみようとしたものである。

エクメネの拡大と取り合い

人間にとって環境は、エクメネ*[3]（居住空間）の拡大とその取り合いの歴史が刻まれている場所である。さまざまな区切り、境界、領域が主張され、実際に暴力などの手段で占有権を確立す

＊1　地球自体が一つの生命体であるとする仮説。ジェームス・ラヴロック『地球生命圏――ガイアの科学』工作舎、1984年。[James E. Lovelock, *Gaia: A New Look at Life on Earth*, Oxford University Press, 1979.]

＊2　いま・ここに私が生きている場所。限定されているように見えながら、それが世界なのである。

＊3　エクメネ(Ökumene)はドイツ語。古代ギリシャ語起源で、地球上の人類の居住空間をさす。

る。環境権[*4]というのは望めば自由に与えられているものではない。所有権などの権利・権力・利害の網の目のなかで、人類にとってエクメネとなっていても個人や特定の集団・カテゴリーの人にとって享受できない環境が常にある。たとえば熱帯地方の開発が遅れたのは、温帯文明を花咲かせた人々にとっては住みにくかったせいでもある。エクメネとして人間が利用できる環境は本来ごく限られていたが、適応力や技術力によって住みにくいところにまでエクメネを拡大してきているのである。

環境は多様である。人間本位に環境を改変して、人間にだけ快適な空間をつくることの是非が問われることにもなる。生物の種の多様性と同様に、そのような環境の多様性を保存していこうというのが現在の主流の意見である。画一化のグローバリゼーションではなく、多様性を認めあうことのグローバリゼーションが求められている。覇権的画一化ではなく、グローバルなネットワーキング型差異化である。多様な環境、多様なエクメネ、これを平等、公正の名のもとに画一化しようとするのは大変危険である。

近代になってからの区切りは国家であり、地球世界は国家の境界であますところなく線引きがなされている。エクメネも環境も国家の管理下に置かれている。環境問題も一義的には国家の問題として処理されるように見える。

＊4　環境権は1960年代後半から提唱された「よい環境を享受する」基本的な権利であるが、かならずしも確立された権利にはなっていない。

空間・環境の設計科学の必要性

占有されることによって意味をもち機能を果たすことになる環境は、イデオロギーや思想、倫理などいわゆる文化の影響を受けていることは歴然としている。地球規模の環境対策として、岩石圏、水圏、大気圏など地球科学による即物的な区切りだけではそもそも環境という意味が成り立たないし、かといって、人為的な国家の区切りに固執していては環境問題の解決策を考えることもできない。とくに線引きのためにつくられた旧植民地の領域を引き継いで独立した国家ではそうである。国際法上、主権を行使しうるのは国家であるとしても、環境を考えるうえでの最適単位は国家ではない。環境学にとって国家は虚構にすぎない。地域研究と同じように、実体のある場が研究対象とならなければならない。環境のみならず経済の面でも国を越えた活動が行われ、それに対応した分析単位が必要とされている。ASEAN、南アメリカなど、ほうぼうにネットワークが形成されている地域連合である。

国家を超えた地域連合のような大きなまとまりが地球環境学の基礎単位として考えられる。これを地域圏と名づけるのもよい。人間圏[*5]というのは地理学でいえばエクメネである。環境学では、地球全体のなかで人間圏として別扱いするよりは、地球の下位単位として人間と環境をともに含んだ統合的な地域圏概念が必要である。人間を除いた環境保護はナンセンスである。人間を含めた生物とその環境との共存という立場に立たない限り、環境問題が解決されないのは自明のことである。その共存を考えるアリーナ《arena》[*6]、環境・空間を設計する単位として、た

＊5　狭義には、地球環境問題を引き起こした人間活動が付け加えた「一つの物質圏」（松井孝典『地球学――長寿命型の文明論』ウェッジ、1998年）。より社会科学的なとらえ方としては杉原薫、川井秀一、河野泰之、田辺明生編著『地球圏・生命圏・人間圏――持続的な生存基盤を求めて』京都大学学術出版会、2010年を参照。

＊6　arenaは、古代ローマの闘技場。

とえばアジア地域などという地域圏を設定することは大変重要である。

地域の考え方

地域を設定するといっても、一足飛びに地球全体というわけにはいかない。生物や人間は、住空間、ニッチエ《niche》[*7]、コミュニティ、中間集団、国家、地域連合を形成して、大地と水と空気の支えで環境を利用して生活している。いくらディアスポラ《diaspora》[*8]（離散集住）で人が分散し、コスモポリタンとして根無し草になろうと、インターネットで空間を越えた連携が成立しようと、ヴァーチャル空間に生存していると夢想しようと、人や生物にとって場所、サイトの必要性がなくなることはない。サイトがなくなるということはなく、転移するサイトとなるだけである。サイトの規模は個々人をとって見ると、小規模で、ある程度区切りがつけやすい。しかし、サイトの集積、大きな単位の地域となると境界が問題となる。

地球というのはその大気圏を含めても境界ははっきりしている。ところが地域というのは、あるまとまりをもって人間によって区切られた土地である。地理学では、実体概念（実質地域）と操作概念（形式地域）を区別する。行政的な村、市、国家などの占める領域は行政から見れば実体として存在していると考えられている。大陸とか、島とか地理的に明確に区別できるものも実体概念であろう。これに対し、たとえば一〇キロ四方の土地を対象にその生態系を研究するという場合には、操作概念として地域を設定していることになる。行政村も自然村から見れば操作

＊7　niche の原語はラテン語の *nidus*（巣）。ふさわしい所、適した活動範囲・所をさす。

＊8　diaspora はギリシャ語。一つの民族・集団が故郷から四散していった土地。

概念であるといえないことはない。熱帯地域や、アジア、東南アジアなどというと、操作概念か実体概念かの区別は、区分する基準によって異なり、どちらかと決めつけるわけにはいかない。

地域研究

地域を研究するのは地理学あるいは地誌だけでない。戦後新しく導入された地域研究がむしろ地域を研究する主流になりつつある。地域研究はアメリカのエーリア・スタディズの訳語として定着したが、その内容はアメリカのエーリア・スタディズと大きく性格を異にしてきている。いわば、日本の学問として土着化しているのである。アメリカでは、国家の枠組みのなかでの国家研究という性格が強い。一国研究である。一国の政治経済などを理解するのに、言語、歴史、宗教、心理などの背景となる知識が必須のものであるということで生まれた、多分野の研究者が寄り集まって行う学際的共同研究の場である。ところが、日本では、人文社会科学だけではなく、自然科学の分野が積極的に地域研究にかかわったのである。これは大変重要なポイントで、対象とする地域を自然科学、とくに生態学を基盤に見ていこうとする態度は、地域（エーリア）の設定そのものにも革新的な転換を迫った。国家などの社会的に明示的な「実体」ではなく、生態学的観点も取り入れた、より総合的な区分を研究対象とすることが求められてくる。言語、歴史、行政、民族、宗教などによる区分ではなく、もっと「地域」を総合的・俯瞰的

にとらえることである。かくして学際的な共同研究ではなく、文理融合も含めた、新しい知の再編を目標にし、統合科学であることを目指すようになった。単に違う分野の研究者が協力して成果を出すというだけではなく、違う分野との接触によって新しい創造的融合を引き起こそうというわけである。

地域研究の原点は現場である。オン・ザ・スポット《on the spot》での研究に立脚する。サイト（現場）主義である。かならずしも野外科学ではない。フィールドワークをわれわれは臨地研究といいならしているが、その含意は、フィールドは野外だけではないということである。野外に研究を限定していないことを示している。地域研究は臨地科学である。アメリカではフィールドワークを中心とする人類学が発展してきた。しかし、エーリア・スタディズでは、人類学者以外にはフィールドワークの必要性をそんなに主張していない。

地域にはそれなりの履歴を辿ることができる。地域は単なる物理的空間ではなく、物質空間、社会空間、抽象空間の輻輳《ふくそう》した時空間である。地域研究は時間的蓄積を考慮しているものの、現在に焦点をあてている。現在を理解するための歴史は必要であるが、歴史を中心とはしない。文献解釈を中心とする東洋史は地域研究に近いが、日本の地域研究の同じ仲間とみなしていない。現在を対象とする批判的研究は当然現状の素描（デッサン）だけではなく根本的なデザイン・設計にまで及ばざるをえない。設計科学を標榜するゆえんである。エーリア・スタディズも歴史的な経緯を踏まえることはあっても、あくまで現在学であるので、自国の立場か

ら対象の地域が戦略的にどのような位置を占めているかに関心がある。地域の住民の視線がともすれば忘れられてしまう。

地域研究における地域

地域研究における地域概念は、まず操作概念（仮説）として「地域」を設定して、統合科学、臨地科学、設計科学のアプローチにより、実体概念としての地域像を求めると総括できよう。環境と地域ということばは重なるところがあるが同じではない。環境は、主体を取り巻く外界である。ある人にとっての環境は物質的な世界である。大地、大気、水、光、熱などの必須条件はもちろんのこと、人物、動物、植物、生物、人工物、物体を含む。より厳密にいえば、人とモノとが互いに影響を及ぼしあっている相互依存の場である。環境は物質空間であるといえる。ただ環境とだけいったときには地域が含意する社会空間、抽象空間は背景に退く。

物質空間としての地域は当然地球環境の一部である。しかし、地域概念は環境概念に含まれない社会的な空間、文化的な空間を通常包括している。操作概念としての「地域」は、小さいサイト、場所でもよいし、空間・環境でもよいし、大きなリージョン、エーリアでもよい。研究の出発点を、時空間のなかに位置づけてみようということである。境界を超えるために仮設の境界をつくって、そこで、臨地研究にもとづきながら思考実験をする。いわば、サイト、その延長としての「地域」は自然科学でいうラボラトリー、巨大実験施設とみなすこともできる。地域研究の原点である。

地域を国家と同定するのはもっとも安易な道であるが、諸科学が日常的に（無意識に）依拠する準拠枠でもあるので、統合科学のような批判的、超領域的な発想が生まれにくいということはある。しかも国家の歴史が新しいところでは、国家を確立するためのイデオロギーとして利用される恐れもある。地域に無関心な研究態度は、多かれ少なかれ無意識に国家の枠組みを下敷きにしてしまう。大国の場合は国家より小さい「地域」も考えられないこともないが、設計科学としては、国家の枠に囚われない、大きな「地域」を操作概念としてもつほうが戦略的には有利である。

先述したように、アジア地域は日本が行う地域研究の対象として重要な概念である。といえば直ちに、アジアの範囲は、と問われるであろう。ただ、ここでも、アジアの範囲のあいまいさが研究の障害となるのではない。トピックによってさまざまな範囲のアジアがあってよいというのが地域研究のよさである。しかし、地域研究の目標の一つは俯瞰的な最適地域単位（地域圏、世界単位）の設計である。俯瞰的といっても、包括的といっても、総合的といってもよいが、この視点が地域研究の中心となる。これは国家であるかもしれないし、国家の部分であるかもしれないし、国家連合であるかもしれないし、国家と関係のない領域であるかもしれない。一つのエコシステムで区切られる単位かもしれない。

環境学の立場からは当然環境の総合的研究にとっての地域圏というのが、操作概念としても実体概念としてもあらわれてくるわけである。個々の学問分野ごとの成果だけでは、環境学と

いうのはそもそも成り立たない。もっとも、実体概念として措定されても、地域は時空間概念であるので、継時的に見れば境界は不変であるということは考えられない。実体を岩のように考えてはいけない。むしろ雲のイメージが似合う。常に変貌するが実体は実体である。環境あるいは地域は雲のような実体である。地域はラボラトリーであるが、追試のできない一回きりの現象しか対象にできない。その点、人工施設のラボラトリーとはまったく性格を異にする。

地域の境界を絶対的なものとして認めないというのは、地域研究が境界維持の学問ではないということでもある。国家の枠組みに囚われないということに端的に見られるように、越境をその本質とする。境界ということばを使わずに「地平《Horizont》」*9ということばを使うほうが適当かもしれない。境界を打破するために、あえて「地域」という時空間的枠組みを設定し、それを設計してみせる。空間的可能性を開発するといってもよい。ただそのときには臨地科学の常として、生活者の視線からの設計である。

地球環境学と地域研究

アメリカのエーリア・スタディズが戦後のアメリカ化のなかで輸入されたので、「地域研究」ということば自体に未だにアレルギー症をもっている研究者は、本稿で指摘したような日本での地域研究の展開を見ようとはしない。アメリカ流のエーリア・スタディズの訳語ではないということをはっきりさせて、誤解を避けるために、総合的地域研究とか地域学あるいは地域

＊9　Horizontはドイツ語。認識能力の限界、範囲、視界の意味。

圏学ということばを普及させる必要があるかもしれない。地球地域学、グローバル・エコソフィー《global ecosophy》[*10]と哲学的に名づける人もいる。ここでは、エーリア・スタディズではない日本的な学問ということで、地域研究という日本語を使っている。

地域研究的な環境学である地球環境学の具体的な問題群として、さまざまな重要な課題が山積しているが、一つだけ人文社会科学の立場からの発想として提案しておきたい。それは都市の問題である。都市環境の問題は、人間から見るときわめて切実であり、建築学、都市計画、都市工学、情報工学、土木、災害、疫学、保健衛生など多数の分野が協力しなければならない領域である。しかし、研究の多くは、専門分野からの蛸壺的アプローチに陥りやすい誤りを犯しており、しかも西洋的都市概念に立脚したものである。アジア的として発信されているのは、古典期のインドや中国の研究なのである。[*11・12] 地球環境学の焦眉の課題として、都市再生を目指した循環型アジア的共生都市の現代的概念を生みだす必要がある。地球環境学、地域研究が協力すべき仕事である。

地域研究は地球環境学の哲学を担い、基盤的知識を供給する。科学技術創造立国たるためには、基盤科学、哲学が必要である。哲学のない地球環境学、人間の存在しない地球環境学は所詮モノの機能だけを追究する環境工学、人間抜きの生態学にならざるをえない。環境設計科学としての地域研究は、自然科学の立場から環境をとらえがちになる地球環境学を文理融合に導く最良のパートナーであろう。そして地域研究を踏まえた地球環境学には、すべての科学にとって母なる学問の役割を果たすことが期待されている。

＊10　ソフィ（-sophy）は思想体系・学を意味するが、ギリシャ語のソフィア（sophia）は智という意味。エコ（eco）は環境、生態を意味する。

＊11　応地利明『都城の系譜』京都大学学術出版会、2011年。古代、中世における都城制をユーラシアをも視野におきながら、その本質を究明しようとしている。

＊12　布野修司編『曼荼羅都市――ヒンドゥー都市の空間理念とその変容』京都大学学術出版会、2006年。ヒンドゥーの古代都市理念の拡がりを検証したもの。建築学、都市計画学の分野ではじめて、アジアの都城について体系的に論じた。

第五章

地球環境問題と地域圏

立本成文

環境——人にとっての世界

環境とは

私たちは大地に立ち、大気から酸素を得て、太陽のぬくもりの恩恵を得ている。そして、衣食住、それを支える他人によって生かされている。このように、自分の周りのいろいろな状況を最近では抽象的に「環境」とよぶ。ところが、せっかく一括して「環境」とまとめたものを、さらにいろいろな「環境」に区別しようとする。自然的環境と社会的環境に分けて考えることもある。加えて、心で感じる「環境」をとくにとりだして心理学的環境といったりする。

『広辞苑』では、二つの意味が書かれている。[*1]「①めぐり囲む区域。②四囲の外界。周囲の事物。とくに、人間または生物をとりまき、それと相互作用を及ぼし合うものとして見た外界。自然的環境と社会的環境とがある」。ところが、その初版（一九五五年）では、この②にあたるところを二つに分けて書いている。「(milieu) 四囲の外界」と、「生活体をとりまき、それと一定の接触を保つところの外界」の二つである。しかも、milieuというフランス語をわざわざ挿入している。

一九五〇年代は公害が意識されはじめたころで、環境問題ということばはそんなに定着していない時代であったので、いま私たちが使う「環境」はむしろ、フランス語起源の翻訳語として意識されていたことを暗示している。なお、自然的環境と社会的環境の例示はない。もちろん「環境」は第二次世界大戦前から使われているが、その現代的な意味を広辞苑で確認しただ

＊1　新村出編『広辞苑』岩波書店、2008年（第6版）、1955年（初版）。

けである。日本語での「環境」は大正期から定着したといわれるが、それ以前には「環象」、「環過」、「囲繞物《いにょうぶつ》」、「境遇」、「外圍《がいい》」、「外界」などの翻訳語が見られる。[*2]

環境という文字自体は、中国の古い文献（漢籍）に出てくる。『新訂 字統』によれば、「環」の元の意味は、璧であり、環形の玉のことである。[*3] 玉というのは円環形のものであるから、周辺をめぐるものの意味に用いられたという。一方、「境」は境界、地域の限界をいう。政治的には域、区画して農耕を営む地は彊《きょう》、社寺などの聖地は境《けい》といい、転じて一定の状況にあることをいう。確かに、環境は字義どおり「四方のさかい」である。さかいというと境界があるように思うのは、人間が便宜的に「所有」あるいは「なわばり」の思想で区切りをつけてしまうからである。外界には、じつは確固とした境界をつけがたい。

それでは、西洋語（フランス語、英語、ドイツ語）ではどうか。フランス語の milieu はもともと中央（外縁から等距離にある部分）ないし中間（両極端からの中点）を意味し、二つめとして論理学で媒概念[*4]にも使われる。三つめの意味が周囲、外界の意味の環境である。英語の environment の語源となった environ はおおよそ、周辺を意味する。もう一つの ambience という語は、環境、雰囲気の意味に使われている。[*5]

これに対し、英語の environment は『語源辞典』によると、一八二七年にはじめてトーマス・カーライルというスコットランドの歴史家が「環境、周囲」の意味で使ったとされる。しかしその元はフランス語の「取り巻く」、「囲む」、「包囲する」意味の environ を一三〇三年ころに借用し

＊2　石塚正英、柴田隆行監修『哲学・思想翻訳語事典』論創社、2003年。

＊3　白川静『新訂 字統』平凡社、2004年。

＊4　三段論法で、前提と結論とをつなぐ概念。

＊5　ambience が環境、雰囲気の意味に使われはじめたのは、1889年ごろからである。Paul Robert, *Le Petit Robert*, Nouvelle edition millésime 2011. Dictionnaires Le Robert, c2010.

たもので、名詞（environment）としては一六〇三年に「包囲、取り巻き」の意味ではじめて使われている。*6

ドイツ語ではUmgebungが使われている。和独辞書によると、「周囲の地域、周囲の世界、環境、側近グループ」などの訳語が与えられている。Umgebungは、geben（英語のgiveと同じく与える）という動詞からでた動詞umgeben（着せかける）を名詞化したものである。八世紀から一一世紀の古高ドイツ語時代にラテン語circum-dāreの翻訳借用として、「周りを囲む、取り巻く」の意味で使われだしたという。*7 ところが一八〇〇年ごろから環境世界の意味でUmweltも使われはじめている。これは周り（um-）の世界（Welt）という意味である。

二〇世紀になって、このUmweltに新しい意味を吹き込み、「環境」概念に革新をもたらしたのがヤーコプ・フォン・ユクスキュルである。当時のロシア、現在ではエストニアになっているレヴァールでドイツ貴族の末えいとして生まれたユクスキュルは、生物の行動を観察した結果をまとめた*Umwelt und Innenwelt der Tiere*において、生物主体の見る意味のある世界として「環世界」概念を導入した。*8 生物の認識論である。言い換えれば「それぞれの生物主体が環境のなかの諸物に意味を与えている世界」のことをUmweltとよび、これに対して客体的な「物自体」*9としての「環境」を、言い換えれば客観的観察者として見る現象世界そのものをUmgebungとして分けたのである。この本の第二版は一九二一年に出版されるが、その前年に『理論生物学』の初版を出し、のちに『動物と人間の環世界散策』をゲオルク・クリサートと共著で出版している。*10・11

＊6　寺澤芳雄『英語語源辞典』研究社、1997年。

＊7　出典は国松孝二編『独和大辞典』小学館、1985年。

＊8　ヤーコプ・フォン・ユクスキュル『動物の環境と内的世界』（前野佳彦訳）みすず書房、2012年。［Jakob von Uexküll, *Umwelt und Innenwelt der Tiere, Zweite Auflage*, Springer, 1921. 初版は1909年刊］

＊9　Ding an sich.　カント哲学。認識することができないが、現象の根底に存在するもの。ユクスキュルはカント哲学を精読していたといわれる。

本稿ではUmweltの訳語に関しては、動物行動学者日高敏隆の主体性を強調する直訳をとり、環(Um-)世界(Welt)をあてている。人間がUmgebungとする環境も所詮は人間の環世界以外にはありえない、という意味ではどちらを使ってもよいかもしれない。

人間や生物にとって、環境の原義は環世界、主体を取り巻く状況であり、それ以外の現象は生物には認識できないのである。言い換えれば環境とは、字義通り、生活世界、生物が主体となって生きるときの周りの状況である。それ以外のもの、ことは知覚されない、関係のない世界なのである。人間という生物が定義する客観的な「環境」現象世界は、あくまでも人間のつくった科学による幻想にすぎない。幻想であるから間違っているというのではない。異星人が幻想する地球環境と同じであるとは限らないというだけの話である。日高敏隆はそれをイリュージョンとよぶ。[*12] 人間が、客体として、物自体として、客観的に構築した世界を認めるには吝《やぶさ》かではないが、それがすべてでもなく、究極的な真理であるか否かはわからないというのである。世界に対して謙虚に畏敬の念をもって接することを忘れて、人間が森羅万象のすべてを解明できる権利や能力を与えられているとは考えないほうがよい。ユクスキュルのことばを借りれば、科学的事実は人間という種が見ている「環世界の事物《Umweltdinge》」にすぎない。客体そのもの、物自体ではない。物自体であると措定するだけである。[*13]

生物の世界の考え方を人間にまで及ぼすのに反対する向きもあるが、質的に大きな変化を遂げていても人間は環世界に生きているのである。質的な変化というのは、コミュニケーショ

＊10 Jakob von Uexküll, *Theoretische Biologie*, Springer, 1920. ユクスキュルの体系的著作。改訂再版は1928年。

＊11 ヤーコプ・フォン・ユクスキュル、ゲオルク・クリサート『生物から見た世界』(日髙敏隆、羽田節子訳)所収、岩波文庫、2005年。[Jakob von Uexküll / Georg Kriszat, *Streifzüge durch die Umwelten von Tieren und Menschen*, S. Fischer, 1970 [1934].]

＊12 日髙敏隆『動物と人間の世界認識――イリュージョンなしに世界は見えない』筑摩書房、2003年。

＊13 前掲書＊8、73-74ページ参照。

ンと記号化（象徴、想像）の能力、科学技術の飛躍的な発達によるものであろう。言い換えると、生物個体がもつ環世界を、人間はコミュニケーション（社会）と象徴（文化）とによって共通の環世界、すなわち客観的世界につくりあげているのである。

なお、ユクスキュルが使う「意味」については、「意味の理論」を参照していただきたい。[*14] 行動生物学などの祖であるとともに、記号学《semiotics》にも大きな影響を与えているのである。[*15]

もう少し言い換えてみる。人間がとらえる環境は、生物としてのヒトが有していた環世界そのものではない。量的にも質的にも大きな変化を遂げている。混乱を避けるために、次節では環世界そのものではない人間の環境を「風土」とよぶことにしている。物自体の環境は地球システムとよぶことにする。

地球環境とは

冒頭で述べたように環境ということばが日常的に使われ、それに形容語をつけた社会環境、心理環境、自然環境、文化環境、教育環境などということばが氾濫している。その意味はそれぞれの学界や業界で厳密に定義されているのであろうが、一般にはおおよその印象語・便利語としてあいまいに流布している。地球環境ということばも、いつのまにか市民権を得たような顔をして、頻繁に使われるようになった。しかし、二〇一〇年ごろまでに出版された日本語辞書は、地球環境をエントリーしていない。英語の global environment を訳すときに使われだし

＊14　ヤーコプ・フォン・ユクスキュル、ゲオルク・クリサート『生物から見た世界』（日高敏隆、野田保之訳）所収、思索社、1973年。[Jakob von Uexküll / Georg Kriszat, *Streifz üge durch die Umwelten von Tieren und Menschen*, S.Fischer, 1970. および Jakob von Uexküll, *Bedeutungslehre*, Verlag von J. A. Barth, 1940.]

＊15　Thomas A. Sebeok, *An Introduction to Semiotics*, Pinter Publishers, 1994. 記号の科学。アメリカの哲学者チャールズ・サンダース・パースは semiotics、スイスの言語学者フェルディナン・ド・ソシュールは sémiologie を使った。日本語では記号論と記号学とは使い分けるのが普通。

たことばともとれる。

それでは地球環境というのは何をさすのだろうか。自然環境の危機に直面して、地球次元での「環境」を考えねばならないというので「地球環境」が喧伝されているというのは理解できる。とすると、地球にとっての環境、地球という主体にとっての客体（環境）ではなく、地球規模で影響を及ぼす、地球全部を含んだ、人間にとっての客観的な全体という意味で使われていると考えてよさそうである。それは人間だけが地球を支配し、管理するというのではなく、人間も惑星としての地球の一部であることを強調することでもある。人類の住む天体（惑星）の全体を、あたかも客観的に存在している地球として見る態度である。

本章では、「地球環境」というあいまいなことばではなく、部分と全体との関係をとらえるのに適した「システム」（体系）ということばを使う。[*16・17・18] すでに述べたように、環境というのは主体の外にある周りの状況を意味するからである。しかし、そのときのシステムあるいはサイバネティクスは観察者として人間が外にあるのではなく、自己言及的《reflexible》システムの内にあるということである。客体としてのシステムではなく、システムの観察者が同時にシステムの部分である。そのような意味で「地球システム」ということばを使いたい。

地球システムというのは人間が名づけたものである。客観的に存在している実体であると人間が考えているだけのことである。客体的な「地球環境」があるというよりは、人間がシステムとしてつくりあげたものである。新しいミレニアム（千年紀）に入る二〇〇〇年前後か

＊16 Hans Joachim Schellnhuber, 'Earth system' analysis and the second Copernican revolution, *Nature*, Vol.402, supp.2, December 1999. http://www.nature.com

＊17 Eckart Ehlers and Thomas Krafft (ed.), *Understanding the Earth System: Compartments, Processes and Interactions*, Springer, 2001.

＊18 Bruce Clarke and Mark B.N. Hansen(eds.), *Emergence and Embodiment: New Essays on Second-Order Systems Theory*, Duke University Press, 2009.

ら国際的に広まりだし、環境問題をグローバルに考える便《よすが》となっている。「人間およびその活動の結果である文明もその一部である、惑星としての地球」と定義され、E＝（N、H）の式であらわされる。*[16] Eはもちろん地球システムとしての惑星である。NはNatureである。HはHumanityをあらわすが、人間が惹起する要因、文明などすべてのことが含まれる。Nを大気圏、生物圏、岩石圏などに細分する。Hのほうは、A（人間圏*[19] Anthroposphere）とS（グローバルな主体global Subject）との二つだけである。E＝（N、H）の等式だけではあまりにも簡単すぎると思われるであろうが、地球システムの大枠としてはこの等式のレベルで十分だと考える。

もちろん惑星としての地球という科学的な考え方はずいぶん新しい。それ以前にあった宇宙《cosmos》に対する考え方は、地球ではなく個々の人間、その人間が共同生活を営む生活圏・世界《mundus》にすぎなかった。地球は一つであるが、環世界が生物にとってあるいは個体にとってさまざまであるように、「世界」は多様である。

世界という漢語は時空間を含む。「世」というのは時間的流れ、「界」は空間的広がりである。たとえば、「日常世界」と思っているのは、生活するうえで当たり前としている世界であり、夢の世界、音楽の世界とは別のものであり、生活環境が違えば「当たり前」が全然当たり前でないことが、外国旅行をするとよくわかる。人間にとっての世界というのは、居住空間の自然生態と、個人・集団・組織・国家といった社会と、それに精神的実質である文化の三つからなる。風土はこの三者をさし、必ずしも客観的な地球システムと同じであるというわけではない。

＊19　地球システムのなかに、人間が付け加えた新たな物質圏（具体的には地球環境問題）を人間圏とよぶ使い方もある（松井孝典『地球学——長寿命型の文明論』ウェッジ、1998年、152ページ以下参照）。

環境問題——つながりが導く解決

人間の引き起こした問題

環境というのはいつの時代においても人間にとって恵みである。同時に生活の障害となり、ときには大きな被害を与える災いでもある。善し悪しにかかわらず、直接かかわりをもたねばならない対象としてあらわれてくる。禍福を超えて、人間や生物の生存基盤なのである。四章でいう居住空間（エクメネ）にあたる。人間は環境に適応し、できるだけ便利になるように人間の手を加えてきた。それが積もり積もって、あらためて「問題」を生じることになったのである。人間の活動の結果、自然の秩序が崩壊し、自然環境の危機が生じていると認識されはじめたのである。

環境問題ということばで人間の引き起こしたトラブルが語られはじめるのは、いくら遡ってもこの半世紀ぐらい前のことである。

いわゆる「公害」が日本で問題になったのは、産業化が急激に進展した一九五〇年代ころからであるが、この時代には「環境問題」という一般的なとらえられ方はしていなかった。水俣病、イタイイタイ病、光化学スモッグなどが、工業化が急激に進展するなかで個別に脚光を浴びだしたのである。公害はその発生源が特定され、生じてくる結果の加害者と被害者とが明確であるとされる。あくまでも特定の産業、特定の企業が生産過程で適切な処置をしなかったこ

とから生じた過失であり、その原因を早急に取り除いて、特定の被害者を守るのが解決策であるとされた。しかし、原因となる化学物質の発生源の企業を加害者として告発するだけではすまない問題が残る。

水俣病を取りあげてみよう。その発病報告は一九五六年に遡る。ただ、それは病状が名づけられたということで、その前に患者がいなかったというわけではなかろう。水俣病の場合は、発病報告から一〇年たって、やっとその原因がアセトアルデヒド生産を担う会社から垂れ流されていた有機水銀であると確定したが、患者に対する補償問題・影響は五〇年後の現在でも残っている。企業が重大で取り返しのつかない事態を長く放置し、責任をとらなかったことや、政府が適切に対応しなかったという事実は消え去るものではない。ただ、戦前の国策として、地元がこの企業を誘致したということも忘れてはならない。特定の企業だけが加害者ではない。その産業を必要とする人類も責任の一端を背負わねばならない。

環境問題はけっして加害者と被害者とに分けてしまえるものではない。公害問題とは、加害―被害の連鎖・循環の一部を人間が取りあげているにすぎない。これを解決するには全体的な手当てが必要なのである。これが「公害」ではなく環境問題という所以なのである。

残留性有機汚染物質というラベルを貼られたＤＤＴは、もともと「奇跡の薬品」とよばれていたものである。マラリア、チフスなどの病気から人間を守るのに大いに貢献した。第二次世界大戦後の日本でもＤＤＴは重宝された。シラミ退治やマラリア撲滅には素晴らしい威力

を発揮したＤＤＴは、同時に生態系に取り返しのつかない撹乱をもたらしていることが、アメリカの生物学者レイチェル・カーソンの『沈黙の春』で告発された。[*20] 一九六二年のことである。日本では一九六四年に『生と死の妙薬』というタイトルでいち早く翻訳され、一九七四年に『沈黙の春』と原題に戻して文庫版で出版された。

炭素原子は生命の源であるが、その炭素が死を招く恐るべき化学物質ともなりうることがあらためて証明されたのである。残留性有機汚染物質と指定され、生物の内部で蓄積され濃縮されて人間の生命さえも脅かすものとなるのである。「残留性有機汚染物質に関するストックホルム条約」が二〇〇一年に締結されて、その削減や廃絶に向けて国際的な取り決めが行われている。しかし、水の汚染、土地の劣化、砂漠化などに直接かかわる加害者を特定することはできても、加害者を生んだのは人類の文明であるということは忘れてならない。

戦争による環境破壊は、文明が開発してきた軍事兵器の進歩とともにいよいよ増大し、放射能や枯葉剤のように影響は永続的に続き、環境はなかなか元に戻らない。有機水銀と同じように枯葉剤のダイオキシンは胎児への影響が指摘されており、その影響は簡単には消えることがない面もある。いわば取り返しのつかない過ちを犯しているのではないか、それは科学技術の進歩によって解決できる問題であるのか、ということは常に問われ続けなければならない。

＊20　レイチェル・カーソン『沈黙の春』（青樹簗一訳）新潮文庫、1974年。［Rachel L. Carson, *Silent Spring*, Houghton Mifflin Company, 1962.］

地域的な問題を超えた地球規模の問題

公害は、一地域ないし一国内での問題ととらえられていた。よその国で生産すれば自国民に迷惑をかけないという言い逃れが横行した時期もある。たとえばインドネシアに製紙会社をつくるというように、国外へ公害が輸出されるようになる。有害な化学物質のゴミ処理に困ってフィリピンに輸出していることも摘発された。

しかし、これは過去の公害の話ではない。製造業でなくとも、外国で植林や養殖をするというのも、利益になると同時に環境破壊に手を貸すことになる。日本人が好むエビの生産量が近海では追いつかないので、東南アジアなどで養殖して輸入する。日本にとってはありがたいことだし、生産国では経済が潤うことも確かである。しかし、エビ養殖のために、マングローブ林などを切り倒して養殖池に転換したりする。しかも効率を優先させて化学飼料を投与したりするので、地質を悪化させる。環境破壊を行っているのである。

一九世紀から二〇世紀に盛んになった熱帯地域での大規模開発であるプランテーション（エステート）も植民地宗主国を潤すとともに、被植民地国の環境の疲弊を招いて、結果的には地球という環境を悪化させている。

越境する問題といえば、アジア大陸内部を起源とする黄砂、東ヨーロッパで最初に問題になった酸性雨などもそうである。東アジアの大気と海洋が汚染物質を運ぶ越境環境問題も深刻である。[*21]

＊21　柳哲雄、植田和弘『東アジアの越境環境問題——環境共同体の形成をめざして』九州大学出版会、2010年。

このように国や地域を超えて広域にまき散らす環境問題のほかに、同時多発的にほうぼうで同じような問題が発生してくる。ゴミの問題などは影響範囲がローカルに限定されるが、いずこも同じ悩みという共時的問題である。

環境という生存基盤から手に入れている重要なものの一つに、資源がある。豊かな自然という幻想を抱いて、使いたいだけ資源は手に入れられると人間は考えていた。しかし、空気や水のように無限なものと考えられていた資源が、じつは限りあるものであるということが強く指摘されだしたのは、一九七二年のローマクラブ報告書である『成長の限界』《Limits to Growth》からである。[*22]

太陽がエネルギー源の大本であるが、地球上では人間はまず火の使用に始まって、近代になると目覚ましい科学技術によって鉱物資源を動力に変えることができるようになり、化石燃料などに大きく依存するようになった。その資源は産地が限られているものであるにもかかわらず、地域を超えて使用されるので、地球が長い年月をかけて蓄積してきた有限な化石燃料が枯渇するという事態が起こる。しかし、燃料となる化石ができるのには何億年もかかる。人間はそのようなときに常に代替エネルギーを求めてきた。

人間を養う食資源も地方によってばらつきがあり、急激な人口増加とともに地産地消どころか、貿易などでグローバルに解決しなければならない問題となっている。しかも食資源の場合は生産を自然環境に依存しているので、産業などが引き起こす環境変動に鋭敏である。

資源やエネルギーについて、人間は科学技術でその不便さ、不足を補ってきた。今後もおそ

＊22　ドネラ・H・メドウズ、デニス・L・メドウズ、ヨルゲン・ランダース『成長の限界 人類の選択』(枝廣淳子訳)ダイヤモンド社、2005年。ただし、本書は1972年のものではなく、30年後の議論の展開である。[Donella Meadows, Jorgen Randers, & Dennis Meadows, *Limits to Growth: The 30-Year Update*, Earthscan, 2004.]

らく目覚ましい新しい技術が開発される可能性は高い。しかし、一時的にはしのげても、増えていく人口にどれだけ対応できるか疑問でもある。

人間の活動が自然の循環・調和を破壊し、自然にある循環系の不具合をもたらしているという指摘は、オゾン層破壊、温暖化、森林破壊、酸性雨、砂漠化などの問題で大きく叫ばれた。人間が引き起こす地球システムへの影響である。地球全体が破壊されるのではないが、システムが変わるということである。システムが変わることによって、ローカルな人間の生存基盤が危機に直面する事態が地球規模で起こるのである。

環境問題の三つのレベル

「地球にやさしく」、「地球全体の善」が大切だといわれるが、やさしさ、善というのは人間の考える特定の価値観を踏まえたものであり、地球全体あるいは地球そのものがこれはやさしい、これは善であるというわけはない。地球にやさしい判断をするには、人間が自分勝手にやさしさを押しつけるのではなく、システ

ウズベキスタン、過剰な水利用によって干上がったアラル海の湖底に放棄された船

ムとして地球を客観的に見るしか方法がない。

環境問題あるいは地球環境問題といわれているものは、時間的な長短、空間的な広がりというスケールから、生活環境の問題、社会的な問題、地球的な問題の三つに分けて考えるほうがよい。スケールの単位は、ミクロ時空間とメガ時空間あるいはその中間のメゾ時空間というレベルでとらえられるが、便宜的に十年、百年、五百年、一万年、百万年などの長さ、居住空間、共同体の生活空間、地域、地球などの空間的広がりと区切ることが可能である。あらかじめ単位があるのではなく、当然、問題に応じて人間が設定するものである。

生活環境

日常生活を送るうえで、私たちの身の周りに生じてくる環境問題がたくさんある。たとえば、たくさん出すぎて処分に困るゴミの問題がある。快適な生活を送るうえで身の周りに生じてくる生活上の支障も「環境が悪い」といわれる。そのように、アメニティ《amenity》*23を乱すような状況に直面したときに感じる問題である。これは、個人の主観あるいは集団の習俗に左右される判断にならざるをえない。世界的に温暖化が問題となっているが、私にとっての適温と他人の適温とは違うように、システムがかかわる温暖化問題への対処と個人的な好みがかかわる生活環境上の対応とは異なって当然である。

問題であると枠組みされた「環境問題」

社会的に構築された（枠組みされた）地球環境問題である。自然環境の変化が、エコシステ

＊23　場所、建物などのここちよさ、場所の快適さ、あるべきものがあるべきところにあるという意味で、生活の便益。

ムの撹乱や破壊、生物の絶滅、大気や水の汚染などとして問題化している。

具体的には、地球環境問題としてマスコミなどで取りあげられる、地球温暖化、オゾン層破壊、酸性雨などの越境大気汚染、森林破壊、砂漠化、生物多様性の破壊、海洋汚染、資源の枯渇などである。生活環境のレベルよりは広い範囲、長い時間軸ではあるが、次に取りあげる長期的な環境変動よりは比較的短い時間のなかで急激に出現して、地球規模で対策を講じなければならない問題として社会的に認識された問題である。言い換えれば、それが問題であるとフレーミング（枠組みを決めてしまうこと）され、大勢の人が情報を共有することから生じる問題である。

環境変動と環境変化

地球という惑星は四六億年前に誕生したと推定される。

太古代（四〇億年前から二五億年前の地球年代）の後期には、すでに生物の痕跡がいたるところで見つかるという。現存する地球生物の祖先といえるものが誕生したのは、約五億四二〇〇万年前から二億五一〇〇万年前までの古生代である。古生代の中期には大気中の酸素が増加し、地球環境に大きな影響を与える大森林が形成された。この時期には大規模な生物絶滅が起こっている。急激な寒冷化、海洋の深部における無酸素化、隕石衝突、火山活動、太陽エネルギーの変化などの原因が推定されている。

大型恐竜の全盛時代は温暖な中生代であり、それは小惑星の衝突で終わりを告げる。六五五〇万年前からは新生代といわれ、現代まで続く地球表層環境が形成された年代である。

洪水で冠水したヴェトナム、フエ近郊の道路。中部ヴェトナムは毎年台風の被害をうける

約七〇〇万年前の人類化石が最古のものであるが、地球に寒冷化・温暖化をもたらす氷期と間氷期のサイクルを生き延びて、ホモ・サピエンスはやっと十数万年前にアフリカで誕生し世界に拡散していったとされる。*24

現在七〇億の人間が及ぼす自然への影響はかつてないほど大きなものがあるが、地球の歴史から見ると、そういう人間でもどうにもできない自然の変動があるということである。物理的な地球の変化と長期的な変動に学んで、それへの適応の方法を考えださねばならない。

このような長期的変動と同時にカタストロフィ的な出来事もあり、いわゆる地球科学と一括される地球物理学のような諸学問が取り組む問題も生じている。環境変動は環境学、地球環境学にとって所与の条件といわざるをえない。しかしながら、降雨量の変化、温暖化

＊24　白尾元理、清川昌一『地球全史——写真が語る46億年の奇跡』岩波書店、2012年。

など、環境変化が地球科学だけの問題ではないことも明らかである。その科学的な原因解明がまずなされねばならない。

人間の引き起こした問題であれば、人間が解決できる

自然環境変化や変動に対処するには、人間はどのように適応・順応するべきかを探さざるをえない。

人類は地球上に生まれてから、変化する自然環境によりよく適応するためにいろいろな工夫をしてきた。生活の単位が群（集合）から集団、共同体、政治体と大きくなるにつれて、日常的な生活環境の枠を超えた適応が考えられるようになり、そのための智慧、技術、それを支える科学が発展した。とくに、西洋で起こったルネッサンス以降、産業革命を契機にして、その発展は目覚ましいものがある。そのおかげで生活環境が改善され、便利で豊かな社会が実現した。

皮肉なことにというか、当たり前というか、社会的に構成された地球環境問題はその豊かさ、便利さに深く関係している。人類、家畜、栽培植物の数ないしは量は、野生動植物を大きく凌駕しようとしている。[*25] 意図するしないにかかわらず、人間は自然を変えようとして、それに成功しているのである。その結果が環境問題である。これまでのように人間が自分勝手に物質的な便利さ、豊かさを求めるだけでは対処できないほど、地球環境は危機にさらされている。

そのような人間の活動がもたらす甚大な影響を考えて、地質時代をあらわす -cene というこ

＊25　前掲書＊24、184ページ参照。

とばを使って、人類世《Anthropocene》という新語までつくられている。地質時代でいえば、現代は新生代の人類が生まれ繁栄した時代である第四紀にあたる。第四紀（二五九万年間）のいちばん新しい時代を完新世《Holocene》という。これにならって人間の（anthropo-）時代（-cene）であるという人類世ということばが地質学者以外から提案され、二〇〇〇年代にはしばしば使われるようになった。人類が自然環境に大きな影響を与える時代というニュアンスである。新語をつくったとされるユージン・ストゥマーという人は珪藻を専門とする生物学者であり、それを広めだしたのは大気科学者のポール・クルッツェンだが、地質学者に受け入れられているわけではない。[*26]

自然保護の思想

自然と人間との関係をいいあらわすことばに「自然観」がある。自然をどう見るかということである。たとえば、自然は人間に奉仕すべきで、搾取の対象でしかないという前提に立つと、人間のためなら何をしてもよいということになる。環境問題を考える際には自然への態度、自然環境に対する思想、哲学、倫理がたいへん重要になる。現在では環境倫理といわれるもので、環境倫理学という分野ができている。

意図的か結果としてそうなったのかは別としても、自然環境の劣化、悪化を問題として取りあげる思想家は洋の東西を問わず、昔から多い。有名なのはジャン＝ジャック・ルソーというフランスの思想家が唱えたといわれる「自然にかえれ」というスローガンである。これは人間にとって自然のあるがままの状態が理想的であるという考えにもとづき、原始状態にかえるべ

＊26　Hans Joachim Schellnhuber, Paul Crutzen, William C. Clark, Martin Claussen, and Hermann Held (eds.), *Earth System Analysis for Sustainability,* MIT Press, 2004.

きであるということである。ここまで徹底しなくとも、自然を守るべきであるという自然保護の思想はその他にも多く、西洋では社会運動として顕著な活動となっている。

自然を元に戻すということではなく、現状あるいは少し前の自然状態を維持すること《sustainability》が大切であるという考えが広まりはじめるのは一九六〇年代から一九七〇年代にかけてである。さらに最近では、自然環境「保護」という父権的発想ではなく、ともに生きようとする共生の思想が大きく見直されている。

現在では、①手を加えないで自然のまま残そうとする保存《preservation》、②現状の自然状態を維持しようとする防御《protection》、③自然を利用しつつ自然を残していく保全《conservation》の三つが保護対象地域に適用されている。自然保護にあたっては、管理、協治が大切であり、保護する範囲がローカルなままでは、地球が危機に陥るという危惧が国際的な協力を要請しているのである。国際的な動きになっているといっても、保護や共生が地球全体として画一的にできるものでもない。しかも、自然保護の実施に伴う利害はさまざまな面に及ぶ。国のなかでも、国家間でも保護策の適用までには紆余曲折を免れない。

国際協力

自然を保護しながら、いまある文明社会を持続させようという考えは当然生まれてくる。「持続可能な開発《sustainable development》」という枠組みである。

環境と開発をめぐっての国際的な協議は、一九七二年にストックホルムで開かれた国連人間環境会議[*27]がはじめてである。この会議は国連に環境という新しい概念を国際協調の重要課題

＊27　United Nations Conference on the Human Environment

として掲げ、政府間会議に非政府団体（NGO）が参加するかたちをはじめてとったほか、それからの国際協力の枠組みづくりの基礎となった。

国際自然保護連合（IUCN）、国連環境計画（UNEP）などの策定した世界自然保全戦略が一九八〇年に持続可能な開発のための自然資源保護を緊急課題として取りあげた。その後、「環境と開発に関する世界委員会」（ブルントラント委員会と通称される）が設立されて活動を開始するのは一九八四年である。その報告書が一九八七年に発表される。なお、developmentの訳語として、政府の国連関係の文章では「開発」が定着しているが、発展と訳されることも多い。発展は「より進んだ段階」に進むという発展段階説を前提にしているように見えるので、こだわるわけではないが、一応ここでの用語としては「開発」を採用しておく。

その報告書『私たち共通の未来』《Our Common Future》によれば、持続可能な開発とは、①自然環境の保全と②世代内の公平性と③世代間の公平性を損なうことのない開発をいう。もっと字句どおりに訳せば、自然環境を保全しながら、将来世代の人びとが自らの欲求を充足する能力を損なうことなしに、現代の世代の欲求も充足させるような開発である。

理念としては素晴らしいが、実装の面で政治的・政策的判断を必要とし、政治的・学術的にさまざまな解釈が生まれた。日本語で整理分類したものとしては、やや古いとはいえ森田恒幸が要領を得ている。*28 社会科学の分野では、マイケル・レドクリフトが二〇〇五年までの持続可能性関連の主要論文を収録して、持続可能性概念を整理している。*29 この本では収録論文七二編を、

＊28　森田恒幸、川島康子「『持続可能な発展論』の現状と課題」淡路他編所収、2006年。[『三田学会雑誌』Vol.85、No.4、1993年掲載]

＊29　Michael Redclift (ed.), *Sustainability: Critical Concepts in the Social Sciences*, 4 vols, Routledge, 2005.

持続可能性、持続可能な開発、持続可能性指標、ポスト・サステナビリティの四つに分類している。

何を持続させ、何のために概念が出てきたかを考えると、ブルントラント報告以降は自然環境の保全、世代内の公平性、および世代間での福祉水準の保持の三つに集中している。発展途上国の開発権の主張を取り入れて「持続可能な開発」と経済的発展を考慮することで、国際的には徐々に受け入れられるようになった。

環境問題の厳しさが容易ならざることが各国に共有されるにつれ、開発を通した経済的発展だけではなく、人間開発あるいは人間の福祉、幸福が重要であるという論調が強くなっている。いわば、経済の発展と自然環境の保全との両立が究極目的ではなく、健康、福祉、幸福といった人間のあり方・生き方のよさが求められるようになっているのである。

生活の質的改善を明確にしたのは、国際自然保護連合、国連環境計画、世界自然保護基金（WWF）が一九九一年に共同で出した「新・世界環境保全戦略」である。持続可能な「成長《growth》*30」を否定して持続可能な「開発《development》」を打ちだした。これは、「生活支持基盤となっている各生態系の収容能力限界内で生活しつつ、人びとの生活の質的改善を達成すること」を意味する。生活の質《quality of life》の問題が強調されたのである。持続可能性というのは、現在ある、あるいは過去にあった制度やシステムを維持・持続するだけではない。人類の生存という究極的な目標に適合する制度やシステムを創造することである。

持続性という概念は対象、目的がさまざまに設定されるのでわかりにくい面もあり、環境容

＊30　右肩上がりを意味する。

量の許容限度などについてはなかなか合意が得られないところを残している。しかし、そのような融通性あるいは同床異夢を許容できる概念であるからこそ、国際的協力のフレームワークとして働いているということも見逃せない。しかし、皮相的な現状維持、現在の体制を持続しようとするのが趣旨でないことは確認しておきたい。究極の目的である人間の存続に結びつけて、生存基盤を維持しようとする概念でなければならない。

持続可能な開発を旗印として、世界気象機関（WMO）と国連環境計画が、気候変動に関する政府間パネル（IPCC）を一九八八年につくる。科学と政治のドッキングを図って成功した事例で、IPCCはノーベル平和賞を受賞している。有名な「京都議定書」はこの第三回パネルで一九九七年に採択されたものである。なお、これを記念して国立京都国際会館に「KYOTO地球環境の殿堂」が設けられている。

一九九二年にはリオデジャネイロで一八〇か国以上の国家、地域統合機関、国連機関、政府間組織が集まっていわゆる地球サミットが開かれた。一〇二か国の国家元首、首脳が参加し、一六〇か国から一四〇〇〇ものNGO団体が集まった。正式名称は「環境と開発に関する国際連合会議」[*31]である。「リオ宣言」、「アジェンダ21」がまとめられ、「国連気候変動枠組み条約（UNFCCC）」、「生物多様性条約」[*32]、「森林保全の原則声明」[*33]が合意された。国際的な環境政策の趨勢を先導する役割を果たすことになる。

リオから一〇年後、二〇〇二年にはヨハネスブルク・サミット[*34]が開かれ、さらに二〇一二年

＊31　United Nations Conference on Environment and Development (UNCED)

＊32　Convention on Biological Diversity

＊33　Statement of Principle for Forest Management

＊34　持続可能な開発のための世界首脳会議（WSSD、RIO+10）

には再びリオデジャネイロでリオ+20が開催された。もちろん一九九二年の地球サミットから二〇年の達成評価と今後の活動を考えるためである。二〇年前との大きな違いは、社会に貢献する科学の役割が強調されていることである。

教育・科学・文化の発展と推進を目的とするユネスコも、一九七〇年のストックホルム会議以降、環境教育、開発教育、人権教育、平和教育など地球的課題の解決に向けての教育活動に力を入れる。ヨハネスブルクにおいて日本が提唱した「国連持続可能な発展のための教育の一〇年(DESD)」[35](二〇〇五年~二〇一四年)を契機に、ユネスコは国連機関のなかでDESDを主導する役割を担い、ユネスコスクールなどを通して普及活動を行っている。当然、環境問題だけではなく、これに関連して人間開発、貧困、異文化理解、人権、ジェンダー、平和などの課題が強調され、持続可能な社会を支える人づくりを唱えている。最終年のDESD会議は名古屋などを中心に日本で開催される。

いうまでもないことだが、このような国際協力の枠組みをつくるにも、国や国民の利害関係が障害になって、合意にいたる道筋はなかなか難しい。枠組みが合意されても、それだけでは実効性がなく、国際的な約束を国が批准して国内の規制とする立法措置が必要である。国際法は国内では直接効力を発揮できない。国内法に反映させなければ人びとを制約できないからである。そして、国内での規制を具体的な施策として国民に示し、それを国民・市民が順守してはじめて環境問題を解決する第一歩が踏みだせるといえる。言い換えれば、いくら素晴

＊35　Education for Sustainable Development (ESD)

らしい国際条約ができても、その実行は私たち一人ひとりにかかっているのである。

責任

加害者と被害者

先に述べたように、公害が社会問題となったときには、誰の責任であるかが問われ、その原因を排出している会社を糾弾して、問題を解決する手段が取られた。しかし水俣病の例にあるように、環境問題は加害者と被害者とを確定しただけでは、問題は解決しない。めぐりめぐって被害者も加害の一端を担っていたり、加害者もじつは被害者であったりする。このことをみんなが認識することが必要である。風が吹けば桶屋が儲かるというように、すべてが連関しているのである。

加害—被害の区別は、発展途上国と経済的発展を十分に遂げた国との間でのやり取りに援用されたりもする。もっと身近な問題でいえば、排ガスをたくさん出す自動車所有者や自動車をたくさん使っている国が加害者であるという議論にもとづいた解決策を探索するのも、近視眼的な応急措置にすぎないのである。

環境史の教訓

略奪や戦争のように人間が人間に対して起こす災害や、大地震、津波、台風などのように自然環境自体の変動も、加害の側も被害の側もその関係がはっきりしているように見える。「被

害者」はそれに順応したり、適応したり、逃げるなどの回避、被害軽減の努力をするしかないように思える。しかし、直近の原因だけではなく、それがなぜ起こったのかという根源的な解明が、いま環境問題解決に求められているのである。

現在の環境問題が先人や、同時代の先進国あるいは発展途上国だけの責任として処理できないことは明らかであろう。人口の多い中国やインドさらには発展途上国の人びとすべてがアメリカ、ヨーロッパ、日本などの恵まれた生活条件を享受するようになったら、食料資源やエネルギー資源、生態資源が到底十分ではなくなり、争い、戦争、飢餓がカタストロフィとして地球を襲うだろうということは科学で明らかにされている。南北格差による環境問題への対応の違いも、むしろ世代間の公平をいうのなら、足もとの問題である国内的な社会経済的格差、国際的な南北格差に公平さをもたらすことが先決ではないのだろうか。そのうえで、次世代、未来世代への責任が厳しく問われるべきである。[*36]

便利さ、豊かさの勘定を誰が支払うのか

一九五〇年代の日本を振り返ってみると、戦争によって疲弊した生活を回復させるために、日本全体がアメリカをモデルとしてその近代文明の恩恵を取り入れることに躍起になった。そして国民総生産（GNP）などの高い経済的指数、人びとの豊かさに対する高い満足度を達成することになった。しかし、これで良かったのかという反省をいま求められている。第二次世界大戦後は植民地であったところが次々に独立を達成して、それぞれの発展計画を練ってい

＊36　ハンス・ヨナス『責任という原理――科学技術文明のための倫理学の試み』（加藤尚武監訳）東信堂、2000年。［Hans Jonas, *Das Prinzip Verantwortung: Versuch einer Ethik für die technologische Zivilisation*, Insel, 1979. *The Imperative of Responsibility: In Search of an Ethics for the Technological Age*, University of Chicago Press, 1984.］

熱帯林を切りひらいてつくられたマレーシアの近代都市

る。イギリスから一九四七年に独立したインドの場合は日本と対照的である。指導者のガンジーがイギリス代表からどのような国づくりをするのかと問われたときに、「イギリスやアメリカのまねをしたら、地球が二つも三つもいるようになる」と返事したことは有名である。日本のようにアメリカ、西洋の近代化を手本にせず、インドは独自の発展を目指したのである。

事実、豊かさを謳歌するアメリカ式生活様式(ただし、豊かである必要性と過度な欲望によって達成された過剰さとを区別する閾値はあいまい)を世界的に比較してみると、人口は世界の五パーセント弱にすぎないのに、世界の石油生産の二七パーセントを消費し、

世界のＧＤＰの三〇パーセントを占め、世界の国防費の四〇パーセントを一国の軍事費につぎ込んでいるのである。[*37] 地球規模でたくさんのアメリカが生まれればたいへんな問題になることは推定できるし、そもそもそのような状態になる前に資源獲得の争いになるであろう。

排出水に含有する窒素、ＤＤＴ、フロンガスなどの規制や、排ガス削減による脱炭素社会政策やグリーン・ニューディール政策などの対症療法だけでは、便利さを求めすぎたつけを支払うことはできず、地球の環境生活基盤は持続不可能なのである。

みんなの責任

根本の問題は飽くなき欲望・進歩に歯止めがかからなくなった近代産業文明・享楽的文化にある。豊かな生活を求めた一人ひとりのライフスタイルが環境問題を起こしたという反省に立ち、豊かさの内容を見直し、環境問題は現代に生きるすべての人間の責任であることをまずは自らが納得することが必要である。民主主義の根幹をなす自由・平等が野放しになり、人間は一人ではなく共同生活によって生きていくことができるのだということをないがしろにしているのである。言い換えれば、つながりを忘れてしまっているのである。

よく生きる実践

ともに学び、考え、生きる

ライフスタイル、生き方を見直すには、生活態度（人とモノとの付き合い方）の植えつけ（徳

＊37　サティシュ・クマール『君あり、故に我あり――依存の宣言』（尾関修、尾関沢人訳）講談社学術文庫、2005年、331ページのP. ケネディ2002のデータを引用。［Satish Kumar, *You Are Therefore I Am: A Declaration of Dependence*, Green Books, 2002.］

育＝倫理的主体の確立）が必要となる。その根本はつながりである。「教育とはいろいろな現象の間の隠されたつながり《the hidden connections》に気づく能力《ability》である」と新生チェコ共和国初代大統領となったヴァーツラフ・ハヴェルは書いている。オーストリア出身の物理学者フリッチョフ・カプラがこの文章を『隠されたつながり』という本の巻頭題辞としてあげている。[*38] イギリスの一七世紀の詩人ジョン・ダンは「人はなんびとも一つの島ではない《No man is an island.》」といい、二〇世紀の作家E・M・フォースターは「ただ結びつけることさえすれば！《Only connect!》」と唱える。仏教でいう因縁生起である。[*39]「つながり」は「思いやり」、「もったいない」の心・精神が生まれてきてこそ、人間の本性《humanity》となる。まず、つながりを感じることが先で、そこではじめて人を思いやり、ものをもったいないと扱うようになる。倫理的主体の倫理というのは、つながりを表現している。哲学者の和辻哲郎のいう「間柄」である。[*40] 生きとし生けるものを憐れむ、慈しむ戒律はインドにも見られる。仏教で衆生というのはいのちあるもの、生きとし生けるものをあらわす。[*41]

つながりは絆、間柄、関係、連鎖である。二つのものをつなぐものはつな（綱）である。料理でいう「つなぎ」や化学反応の「触媒」にあたる。人の場合は心、感性、あるいは朱子学でいう気にあたるかもしれない。抽象的には、因果関係、関係性一般、連続性、倫理などとさまざまにいわれるものの根本はつながりである。

注意しなければならないのは、「血のつながりは絶ちがたい」などといわれるが、絆（旧仮名遣いではきづな）自体が存在するからつながりの感情が生じるのではないことである。きづな

＊38　Fritjof Capra, *The Hidden Connections: A Science for Sustainable Living*, Flamingo, 2003.

＊39　前掲書＊37参照。

＊40　和辻哲郎『人間の学としての倫理学』岩波全書、1934年。和辻哲郎『倫理学』4分冊、岩波文庫、2007年。「人間」というのは〈間（あいだ）〉というものがあってはじめて〈人〉となる。和辻は関係あるいは間柄が人間にとって本質的なもので、「間柄の学」として倫理学を構想した。

＊41　中村元『慈悲』講談社学術文庫、2010年。初版は1956年。

を見つけだし、つくりだしてこそ、はじめてつながりは活性化するのである。そういう意味では、倫理的主体というのは創造的でなければならない。

つながりは、触媒のように、生きた人間だけにあるのではない。人間と生物や物のつながり、生物や物どうしのつながりもある。記憶によるつながりなども大切である。

いのちのつながり

小学校のときに従軍経験のある先生から、「いのちあっての物種だよ、いのちを大切にしなさいよ」といわれたことはいまでも憶えている。死んではおしまいということであろう。それでは生きるとはどういうことか。生きるのを支える原動力がいのちである。それは人間だけでなく生物の生きていく原動力でもある。

いのちは自分だけのものと考えやすいが、生物というものはいのちを受け継いでいるという特徴がある。人間であれば母親の体内から生まれ出てくるわけで、そのつながりがなければ生やいのちは存在しない。それは四〇億年以上前に遡る生物の出現以来、連綿としてつながっている。そのつながりのおかげで、いま、現在一人ひとりの人間があるのだということを明確に意識する必要がある。

つながりの素、結びつける綱は、思いやり、共感である。「思いやり」はその根本に推し量る気持ちがあるから、つながりとなるのである。これを人に対してもつことができれば、思いやりのある人間になる。しかし自分への思いやり、家族への思いやり、友達への思いやりと対象を限

定するのはほんとうの思いやりではない。自分の延長の部分だけしか思いやっていない自己愛にすぎない。そのときに大切なのは、つながるのはいのちだということである。対象が人だけではなく微生物を含めた生物、鳥獣虫魚などの生き物、縮めていえば「いのち」のつながりが必要なのだ。むしろ、思いやりがあるとつながりができると考える気持ち、心が先なのである。気持ち・心とは何かということは難しいが、実生活で具体的につながるときには想像力・幻想・イリュージョンによる心の動きがまずなければならない。そのときに思いやりを誘発する実践的な指針は笑う力（笑顔）・交渉力（気配り）・表現力（伝える）であるということは、経験則として納得できる。

自然とのつながり（つながりの広がり）

生き物に学ぶということは、ひたすら・巧みに・わきまえて生きることだと、生物学者の中村桂子はいう。確かに、自然を見ているとそのようなことを教えられる。

しかし、自然はヒトや生き物だけではない。いわゆる環境という周囲のすべてがある意味では自然なのである。石や岩や泥や土、太陽、大地、水、風、空気、これらも自然であって、この自然とのつながりが人間の生存の根源にあるということはわかるであろう。環境問題の研究というのは「人間と自然との相互作用環*42」というつながりの解明といえる。

人間と環境の関係は、バラバラでいっしょ、言い換えれば、多様性を認めた存在の連鎖《chain of being》といえる。存在の連鎖のなかで生かされているという仏教的な言い方は、環境問題解決にも必要な考

＊42　相互作用が輪のように「めぐる」意味。「環」よりは「連鎖」のほうが日本語のイメージとしては適切かもしれない。

えなのだ。生かされているから、ありがたい・おかげさまであるという気持ちで生きていくことができる。

「もったいない」という心は、人や生き物に対する思いやりだけでなく、モノに対する思いやり、自然に対する思いやりでもある。モノのほんとうの価値（モノのもっている特質という意味での本性）を思いやることができれば、もったいないと思うことになる。もったいないは、人やモノが本来の価値にふさわしい扱いをされないでいるのが残念である、という意味なのである。もったいないと思うことで、モノをその本来の機能で働かせてやることにもなる。

質素・倹約・もったいない・腹八分目というのは古い格言ではなく、これからのライフスタイルの指針としなければならない。そうすることによって「人間は自然から借金をしているのだ、いずれ返さねばならない」という思想の実現にも通じる。

歴史とのつながり（つながりの深さ）

つながりは連続性、継続性をそのなかにひそめている。というよりは、時間の洗礼を受けないつながりは、つながりとはいえない。単なる接触、物理的な瞬時のふれあいは刹那で完了していながら、つながっていくものである。たとえば、生き物のつながりは親と子のつながり、生命体の連続性である。人間という存在にとってはそのような根源的なつながりだけでなく、記憶によるつながりが重要となる。歴史である。教科書で教えられる歴史事象だけではなく、生物の誕生から現在まで続いているいのちのつながりのように、それは無限の連鎖を含んでいる。

生物の特色を代謝の持続的変化である動的平衡《dynamic equilibrium》ということばであらわす。時間的な流れのなかで、平衡を保っていく自己複製システムということである。[*43]

世代間の公平性／未来世代への責任／持続可能性・未来可能性というのはいずれも、時間を生きる人間の「通時的な」つながりである。生命体の連続性と文化の伝統とを両輪のように考え、世代間の公平性／未来世代への責任／持続可能性・未来可能性を実現する道を模索することが重要である。

倫理的主体とシステム

思いやりの実践

つながりの原型は、切っても切れない胎内での母体とのつながりから生まれる思いやりである。人間は生まれてくる前に羊水にどっぷりつかり、十月十日の間、子宮の中ですごす。「羊水にどっぷりつかり、子宮壁に響く母の血潮にざわめき、心臓の鼓動のなかで」、劇的な変身をとげる。[*44] そのときの母体と胎児との交流が記憶となる。そのような原体験を記憶した人間は、ともに感じる、周りの対象に依存している、自分の体は自分のものではないことに思いやるという潜在能力を備える。

心体未分の体に刻み込まれた記憶なので、その力は潜在的なもので、あらためてとりだしてやらねばならない。思いやりというつながりの綱の原型は、愛や慈悲といった、理念として語

＊43　福岡伸一『生物と無生物のあいだ』講談社現代新書、2007年。

＊44　三木成夫『胎児の世界——人類の生命記憶』中公新書、1983年。

られるものではなく、具体的に人の苦を思いやる、共感する、配慮する、ケアするといった心と体に刻まれた人間性である。潜在しているものを引きだす、よび起こすものなのである。

そして、授乳を含めて生まれてから育てられる過程での密接な相互作用については、父子関係を至上のものとする父権的な制度にじゃまされない限り、母の役割はあらゆるものと比べようもなく重要であることは認めざるをえない。「父と比べると、母と子の相互作用は、すでに子宮内から始まり、思春期まではるかに密接である。微妙繊細、持続的で濃密な相互作用がこのような（子どもの脳波が父親より母親に似ている）同調を生む」のであろう。[*45]

言い換えると、子宮の中で、心で聞き、体で覚えたつながりは潜在能力として人間に植えつけられる。そのような潜在能力をもっているが、それがあらためて生後の体と心で顕在化するにはおそらくことばを含めて、広い意味での教育が必要なのである。そのときにつながりをよりたやすく顕在化できる萌芽は生まれてからの母とのコミュニケーション、周囲の人とのコミュニケーションにある。もちろん、それがないからといって顕在化できないというのではない。それがなければより大きな努力が、本人にとっても周囲の人にとっても課せられるということである。[*44]

つながりから生まれる「思いやり」と「もったいない」の実践が個々人が取り組める基本的な地球環境問題解決への道である。

環境問題に立ち向かい持続可能な未来社会を設計できる、持続発展型社会を担う人材というのは、「思いやり」と「もったいない」精神を尊ぶ倫理的・創造的主体であり、そういう人間で

＊45　中井久夫『「つながり」の精神病理』ちくま学芸文庫、2011年、137ページ参照。

なければならない。潜在能力《capability》の開発も大事であるが、一人ひとりがこれからできることは、つながりを根本としながらも、変わるべきは変わるという学びが必要である。学びの進化が変化なのである。

環境思想も、国際協力も、環境法も、環境史の教訓も、思いやりを実践してはじめて環境問題の解決にいたることは自明の理である。私たちは、過剰な便利さや物質的経済的な豊かさを過度に追い求めすぎたつけが環境問題の根源であることを認めて、私たちの生活のあり方を見直し、自分に納得のいくライフスタイルを確立しなければならない。言い換えれば、誰もの責任であるが、一人ひとりが実践する責任を負う倫理的主体となることが必要なのである。インドの哲学者・詩人ラビンドラナート・タゴールのことばを引けば「汝が声、誰も聞かずば、一人歩め、一人歩め」ということになる。ブッダの教えに「犀《サイ》の角のごとく、一人歩け」ということばもある。

ローカルとグローバル

環境問題に取り組むスローガンとして、「世界の危機を考えて、地域で問題に取り組め」《Think globally, act locally!》といわれる。グローバルな問題を考えることも大切だが、環境問題はいま・ここにある自分の足もとの問題をまず解決しなければならない。

問題群というのは必ずローカルなものが先である。ローカルな問題にみんなで取り組んでそれを解決しなければ、地球環境問題の解決はないのである。もっといえば、ローカルなモデルを発掘して、世界に発信して地球規模の問題を解決するのである。先ほどのスローガンとは逆

Think globally,
act locally!
Think locally,
act globally!

図１　主観的生活環境／客観的地球環境

に「地域で考えて、世界にインパクトをあたえる」《Think locally, act globally!》という逆転の発想である。自分たちが世界の中心である、その輪・和を広げていこうということである（図１）。

システム

しかし、輪を広げる努力とともに、それを支える枠組み、システム、[*46]ガバナンスがなければならないことは当然である。アナーキズムというのはガバナンスを否定する。アナーキズムによる革命や変革はありうるが、人間社会の連続性、永続性をもたらすことはない。私たちの課題は、自由なつながりと社会を維持していくためのメカニズムとのバランスをいかに構築するかということである。それが、ここでいうシステムの必要性なのである。[*47]地球システムの人間圏にグローバルな主体が加えられているのは、[*48]ローカルといおうがグローバルといおうが、全体としてのガバナンスが必要であるということである。

しかし、外からの強制だけで地球環境問題は解決できないように、システムも制度や法律だけに頼るわけではない。強制ではなく内発的な変化をもたらす、人間性の覚醒、潜在能力の開発が必須である。教育の重要性はここにある。

＊46　システムと環境について見方の一つとして、ニクラス・ルーマン『社会システム理論』（上）（佐藤勉訳）恒星社厚生閣、1993年参照。［Niklas Luhmann、*Soziale Systeme: Grundriß einer allgemeinen Theorie*, Suhrkamp Verlag, 1984. 英訳 *Social System*, tr. by John Bednarz, Stanford Univ. Press, 1995.］

＊47　立本成文『共生のシステムを求めて――ヌサンタラ世界からの提言』弘文堂、2001年。

＊48　138ページ参照。

経済学では、環境税の導入や経済発展（富）ではなく、人間らしさ（人間開発）《human development》を目指すべきだとかいろいろな議論が行われている。システムの要になるのは、利害関係がどうしても錯綜する所有制度、私有制度を見直して、共同、共有、共通の部分をいかに大勢の人と分けあうかである。グローバル化した資本主義を止めるシステムあるいは代替システムを考える必要がある。ただ、社会改革というのは素晴らしい案があるから採用されるというものでもない。仏教のように、無差別的な慈悲の立場に立ち平等を理想とし永続的な私有財産を否認する思想は、昔からある。しかし、それを実現するには長い時間がかかる。あるいは永遠に手に入らぬ青い鳥かもしれない。それまでを切り抜けるアイデアが必要である。

具体的には新しいコミュニティの構築もあるが、日常生活に緊密に結びついているものなので効果がすぐあらわれてくる即効薬とはならない。すぐに応用可能なのは、社会共通資本を制度として広く考えることであろう。ふつう、社会共通資本というのは、公共の施設とされる道路、港湾、鉄道、通信網、上下水道、公園、学校、あるいは治山治水などが含まれる。社会的インフラストラクチャといってもよい。経済学者の宇沢弘文はそれをもっと広くとり、自然環境（自然資本）および社会的インフラストラクチャを支える教育、医療、司法、行政、金融、警察、消防など制度的な側面を制度資本としている。*49 究極的には、すべての人間活動が行われる場をよりいっそう広範な社会的、文化的、自然的、制度的環境としてとらえ、それを市場経済制度に反映させるための概念である。政策に反映させやすい具体策ではなかろうか。

＊49　宇沢弘文『地球温暖化を考える』岩波新書、1995年。

地域圏——社会文化生態力学

環世界・風土・地球システム

すでに述べたように、環境ということばが周りの状況をさすことは、語義から考えて間違いはない。それぞれの生物は生きるために環境を自分たちの身の丈に合わせて利用しなくてはならない。ナメクジとタカとトラでは知覚のあり方が違うというのは、容易に想像されることである。生物によって環境のとらえ方が違うことをいうために、環世界という概念が使われる。生物にとって環世界というのは世界全体なのである。人間は環世界だけが全体ではなく、認識のはるかかなたにある星雲や宇宙のこともわかっている。しかし、ブラックホールや非物質の世界を仮定するように、全体というのは把握しがたいということも認識している。それにもかかわらず、人間が認識する世界が客観的に正しいものであるとするのが科学的認識である。環境というのは「主観的」な世界であり、地球環境といわれる地球システムは「客観的」に存在しているとする物理的な世界である。

生物としてのヒトは確かに生物的な環世界にしか生きられない。しかし、すでに述べたように、生物としてヒト個体がもっていた原環世界は、人間のコミュニケーション（社会）力と象徴記号化（文化）能力によって生物としての原環世界と大きく変わり、共通の環世界を社会として客観的につくっている。人間が生活するうえで、生物的な知覚だけではなく、人間の認識した世界と

いうものがある。地球システムが客観的に存在する物自体ではなく、人間という主体が生存のために把握する、環世界以上の環境(風土)なのである。[*50] 人びとが共同して生活し、知識を共有し、蓄積することによって、物理的な世界と生物的な環世界との中間レベルに人間的環世界、すなわち風土を構築しているのである。すでに述べたように、風土は環世界のように対峙的に知覚されるだけではなく、風土そのものが人間を含んだ世界観なのである。

環世界は生存のための主体的意味づけの世界である。意味づけのために分ける論理が中心となる。そこでの知覚は周りの物理的な環境によって限定され、同時に生存に必要なものが選択される。人間は生物として付与された知覚能力をはるかに超えて、より広い認識能力を社会生活を通して養ってきた。社会生活のなかで認識される世界が風土なのである。風土というのは、文化というい わば「世界形成的な」[*51]知でつくりあげた環境である。ごく一般的な言い方をすれば、庭のように自然を文化した環境、畑のように文化を自然に射影した環境であり、それが個人の内的世界ともなっているのである。そして人間の認識すべてを客体化したものが地球環境とよぶ地球システムなのである。言い換えれば、地球システムは風土を客体化したもの、非人間化したものといえる。

環世界、風土、地球システムをごく単純に並列させると**図2**のようなまとめ方ができる。

環境問題を時空間のスケールで整理できるとすでに述べた。①生活環境問題、②社会的に構築された地球環境問題、③自然の起こす環境変動やカタストロフィの三つのレベルである。これ

*50 オギュスタン・ベルク『風土学序説——文化をふたたび自然に、自然をふたたび文化に』(中山元訳) 筑摩書房、2002年。[Augustin Berque, *Ecoumène: Introduction à l'étude des milieu humains*, Belin, 2000.]、オギュスタン・ベルク『風景という知——近代のパラダイムを超えて』(木岡伸夫訳) 世界思想社、2011年。[Augustin Berque, *La Pensée paysagère*, Archibooks, 2008.]

*51 感覚器官に与えられている世界ではなく、人間がもっている文化・社会によって形成される世界のこと。

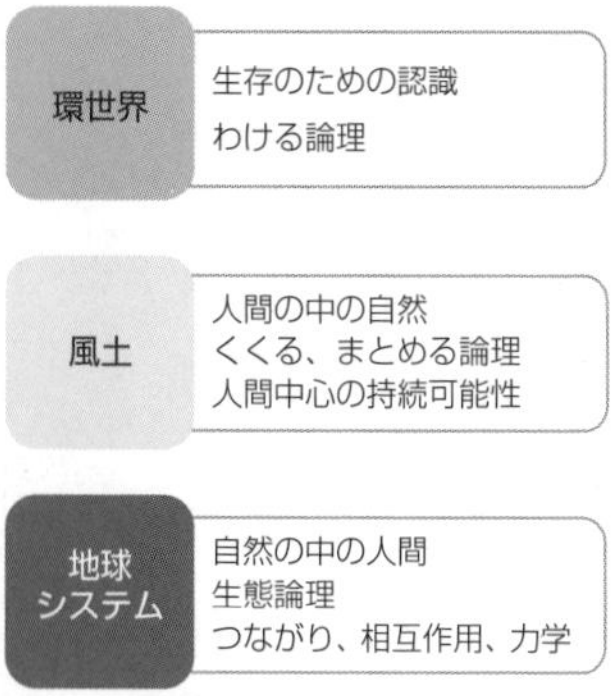

環世界	生存のための認識 わける論理
風土	人間の中の自然 くくる、まとめる論理 人間中心の持続可能性
地球システム	自然の中の人間 生態論理 つながり、相互作用、力学

図2　環世界・風土・地球システムの違い

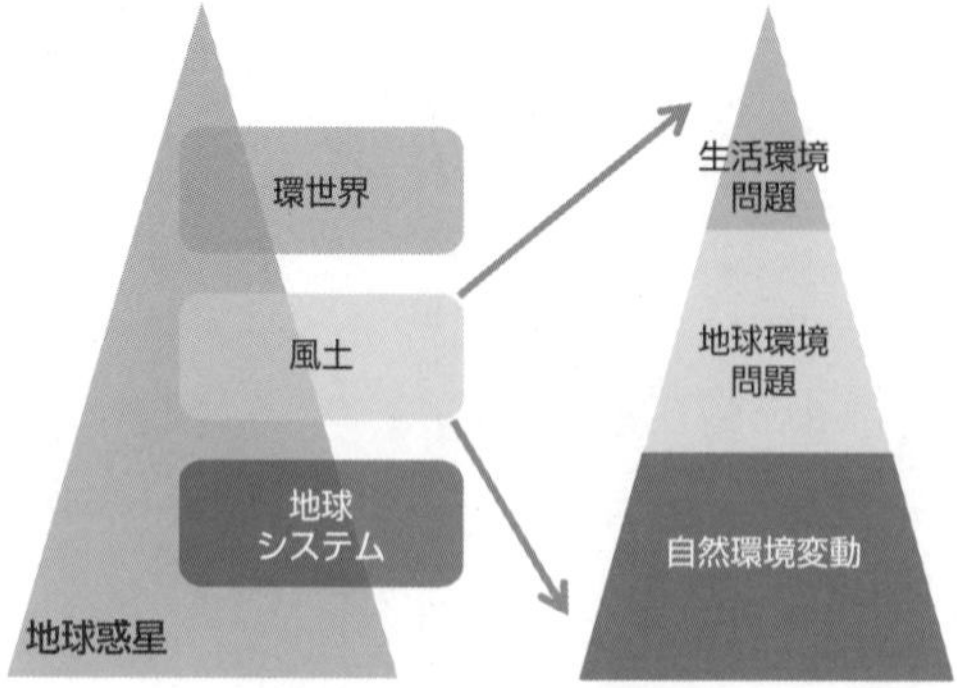

図3　風土と地球環境問題

にあてはめられるスケールは、環世界―風土―地球システムの規模に呼応しているように見える。そのようにとることも可能であるが、むしろ、すべて風土のレベルとしてそれらの問題を考えることもできる。三つのレベルは独立しているように見えるが、じつはそれぞれのレベルでこの三つの局面が入れ子型になっている。風土のなかには環世界―風土―地球システムの局面がはめ込まれている（相互浸透性）。したがって、風土のなかに環境問題を見ることもあながち的外れではない。**図3**は右側の三層ピラミッドが**図2**で示した三つのレベルと対応しながらも、じつはすべて風土の問題であることを示唆している。ゴミの問題は生活環境に生じる問題であるが、生物（ヒト）の環世界では解決すべき「問題」とはならない。温暖化や大地震にしても地球システムに起因しているかもしれないが、地球システムの問題ではなく人類の問題なのである。

風土の解析——社会文化生態力学

分析と総合——わける・つなぐ・くくる

事象を理解して行動するには、「わける」、「つなぐ」、「くくる」という論理的な分析・総合の操作が必要である。「わける」は「分かる」、「理解する」である。風土を理解するにはまず分けることが必要である。風土のなかで構成要素を分ける。腑分けである。次には構成要素をつなぐ。そこで関係、連関が明らかとなる。そして風土全体をまとめてくくるという操作があってはじめて一つの風土が明らかになる。一つの風土というのは人間の環境であるが、環境は普遍的なものではなく、地域によって固有なものなのである。一つの風土のなかで分析していると、気がつかないこともある。違う風土を知ると、理解した風土の特質が普遍的なものなのか、あるいはたくさん存在しうる風土の一つなのかという相対的問いが立ちあらわれてくる。他の風土と分ける論理が必要となる。

風土は日常生活のなかで所与のもの、ときには人間活動を制限するものとして働く。と同時に、個人的に、集団で力を合わせて、あるいは強力な力、技術を結集して常日頃住みやすいように改変している。風土というのはクラウド（雲）のようなものかもしれない。なかにいる人には境界はわからないが、外から見るとひと塊と見える。風土を理解するには、風土を観察し、分析することが必要である。観察者が外にいる場合と中にいる場合とでは、視点もおそらく違う。違う風土にはそれぞれ特有の分析の仕方がありうる。しかしその違いは、人間であれば希

釈できるはずである。なぜなら、生物としてのヒトがもっている理解の基盤的枠組みである環世界は共通しているからである。

地球システムを理解するときにも、人間が観察者でありシステムのなかの当事者であるということでは同じである。科学的分析は観察者を神のように絶対的な位置に置いているが、人間はけっして客観的な観察者ではない。観察者であると同時に観察される当事者でもあるという意味で、地球システムは人間にとって自己言及的なシステムである。地球システムの実体を人間は科学という道具で把握しているように見えるが、科学の理解を超えたところにあるものがまだまだ多いということを忘れてはならない。

観察者であり当事者でもある人間がいろいろな風土を分析する際の視座として、生態、社会、文化という局面を提示したい。*52 自然環境、人間社会、精神活動ないし主観性の三つである。*53 環境をエコロジーと言い換えて、生活のなかであらわれる環境の三つの姿を**図4**で示した。自然環境はよいとして、人間のかかわる社会や文化がどうして「環境」といえるのか。

一般的な理解では、風土というのは気候など人間が関与しない現象をさすのがふつうである。しかし、ここで考えている風土は単なる自然環境を客体として見るのではなく、自然環境の一部である人間(体)とその活動をも含んだ全体をとらえる。その意味で風土は人間抜きには語れないのである。人間なくして風土はないのである。人間は風土の観察者であるとともに、当事者でもある。風土に深く関与している。人間なしに風土は成立しない。

＊52　立本成文『地域研究の問題と方法——社会文化生態力学の試み』(増補改訂) 京都大学学術出版会、1999年、40ページ以下参照。初版は1996年。

＊53　フェリックス・ガタリ『三つのエコロジー』(杉村昌昭訳) 大村書店、1991年。[Félix Guattari, *Les trois écologies*, Galilée, 1989.]

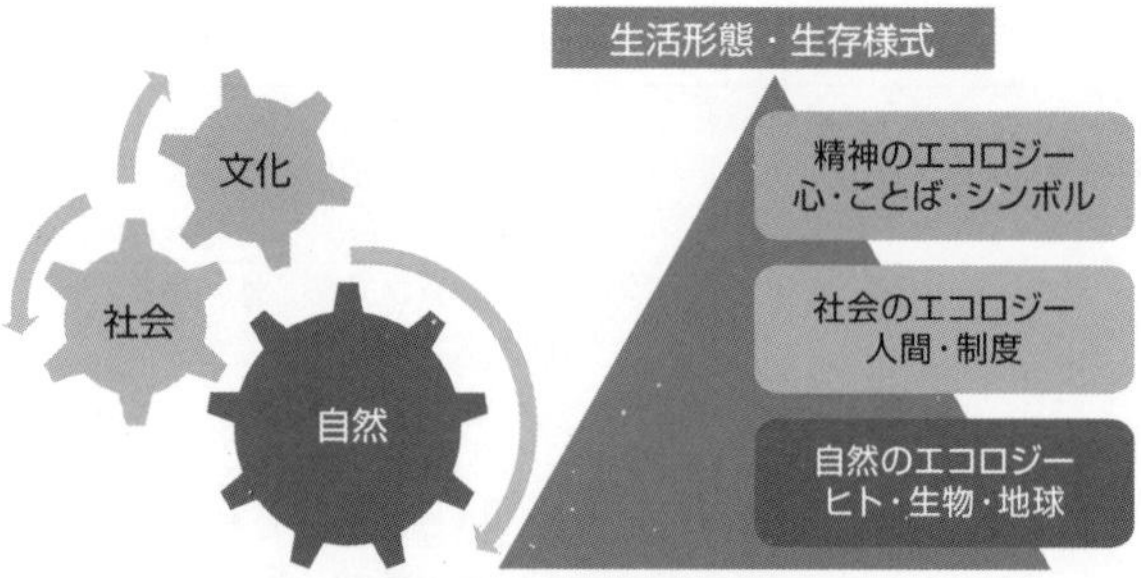

図4　環境の三つの姿
フェリックス・ガタリ『三つのエコロジー』(杉村昌昭訳) 大村書店、1991年
[Félix Guattari, *Les trois écologies*, Galilée, 1989.] より作成

風土として認識されるものには人間の共同の力、精神力が大きくかかわっている。生物としてのヒトのもつ環世界の幻想（イリュージョン）を大きく膨らませたのが社会、文化なのである。もちろんイリュージョンそのものが文化の萌芽であることを思えば、精神活動である文化の役割は大きいが、その文化は社会関係や社会構造と密接に関連してもいる。この意味で、風土の解析には社会、文化、生態相互の分析と総合が不可欠である。そのメカニズムを社会文化生態力学という。社会文化生態力学の分析の場が風土なのである。

自然環境・社会的世界・精神的世界の局面

生態・社会・文化分析の視座の局面における変数はいろいろ考えられるが、当座のアウトラインとして表にしたものが**表1**である。[*54] あくまでも近代社会における一つの見取り図であって、これでなければならないということはないし、大昔の社会にあてはまるものでもない。生じてくる問題群によっていろいろな変数を各自が工夫せ

＊54　前掲書＊52、44ページ参照。

表 1　社会文化生態力学の変動局面

自然生態（E）〈エネルギー〉	E1　自然環境	a	気候風土
		b	地理的位置
		c	資源
	E2　人間性	a	体質、遺伝、性、病気
		b	人口、離散、集合
		c	暴力、戦争
		d	ハビトゥス、パーソナリティ
	E3　技術装置	a	道具製造
		b	食料獲得、生産
		c	交通、運搬手段
社会制度（S）〈権力〉	S1　社会化制度	a	家族、コミュニティ
		b	教育
		c	社会福祉
	S2　遠隔操作制度	a	権力構造、官僚制度、監視制度
		b	軍事制度
		c	資本、労働、市場、交易、分業、土地制度
		d	工業化
	S3　寄生制度	a	都市
		b	植民地
	S4　コミュニタス	a	宗教制度
		b	結社、社会運動、抵抗
		c	余暇、娯楽、遊び
文化シンボリズム（C）〈情報〉	C1　交換シンボル群――コミュニケーション（言語、文字、貨幣）		
	C2　制御シンボル群――世界観（時間・空間・因果・関係・分類）		
		a	儀礼、呪術、神話
		b	価値、倫理、道徳
		c	法
		d	科学
	C3　表現シンボル群――芸術、装飾		
		a	時間芸術
		b	空間芸術
		c	時空間芸術
		d	生活芸術

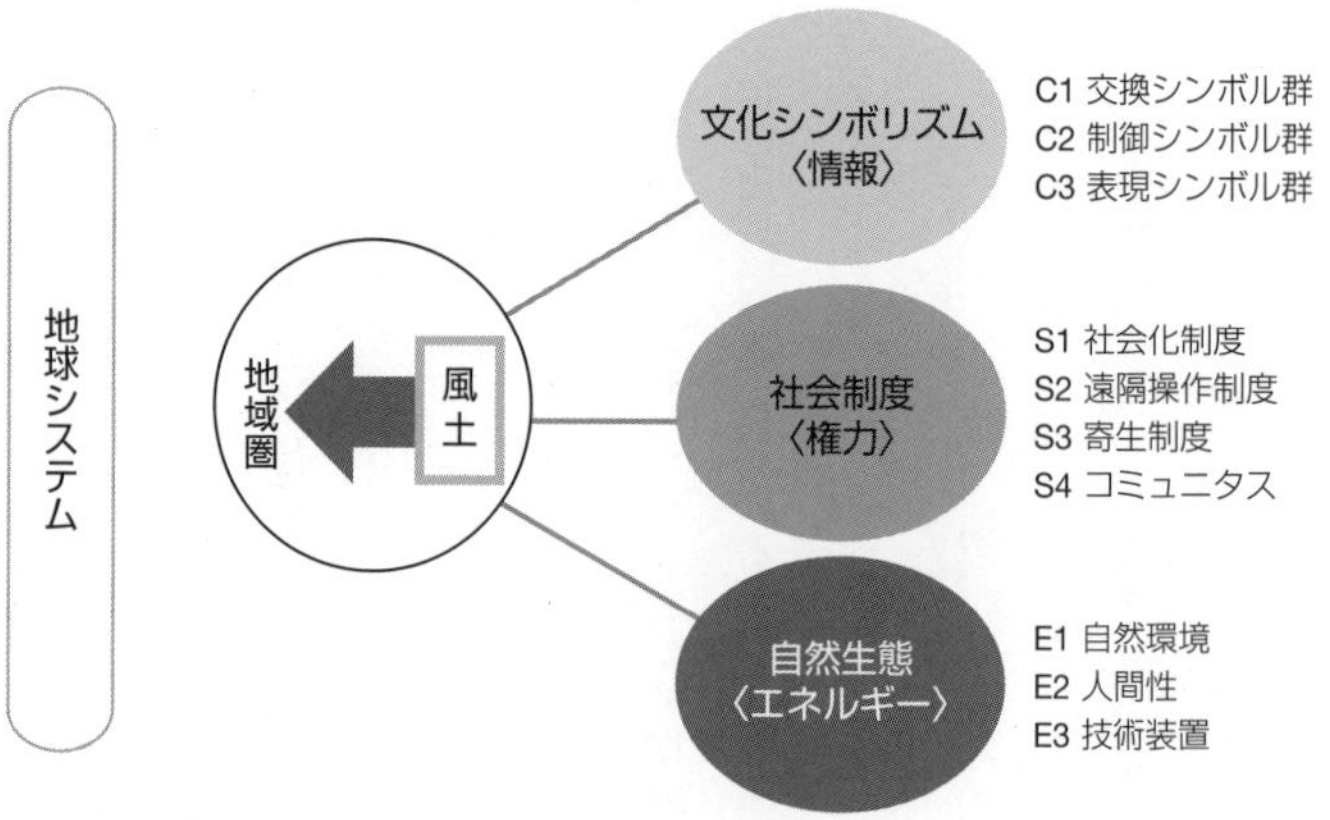

図５　風土・地域圏・地球システム

ざるをえないのはもちろんである。

この表は、政治、経済、社会、文化、自然と一般に区別される概念からできるだけ離れた、いわば折衷的な作業枠組みである。注意していただきたいのは、各局面間の相互浸透性（相互入れ子型構造）である。自然生態（生態環境）の（E）の自然環境（E1）と人間性（E2）と技術装置（E3）の三つは物質的自然と社会と文化に対応するのである。局面間だけでなく、それぞれの局面をもっとマクロに見れば、それぞれ環世界、風土、地球システムのレベルからのインプットに対応する。

この局面を風土と地球システムを入れて図示したものが**図5**である。

風土のなかで「地域圏」が矢印で示され、その外に地球システムが描かれているが、これについては後で説明する。風土を構成する局面（次元）の根底には自然物理的な世界がある。もの、物質、

実体の織り成す生態（エコロジー）であり、人間にとっての住処《dwelling》、オイコス《oikos》[55]である。生物的な環世界そのものである。その意味で自然ともいえる。大地、海、空気、水、熱、気候、植物、動物、資源などはもちろん含まれるが、人類世《anthropocene》といわれる新世統になってますますその比重を増してきたのがヒトの数（人口）と人工物である。

人類世というのはすでに述べたように地質学から生まれた術語ではないので、人類世がいつから始まったかという見方はさまざまある。それはともかく、物理的自然環境に加えて、有機体、生物としてのヒト、物質的存在としての人工物（建物、機械、道具など）は、すべて人間にとって環境なのである。

自然生態の変動を引き起こす触媒・媒体をエネルギーの流れ、循環と考える。地殻や海や大気は相互に関係しているが、その関係の過程では物質の移動、エネルギーの輸送が起こっているからである。

社会的世界を経済、政治、社会というふうに、ふつうの分節をせずに、あえて社会というあいまいなことばでくくった。そこに働く力は社会的な関係、つながりと一般化できるからである。社会的に認知されたつながり、関係の束が制度といわれる。政治制度であり、経済制度である。法律のように正当な手続きを踏まえて制定された規則や、慣習として認知されている規則、認知されていないが無意識にしたがっている規則など、いろいろなレベルの社会関係の規則が存在する。その塊が制度なのである。したがって、この局面は社会制度と名づけている。

＊55　エコ（ラテン語）の語源でもある。オイコス（ギリシャ語）は家や住むところ（habitation）の意味。

遠隔操作制度（S2）（支配）と寄生制度（S3）は聞きなれない用語であるが、これは政治経済、社会、宗教などの区別を分解して再構築しようというもくろみである。社会化制度、寄生制度、コミュニタスについては細分化された項目を見て内容を推測していただければ幸いである。

このような操作で再構築などというのはおこがましいが、ありきたりの政治経済分析ではすまされないという焦りのようなものもある。相互入れ子型構造からいうと、社会化制度（S1）は自然と、遠隔操作制度（S2）と寄生制度（S3）は社会と、コミュニタス（S4）は文化（カタルシスのための制度）と対応する。

社会制度の変動を引き起こす媒体を権力としておく。人を支配する力、人に影響を及ぼす力である。精神的世界はアメリカの文化人類学者・精神医学者グレゴリー・ベイトソンが心の生態学《ecology of mind》とよんだものに近いが、ここでは文化的シンボリズム（メタファー）とよんでおく。[*56] 精神的世界は見ることができない。その表現形を聞いたり、見たり、価値づけして、みんなで共有しているのが文化とよばれるものである。その意味では、人間の考えつくりだしたすべての事象を文化とよぶこともある。すべてはプラトン的なイデアの世界の映像である。表現するメディアが印《しるし》、記号、シンボルなのである。[*57] 象徴関係にあるシンボル、意味を担ったシンボル群である。あらためていうまでもなく、文化シンボリズムはもっとも普遍化できない局面である。風土によって違うことはもちろんであるし、社会によっても違うし、集団によっても、個人によっても違う可能性はある。

交換シンボル群はコミュニケーションの担い手メディアとしての言語、文字、貨幣などであ

＊56　グレゴリー・ベイトソン『精神の生態学』（改訂第2版）（佐藤良明訳）新思索社、2000年。［Gregory Bateson, *Steps to an Ecology of Mind*, with a new foreword by Mary Catherine Bateson, University of Chicago Press, 2000.］

＊57　比喩的にいえば、「意味を担う乗物」が印、記号、シンボルである。

る。自然生態に対応する。

制御シンボル群は法律などのように社会の局面に対応する、社会制度を規制するシンボル群である。

表現シンボル群は文化に対応する芸術、装飾などである。ここで注意しておきたいのは、象徴関係は生きている文化のみに適応され、死んだ文化は物質にすぎないということである。たとえば、素晴らしい人間味あふれる肖像画は、そのように解釈され意味づけされる限りにおいて文化であり、その意味づけがなければ、単なるキャンバスへの落描きにすぎないということである。同じことは他のシンボル群にもあてはまる。文字、貨幣、言語体系、法律、宗教は制度である。文化というのはその制度を成立させている意味の世界である。ただ、意味の世界そのものを分析するのは難しいので、その意味を担うシンボルを分析対象とするのである。

文化シンボリズムの変動を引き起こす可能性をもつ媒体は、「違い」に着目した、ベイトソンのいう意味での情報を考えたい。交換にしても、制御にしても、表現にしても、それを変える思想は情報である。

社会文化生態力学——マンダラ

社会、文化、生態の局面は分析的にとらえられ、分断された風土である。それをどのようにして俯瞰的、全体的、統合的にとらえられるのであろうか。それが力学である。力学というのは局面間の動態《dynamism》である。

動態を考える前に、三つの局面の普遍性と特殊性にも言及しておかねばならない。文化シン

ボリズムのところで、文化はもっとも特殊要因が働きやすい局面であると述べた。その変異・変容を制約する要因の一つとして、所与の自然生態の局面があることは想像に難くない。社会的局面には共同体というはっきりとした縛りがあるので、文化の局面よりは自由度が少ない。自然、社会、文化はそれぞれ多様性を維持しているが、その多様性のあり方が局面によって違うということである。

分析的にとらえられた三つの局面はそれ独自のメカニズムによって変動するのではなく、それぞれの局面は相互に影響しあい、相互依存的である。そのことを不十分な表現ではあるが、これまで相互入れ子型構造とよんできた。統合の一つはすでに前項で触れた相互浸透性（相互入れ子型構造）による各局面での統摂《consilience》*58（コンシリエンス）である。生物学者のエドワード・ウィルソンという人が提唱した「知の統合」の仕方である。それを社会文化生態力学的相関関係としたのが**図6**である。*59

もう一つの統合は、風土を一つの「世界」として俯瞰的に見ることで得られる。局面間の相対的な連関の強度・親和性を比喩で表現する。それを私はマンダラといいたい。*60 マンダラというのは図というシンボルに頼るものであるので、ゲシュタルト心理学に通じるものがある。*61 一般に使われることばでいえば「モデル」である。**図7**は人間性（E2）を中心に置き、自然生態（E）が中心軸となっている。それをめぐる社会（S1、S2、S3、S4）と文化（C1、C2、C3）が円環のなかに配置されている。*62

＊58　知の統合という意味で使われたconsilienceの韓国での訳語である。エドワード・ウィルソン『知の挑戦——科学的知性と文化的知性の統合』（山下篤子訳）角川書店、2002年。[Edward O. Wilson, *Consilience: The Unity of Knowledge*, Alfred A. Knopf, 1998.]

＊59　前掲書＊52、68ページ参照。

＊60　前掲書＊52、45ページ参照。

＊61　Michael Polanyi, *The Tacit Dimension*, with a foreword by Amartya Sen, The University of Chicago Press, 2009. Originally published in 1966.

＊62　前掲書＊52、46ページ参照。

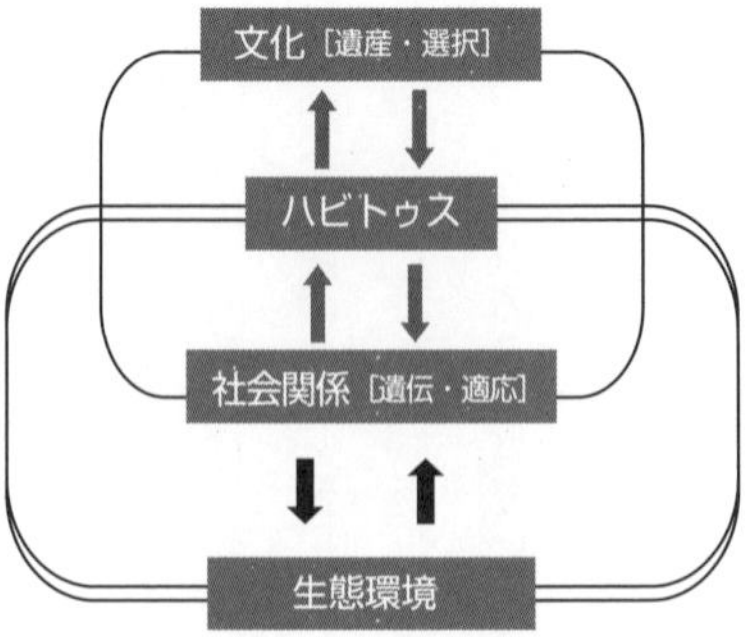

図6　社会文化生態力学的相関関係

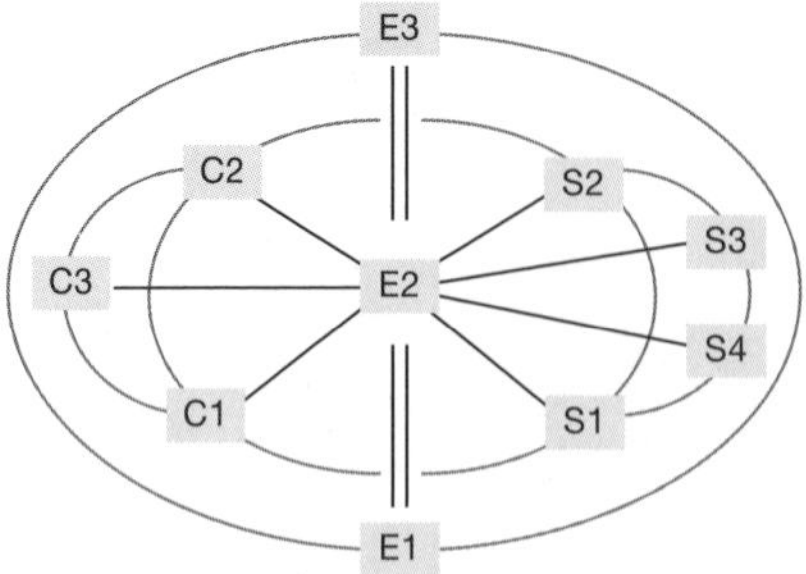

図7　社会文化生態力学の各局面の諸関係を示すマンダラ

スイスの心理学者カール・ユングは短い文章のなかで、マンダラは世界にしろ人間にしろ「全体」を表現する元型（アーキタイプ）であるとし、もっとも重要なモティーフの一つとして「円環の正方形化」をあげている。*63 もちろん、マンダラは禅僧の描く円相から、お寺にある五輪の塔や、三角形を組み合わせた星型までいろいろな元型がありうる。いずれにしろ、世界あるいは宇宙をシンボルという比喩（メタファー）であらわすので、星占いのように、非科学的なものの代表とされることが多い。しかし、統合という作業はじつは仮定類推論理《abduction》が働かねばならない営為で、矛盾律、排中律、同一律*64などを超えたところにある。

三つめの統合の仕方として、統合の説明原理として概念的モデルを明らかにすることがある。たとえば、動的平衡や循環、調和、機能環、成熟社会といった概念ですべての現象を説明しようという試みである。ユクスキュルの「生きられる総譜」、「生の振る舞いとしての統一」の指摘も統合の一つであろう。*65・66

＊63　Carl G. Jung, *Mandala Symbolism*, tr. by R. F. G. Hull, Princeton University Press, 1972. Originally published as Bollingen Series in 1959.

＊64　標準的な論理学の公理であり、近代科学の論理でもある。A ≠ $\overline{A}$が矛盾律である。Aであると同時に$\overline{A}$であることを成立させる第三項は存在しないとするのが排中律である。A=A が同一律である。

＊65　前掲書＊8、289ページ参照。

＊66　本書第8章 半藤逸樹、大西健夫「統合知（方法論）」参照。

圏的発想——地域圏

圏概念——風土・世界単位・地域圏

風土というのは人間の存在する空間、場所、エクメネを総体的に見て、それを抽象的に表現したものである。しかし、個々の風土は同じではない。概念としての風土一般ではなく、個別風土をあらわすことばが必要である。個別の風土だけに沈潜していれば問題はないが、地球という全体を見渡したときに、個別の風土を区別して表現する必要がある。風土の範囲はミクロからマクロまでいろいろのレベルがあるということを認めながら、個別風土を地域圏とよびたい。フランスの地理学者オギュスタン・ベルクがpaysage(景色、風景、景観の意がある)といいなおしたものである。[*67] フランス語ではpaysは国や地方をさすが、地勢・風土・文化などの特徴から見た地域という意味でも使われる。-ageは「場所」、「状態」、「集合」をあらわす名詞語尾である。paysageの語の初出は一五四九年であるが、そのときには、「pays」の広がりの意味であった。[*5]

どうして「地域」ではいけないのか。地域のあるべき姿は圏的な地域であるといってしまえば「地域」でもよいのだが、バラバラでいっしょ、しかも境界がわかりにくい、多層的に考えられることを強調して地域圏とあえて名づけるのである。

圏的発想というのは何なのか。そもそもの発端は「家族」概念の見直しであった。

日本では、家制度に象徴されるように家族はメンバーシップの決まった集団であるというとらえ方が一般的であった。ところが実際には、マレー人家族は集団としてとらえられないとい

＊67　前掲書＊50(2011年)参照。

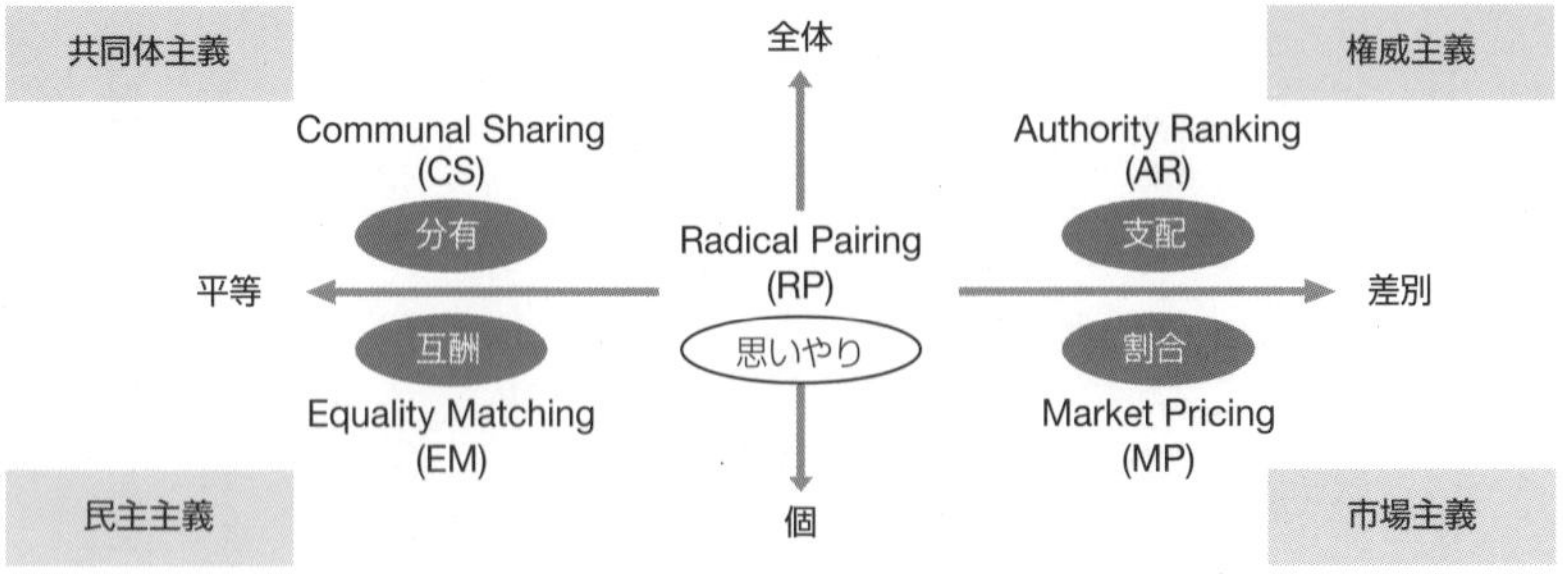

図８　社会関係の五類型

う分析結果が出てきた。家族というのは規範的な「集団」ではなく、母子関係、キョウダイ関係、夫婦関係など二者関係の累積態にすぎないという結論である。[*68] 二者関係の論理を対人主義とも表現した。それをつないでいるのは、社会関係（つながり）であって、家制度という集団の力ではないということである。一種の異文化ショックであった。

家族のまとまりを表現するために家族圏《family circle》ということばを考えた。[*69] しかし、翻って考えてみると、圏的発想にはある意味で普遍的な汎用性があると気づいた。そこで家族関係に見られる社会関係を一般化した。**図8**で示してある。[*70]

全体を重視するか個を重視するかの縦軸、平等か差別かによる横軸によってできる四象限の社会関係が、一般に類型として考えられる関係のパターンである。まずその四つを説明する。全体と平等の象限にあるCSは共同体的な伝統的関係で、信頼を基礎とするイエ型間人主義といってもよい。全体と差別の象限にあるARは権威主義的な上下関係で、権威に依存する集団主義である。個と差別の象限にあるMPは

＊68　坪内良博、前田成文『核家族再考――マレー人の家族圏』弘文堂、1977年。

＊69　Narifumi Maeda, Family Circle, Community and Nation in Malysia, *Current Anthropology*, vol.16, pp.403-408, 1975.

＊70　前掲書＊59、170ページ参照。

市場原理による人間関係で、あえていえば割合を原理とする市場主義である。平等と個の象限にあるEMは平等主義的なつり合い関係であり、選挙のときにすべての一票に同じ価値をもたせるのと同じで互酬性といってもよい。したがって個人の尊厳を認める民主主義である。

この社会関係の四類型の中心にRPが位置する。すべての関係の元になっていて、その元型というべきつながりのあり方でこれを根源的対《radical pairing》とした。この根源的対関係がすでにふれた「思いやり」であり、愛であり、慈悲であり、ケアーである。共同体を前提とする間人主義、あるいは和辻のいう間柄ではなく、それらを生みだす根源的なあり方で、これを対人主義と名づけた。[*71] 社会関係はできるだけこの対人主義に近づけるべきだというのが圏的発想の原点である。[*72]

圏というのは、漢字の語源から見ると、牛馬を養うためにぐるりを囲ったところ、囲い、檻の意味であった。『現代中国語辞典』によると、「円、まる、輪」の意味と、「集団、グループ、仲間、範囲」の意味とが記載されている。[*73] 動詞としては、「囲む、丸をつける」などの意味になる。日本語としては、北極圏、大気圏など、実体として囲いがあるわけではないが、便宜的にまとめてよぶ範囲と理解してもよさそうである。社会学では通婚圏、市場圏などという使い方をするが、圏域はよりあいまいに使われる。社会圏というのは、社会集団と対比的に、集団のようにきっちりまとまっていないが、一定の範囲を画することのできる人の集まり、ないしは集まることによってできる社会空間をさすようである。何らかの集まり、人間社会でいえば人の集まりが依って存立する場、世界を圏とよんでいるのである。固定した集団、実体としてではなく、ネッ

＊71　対人主義については、前田成文『東南アジアの組織原理』勁草書房、1989年。間人主義については浜口恵俊『「日本らしさ」の再発見』講談社学術文庫、1988年。同『「間（あわい）の文化」と「独（ひとり）の文化」――比較社会の基礎理論』知泉書館、2003年。

＊72　立本成文『家族圏と地域研究』京都大学学術出版会、2000年。

＊73　香坂順一『現代中国語辞典』光生館、1982年。

トワークの広がりのなかでの一つのまとまりとして見るということである。

家族圏、親密圏、公共圏、地域社会圏、王圏といった概念を使うときには、圏域というのは固定した塊ではなく、ダイナミックで流動的な域界をもつのである。そのように範囲を伸縮自在に考える思考を圏的発想という。実体概念ではなく関係概念で事象を見て、関係の濃淡で適宜範囲を決める思考である。

環世界と地球システムの中間にある風土の範囲は自然環境によって制約されるが、その制約のなかでは人間が自由に改変できる。生活環境から地域社会、国、あるいは一定の陸域などいろいろなレベルで風土の範囲を確定できる。いわば、人間が場をともにする空間的広がりである。前項の分析を踏まえていえば、社会文化生態の動態的まとまり、統合の場、範囲である。そのような風土の単位を地域ととらえ、圏的特徴を強調するためにそれを地域圏とよびたい。[*74]

これを世界単位とよぶこともある。[*75・76] 単位性を強調する場合には世界単位ということばは便利ではある。しかし単位は長さ、広がり、質量、時間などの範囲が決まったような印象を与える。しかも、生態学者の高谷好一のように、世界単位の地域的まとまりを「同じような考えをもつ人たちがいっしょに住む社会、同じような価値観を共有する人たちが住み合う地域」と理想化してしまうと、地域圏概念とはかけ離れてくる。[*77]

等質性というのは人間に関してはユートピア的な表現にすぎない。地域圏でイメージするモデルは、あくまでもバラバラでいっしょの世界、社会文化生態の動態的まとまりが風土である。した

＊74　前掲書＊72参照。

＊75　矢野暢編『世界単位論』〈講座 現代の地域研究 第２巻〉弘文堂、1994年。

＊76　高谷好一『新世界秩序を求めて──21世紀への生態史観』中公新書、1993年。

＊77　高谷好一『世界単位論』京都大学学術出版会、2010年。

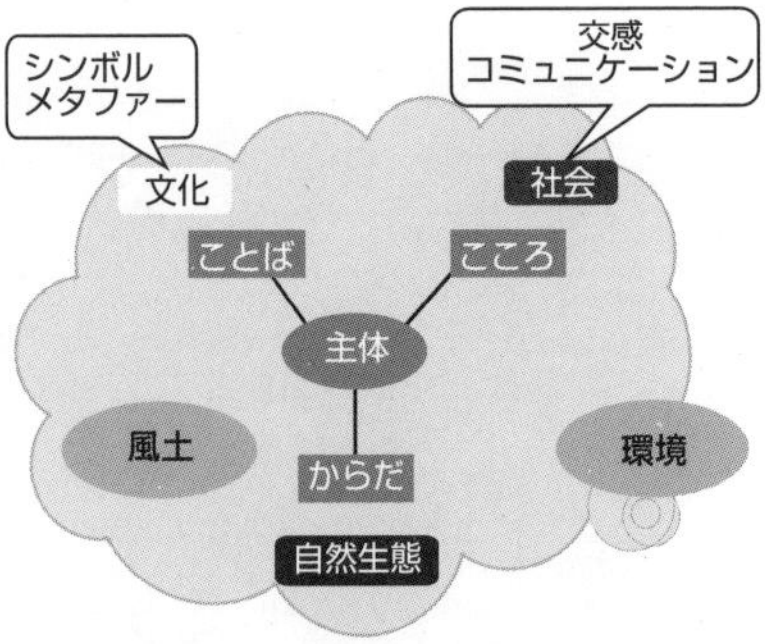

図9　からだ・こころ・ことばと自然生態・社会・文化

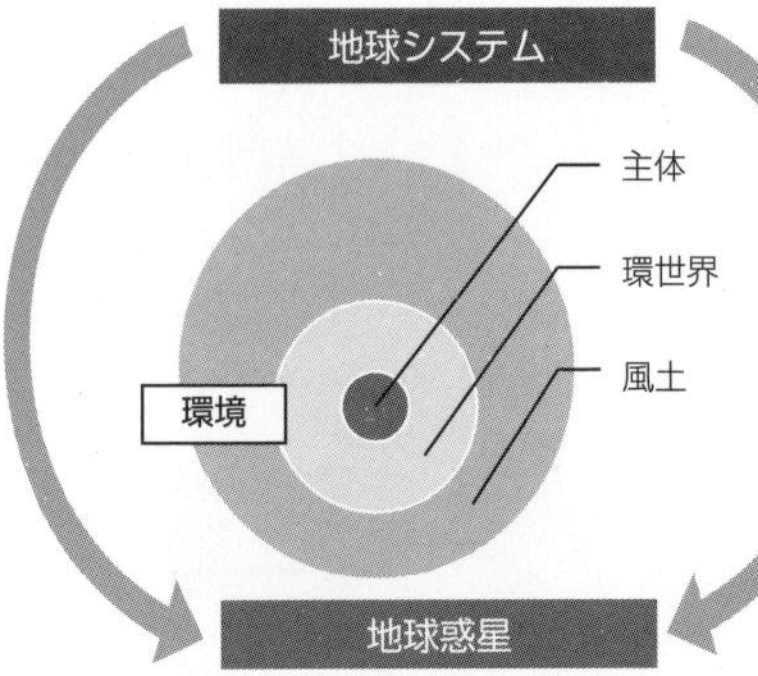

図10　主体と地球システム

がって、圏というのは多様な人間が多様な様相を示す場(風土)をともにする空間的広がり、統合の場、空間的まとまり、範囲である。

地域圏というのは、大気圏や生物圏のように「大気」だけの領域、「生物」だけの領域をあらわすのではなく、自然生態、社会、文化のすべてを含んだ空間的広がり、多様な要素からなる「まとまり」であることに注意していただきたい。

もう一度環境について復習してみよう。**図9**では人間を主体と考えたときに、環境と地球との関係はどうなっているのかということを示した。主体は人間の場合、からだ、こころ、ことばの統合である。この主体のアイデンティティを、エコ・アイデンティティと表現したこともある。[*78] **図10**は主体から見た地球システムである。

しかし、この図は風土というのを主体の外にあらわしていて、風土が主体を含んだものであるということがわかりづらいので、あらためてまとめたのが**図11**で

＊78　前掲書＊47、229ページ参照。

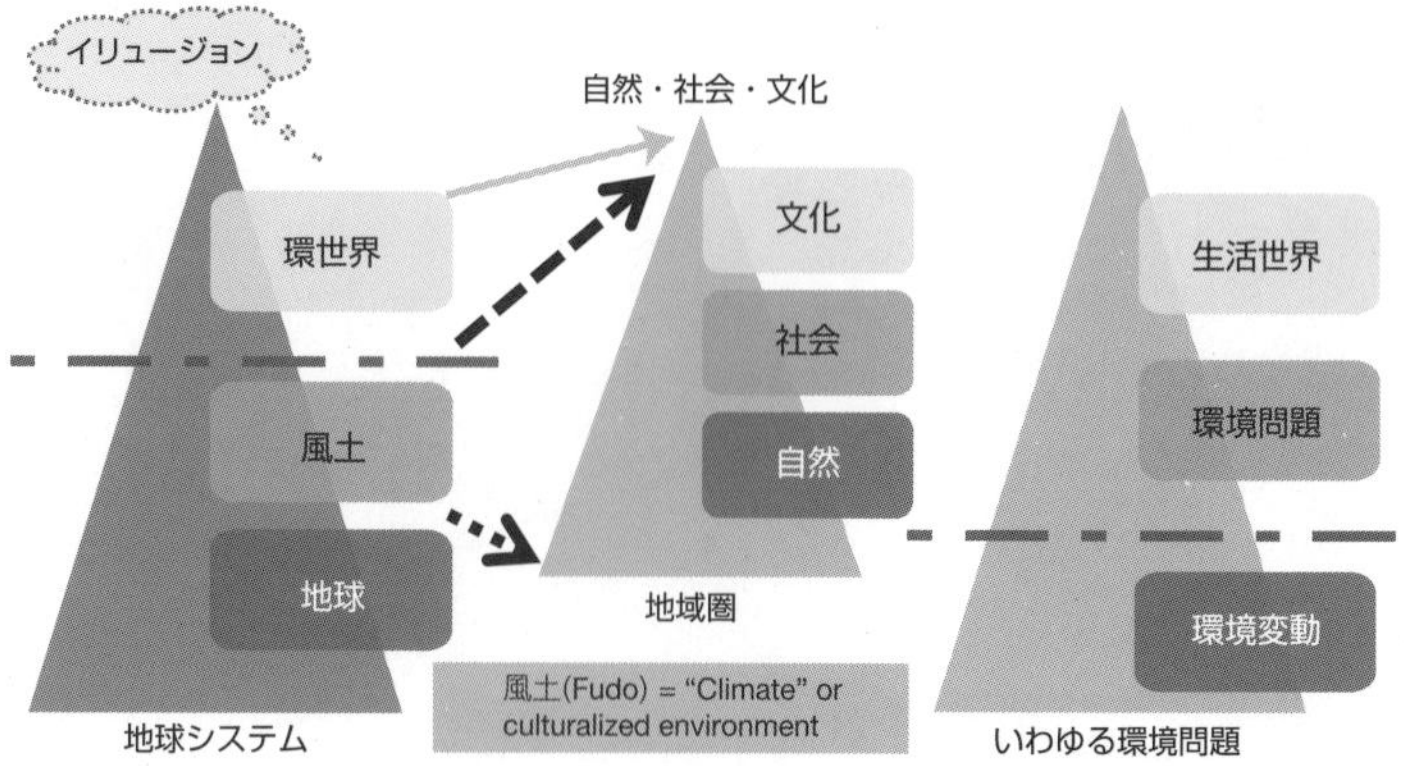

図11　地域圏の次元

ある。図3で示した環境問題も併記してある。図9も参照していただきたい。

コミュニティ・国・地域連合・海域世界

図12は具体的な地域圏のイメージを示したものである。中間のコミュニティ・地域圏としたところに、村落、町、都市などの地域社会(コミュニティ)や国民国家、ヨーロッパ共同体、東南アジア連合のような地域連合がある。既述したように地域の範囲は決まっているわけではない。近代においては、国民国家がもっとも領域を明確にした地域圏である。地球システムの表面上の土地は、南極大陸や紛争地を除いてほとんどすべて分割され、海や空も領海・領空として分断されようとしている。

しかし、風土としての地域圏は領域権があるわけではない。地域圏の範囲はいろいろあってしかるべきである。陸域志向の明確な範囲設定に対して、あいまいな範囲が設定できるのは海域である。すべてつながっている大洋を一つの地域圏、海域世界としてとらえる試みも

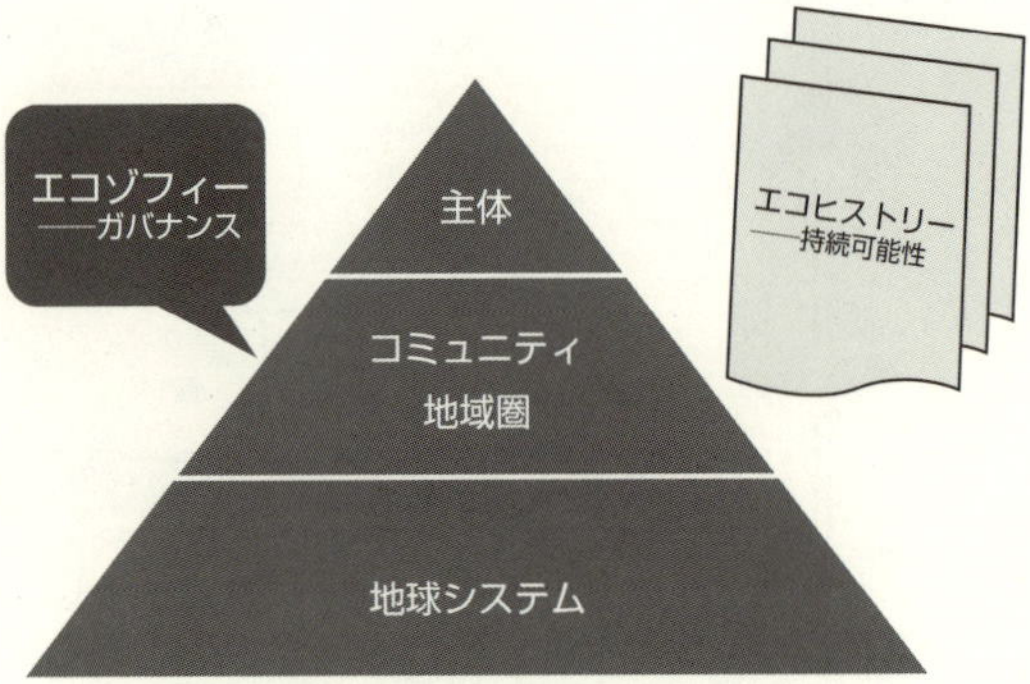

図12　地域のレベル

あってよい。

東南アジア世界を海域世界としてとらえようとしたのが**図13**の海域世界モデルである。[*79] 本書に収録された「海洋アジア文明交流圏」は臨地研究者の目線からのモデルである。「東アジア圏論の構図」は国際関係論に重点を置いた「圏論」である。いろいろな地域圏がありうる例として参照していただければ幸いである。

地球圏＝地球システム

地球システムはグローバルに地球を全体として考えたときの枠組みである。国民国家を典型的な地域圏としたのに倣えば、地球システムを地球圏とよべる。ただ、地球圏というのは、生命圏や人間圏との対比で使われ、物質的、物理的な地球をさすことが多いので、一般には地球圏を地球システムの意味で使うことはない。

ハンス・ヨアヒム・シェレンフーバーも地球システムのマンダラを提示している。[*16] 非科学的と誹謗されるマンダラ的統合も、図形化だけではなく数量化されると

＊79　前掲書＊52、127ページ参照。

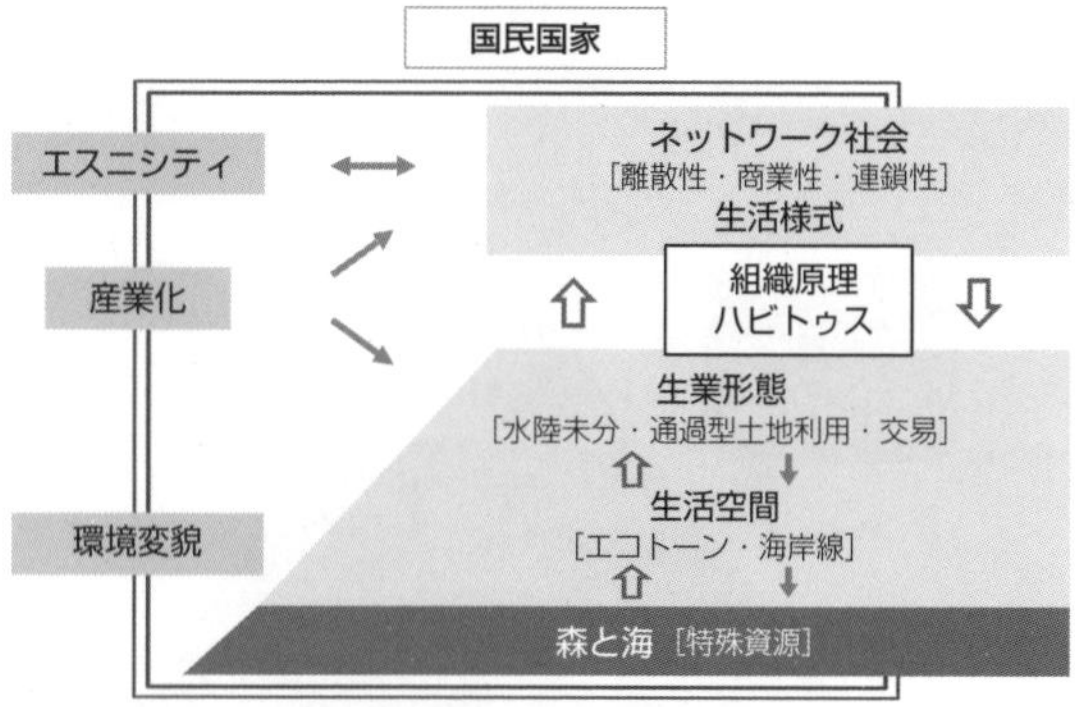

図13　海域世界のモデル

科学的に説得性が出てくるのも事実である。そのようなマンダラの優れた例として生存基盤曼荼羅というものがある。[*80] 地球圏、生命圏、人間圏それぞれの基盤に指数をあてはめたのが生存基盤指数である。[*81] その三圏の生存基盤指数を世界の概念図と見て、世俗的で開かれたマンダラの一つとして生存基盤曼荼羅を構想している。南方熊楠を引用して、萃点《すいてん》の概念を取り入れている。生存基盤曼荼羅では萃点は人間撹乱指数、すなわちヒューマン・インセキュリティの指標であるという。[*82] 私のマンダラ図でいえば、問題となる中心点（萃点）はどこまでいっても自然生態のなかの人間である。そのなかのヒト性が撹乱指数になりうるということである。

このような指標化は、地球システムを考えるときにはどうしても避けられないモデルでもあり、一定の方向性を探るうえではきわめて有効な方法かもしれない。事実、地球システムについての指標は、プラネタリー・バウンダリーズのようにいろいろ試みられている。[*83] 一つだけあげておくと、オックスファムなどで提唱している「人類社会にとって安全で公正な空間《the safe and just space for humanity》」とい

＊80　峯陽一「生存基盤曼荼羅——指数解釈のための試論」佐藤孝宏他編『生存基盤指数』所収、227-252ページ、京都大学学術出版会、2012年。

＊81　佐藤孝宏、和田泰三、杉原薫、峯陽一編『生存基盤指数——人間開発指数を超えて』（講座 生存基盤論 5）京都大学学術出版会、2012年。

＊82　中沢新一編『南方マンダラ』河出文庫、1991年。

＊83　本書第9章 半藤逸樹「地球システムと未来可能性」参照。

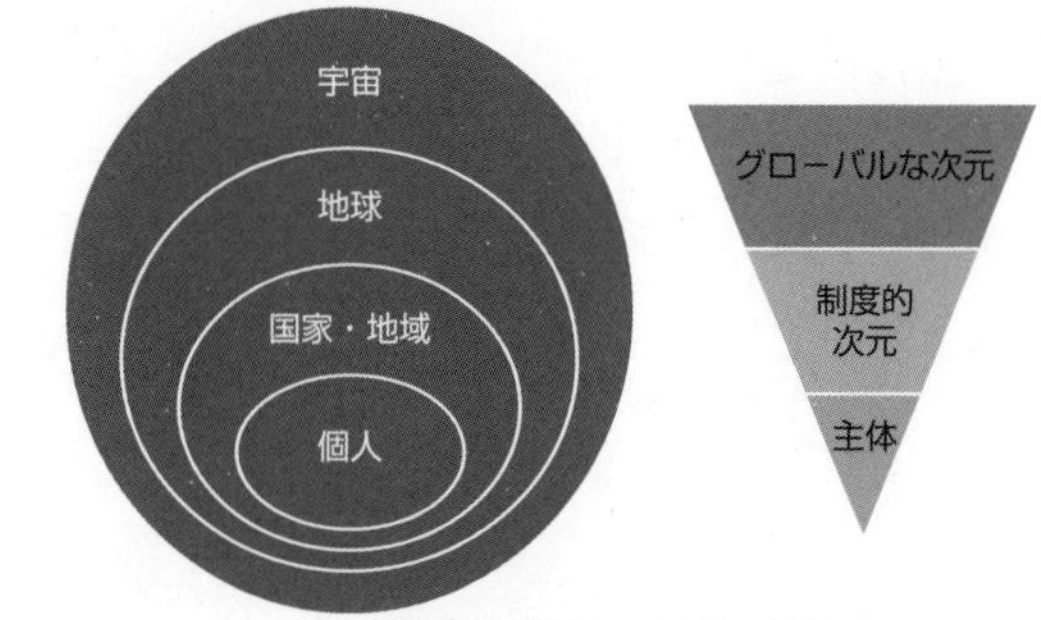

図14　地球システムの次元

う考えはおもしろい。*84 環境の限界*85と社会的基盤《social foundation》*86をインパクト係数としてとらえず、スペースとして考えるほうが、風土論を地球システムにつなぐのに有効かもしれない。

前述の地球システム―地域圏―主体の**図12**を地球システムの次元から書きなおしてみると**図14**のようになる。これまでの図のように全体の上に個が乗っているのではなく、個が底辺となっていることに注意したい。地球システムというものが問題になるのと、社会文化のグローバリゼーションとは同じではないが、並行して考えねばならない。*87 グローバリゼーションで峻別して考えなければいけないのは、資本主義の精神にもとづく画一的な覇権的グローバリゼーションと異質なもののネットワーキングによる共生的グローバリゼーションである。たとえば、多様な食生活をハンバーガーで画一化するのではなく、食生活の多様性を認めあうという意味でのグローバリゼーションである。

すでに述べたように、地球システムをあらわす式はE＝(N、H)であるが、N(自然)は大気圏、岩石圏などとしてとらえ

＊84　Kate Raworth, A safe and just Space for Humanity: Can We Live Within the Doughnut?, *Oxfam Discussion Paper*, February 2012. http://www.oxfam.org/grow

＊85　environmental ceiling=planetary boundaries

＊86　これを人間を欠乏状態から守る社会的基盤＝人権としている。

＊87　前掲書＊47、第7章「寄生から共生へ」参照。

られる。それに対し、Ｈ（人間）はＡ（人間圏）とＳ（グローバルな主体）だけがあげられている。Ｓというのは Ｈの関数ではなくＥの関数でもある。地球システムの調和、循環、成熟は自然に任せてできるものではない。前述の式にあるＳ（グローバルな主体）のように全体のシステムを監視するものが当然考えられねば実現不可能であろう。グローバルな主体といっても、コミュニティから国家、国際連合、国際条約などいろいろなレベルがある。それぞれのレベルでのガバナンスがＳの意味である。

近代におけるグローバリゼーション分析の枠組みはいろいろあるが、とりあえずイギリスの社会学者アンソニー・ギデンズのグローバリゼーション四次元のモデルを借りてみる。それは、国民国家システム、産業の分業、世界資本主義、世界軍事秩序である（**図15**）。制度的に考えた四次元として**図16**がある。それらを踏まえて、近代化の結果として生じてくるリスクを**図17**のように表現している。この四次元をミクロ、メゾ、マクロになぞってガバナンスのレベルにあてはめたのが**図18**である。

ガバナンスの主体は重層的としか表現できないが、その対象は一つひとつの地域圏なのである。風土と地球システムを入れて図示したものが**図19**である。

地球システム分析、地球システム科学をするプロジェクトは世界にたくさんあるが、人文・社会科学からそのガバナンスを構築するプロジェクトとして国連大学とＩＨＤＰ[*88]とのプロジェクトをあげておきたい。

＊88　地球環境変化の人文的側面に関する国際研究計画。

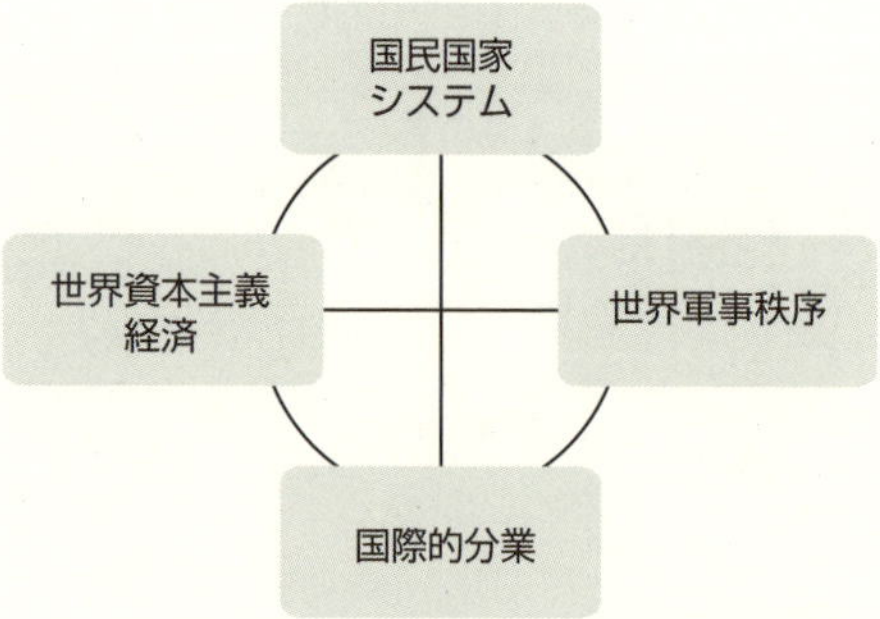

図15　グローバリゼーションの諸次元

Anthony Giddens, *The Consequences of Modernity*, Stanford University Press, 1990. 71 ページより作成

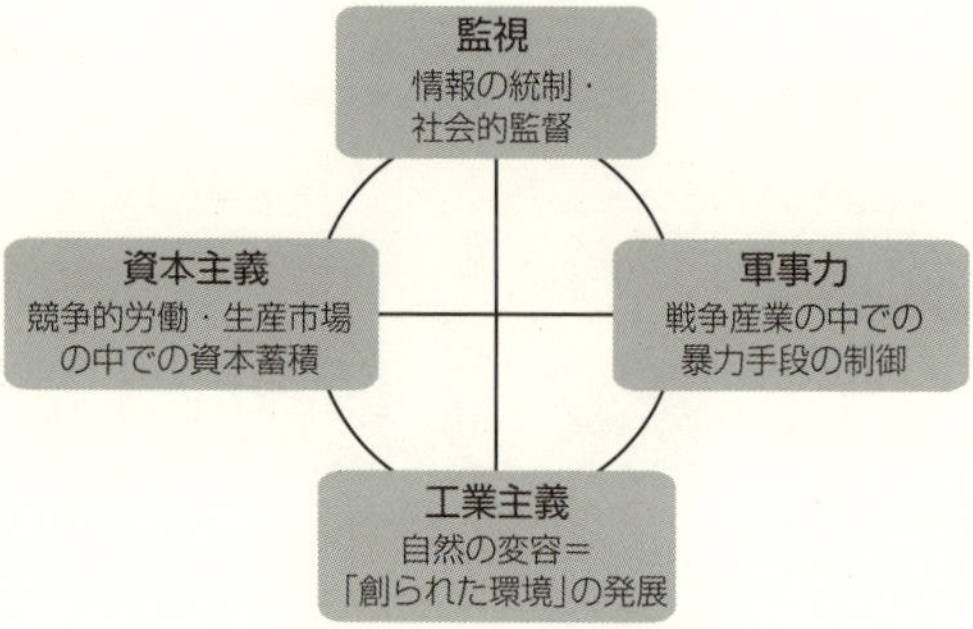

図16　近代の制度的特徴

Anthony Giddens, *The Consequences of Modernity*, Stanford University Press, 1990. 59 ページより作成

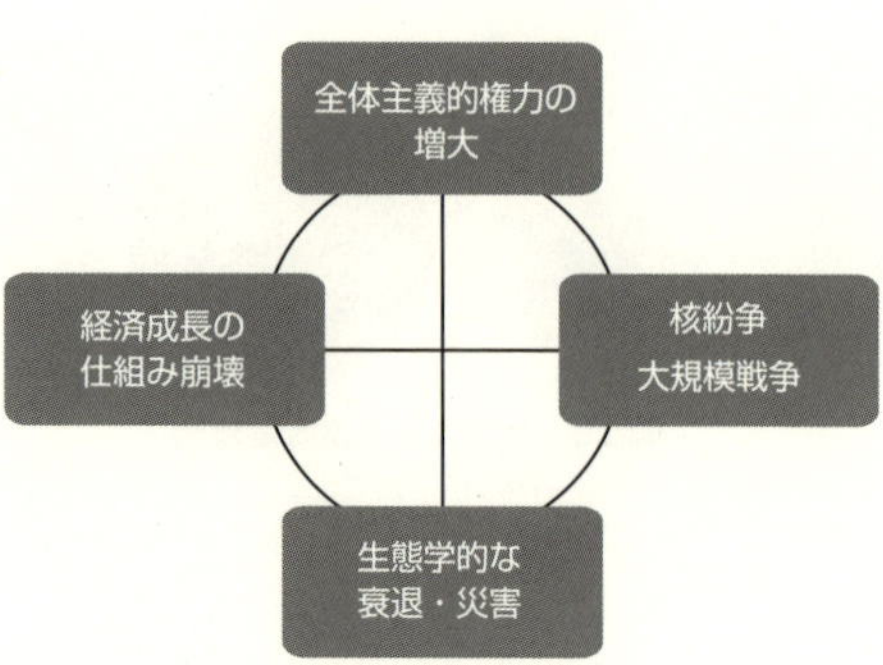

図17　近代の帰結としてのリスク

Anthony Giddens, *The Consequences of Modernity*, Stanford University Press, 1990. 171 ページより作成

図18　ガバナンスのレベル
アンソニー・ギデンズ『近代とはいかなる時代か？――モダニティの帰結』（松尾精文、小幡正敏訳）而立書房、1993年を参照

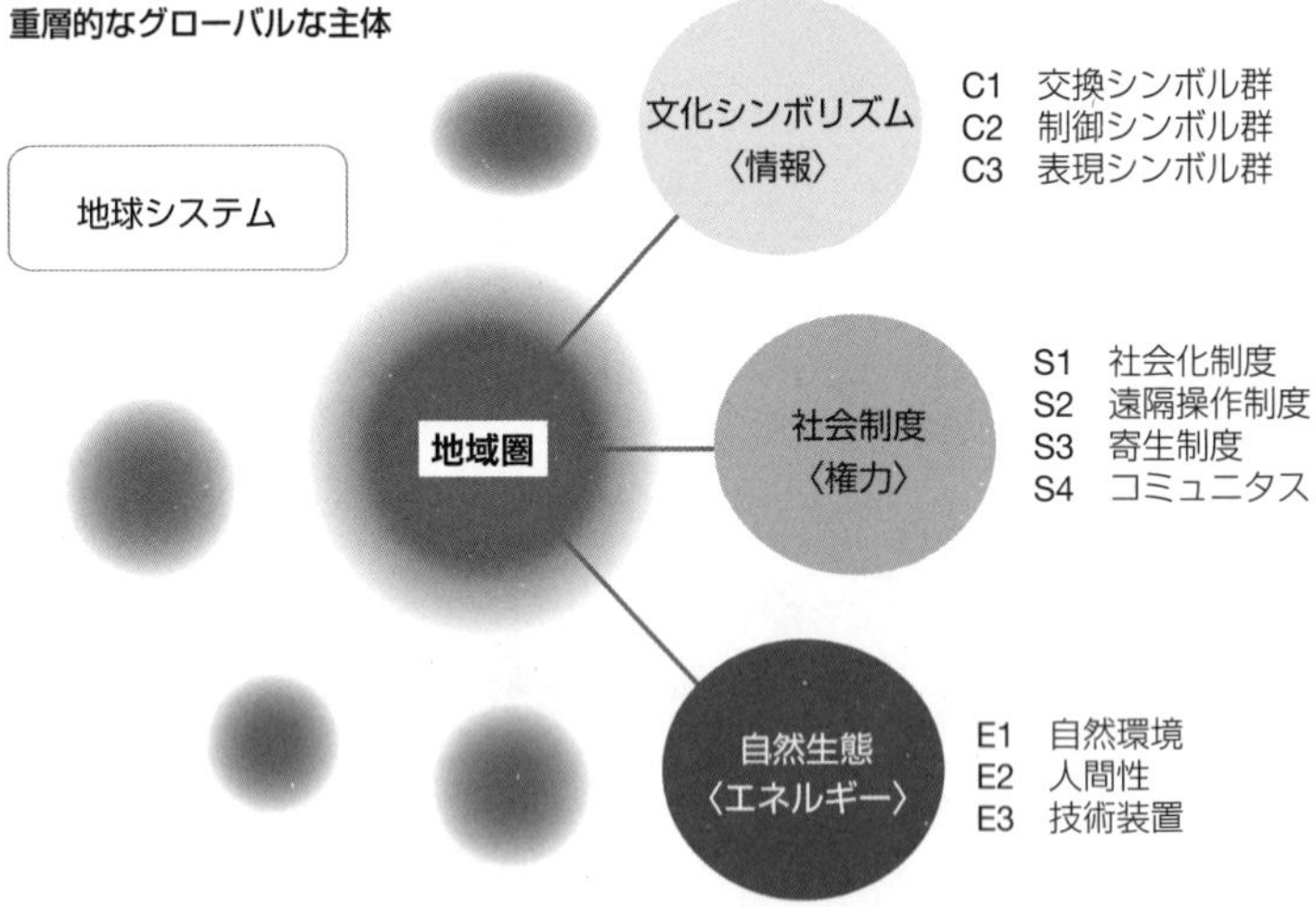

図19　地球システムと地域圏

バラバラでいっしょ——トランスディシプリナリティへ

環境問題の解決に貢献するのが地球環境学のミッションである。単に問題の原因やメカニズムを明らかにするのが環境学という新しい分野の主たるミッションではない。因果関係を解明するのは認識科学とでもよべるもので、事実についてのモデルを構築するという意味でmodel-ofにとどまっている。[*89] いま科学のあり方が問題になり、環境学のように新しい分野が要請されるのは、認識科学、科学のための科学にとどまる限り、問題解決には到底貢献できないと見切りをつけられたからである。科学の恩恵を受ける人間がどのように実践するか、少なくとも問題解決の方向性を考える必要がある。これは受け手だけの責任ではなく、科学を提供する科学者もいっしょに考えねばならないのである。model-ofではなく実践する《model-for》ための処方箋、デザインを提供する設計科学でなければならない。

社会に対して問題解決の指針、デザインを提供するのが地球環境学である。そのためには、学際的協力にとどまらず、問題群に対応する統合的な解決への道筋を、研究者だけではなく実践者、利用者とともに考える必要がある。従来の自然科学、社会科学、人文学のそれぞれの専門分野（分科科学・ディシプリン）で学術的な手続きにしたがって得られた結論をもちよって統合するのは、統摂《consilience》である。

公理によって演繹的に説明するのではなく、統摂はディシプリンの帰納的結果をもちよって統合

＊89　“model of” および後出の ”model for” の区分は、人類学者クリフォード・ギアツの表現。

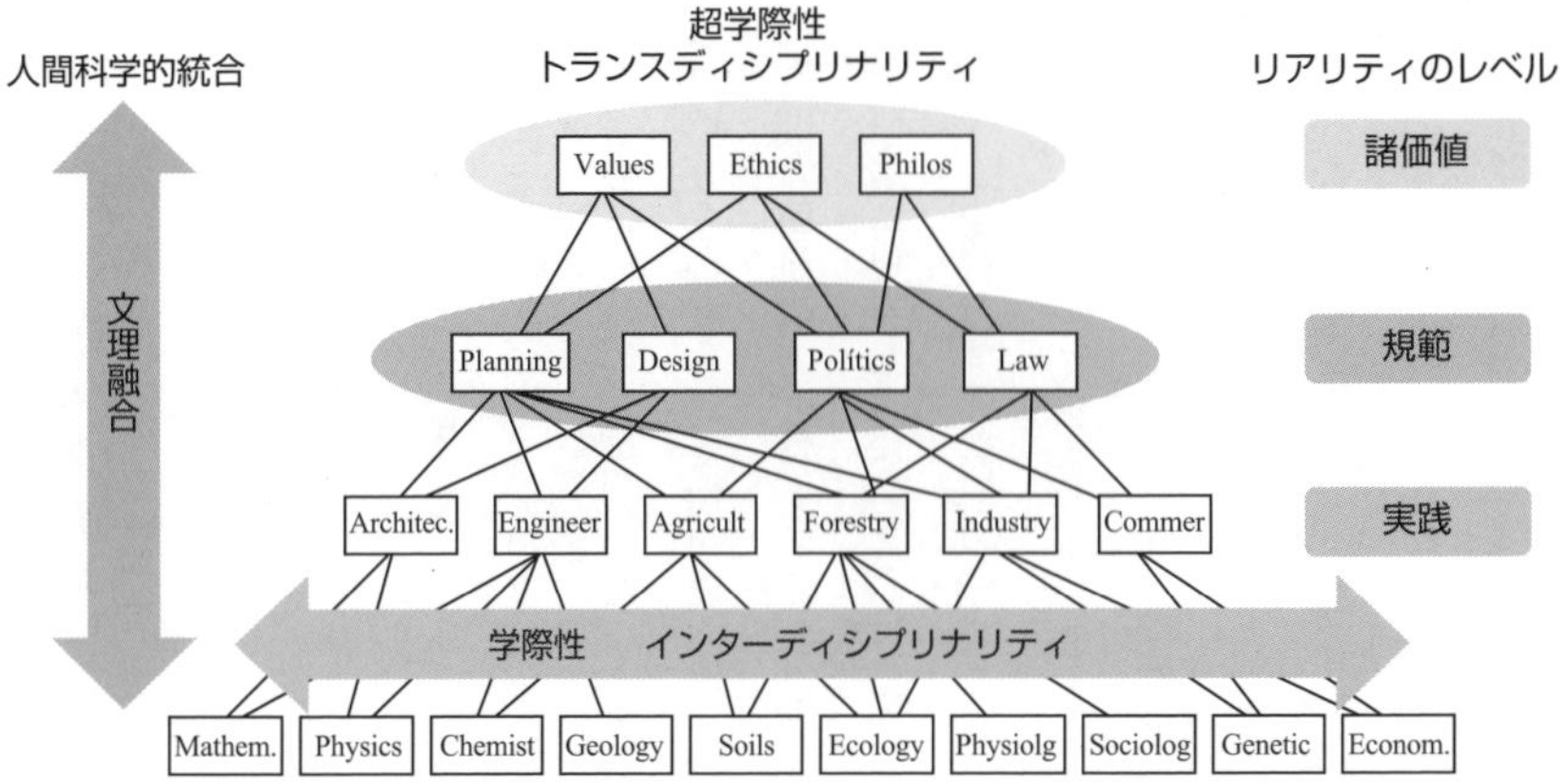

Transdiscipline. Reading the graph from bottom to top, the lower level refers to *what exists*. The second level to *what we are capableof doing*. The third to *what we want to do*. And finally, the top level refers to *what we must do*, or rather, *how to do what we want to do*. In otherwords, we travel from an *empirical* level, towards a *purposive or pragmatic* level, continuing to a *normative* level, and finishing at a *value* level. Any multiple vertical relations including all four levels, defines a transdisciplinary action.

図20　トランスディシプリナリティ
Manfred A. Max-Neef, Foundations of Transdisciplinarity, *Ecological Economics*, vol.53, pp.5-16. の図より作成

するという意味で、帰納的演繹とでも名づけられる。それをさらに一歩進めて諸事実を帰納する際に、人間的統合をもちこもうとするのがトランスディシプリナリティ《transdisciplinarity》（超学際性）である。生活世界、（広義の）社会システム、地球システム、地球科学それぞれの統摂ではなく、地球システムを人間の視点から諸価値―規範―実践を統合的に見るのである。具体的なイメージの一つとして図20が役に立つ。

英語で書かれているのは、チリの経済学者マンフレッド・マックスニーフという人がトランスディシプリナリティをまとめたものである。日本語はそれに付け加えたものである。学際的《interdisciplinarity》研究の列にあるのは認識科学といってもよい。その上の横列は建築、

経済学、政治学、あるいは社会学など、設計、プランニングにかかわることが期待される学問領域である。さらにその上のレベルにある諸価値、倫理、哲学などは、より抽象度の高い次元にある学問領域である。トランスディシプリナリ（超学際的）なアプローチは、これらを縦断したものである。私たちのことばでいえば文理融合であり、人間科学的統合である。

「科学理論」は事実と価値との分離によって著しく発展してきた。しかし、「事実の知識は価値の知識を前提とする」[*90]のであるということは忘れ去られているように見える。厳密科学者のなかにもドイツのヴェルナー・ハイゼンベルクのようにそのことに関して警鐘を鳴らした人は多いが、実際には価値無記的で[*91]、価値を排除したものが科学的であるとされてきた。人間科学的統合は、特定の価値にもとづいて理論を構築するのではなく、人間のもつ価値や規範も分析の変数のなかに入れるということである。一つの価値システムや規範で演繹的に統合するのではない。その意味では価値無記的アプローチといえるが、価値を無記にはできないという立場である。事実判断は価値判断と不可分なものであるから、事実判断をする科学者の無意識の価値や規範、あるいは当事者のもつ価値や規範まで考慮しなければならない[*92]。

トランスディシプリナリ（超学際的）という形容詞は、インターディシプリナリ（学際的）よりはあらわれるのは遅いかもしれないが、『オックスフォード英語辞典』に登録されたのは一九七二年である[*93]。インターディシプリナリやクロスディシプリナリ（分野横断的）と似たりよったりのニュアンスで使われることも多かったが、一九八〇年代からは、複雑性の科学が脚

＊90　ヒラリー・パトナム『事実／価値二分法の崩壊』（藤田省吾、中村正利訳）法政大学出版局、2006年、172ページ参照。［Hilary Putnam, *The Collapse of the Fact/Value Dichotomy and Other Essays*, Harvard Univesity Press, 2002.］

＊91　価値からの自由。

＊92　前掲書＊90参照。

＊93　John Simpson and Edmund Weiner, *Oxford English Dictionary*, 2nd ed., Oxford University Press, 1989.

Epistemological Differences

NORMAL SCIENCES	TRANSDISCIPLINARITY
Principle of non-contradiction 無矛盾性	Levels of reality オントロジー的包摂
Principle of excluded middle 排中律	The logic of the included middle 含中律
Principle of identity 斉一性	Complexity 複雑性

図21　トランスディシプリナリティの認識論的特徴

B. Nicolescu, *La Transdisciplinarité*, Rocher, 1996; J.E. Brenner, *Logic in Reality*, Springer, 2008; B. Nicolescu, *Qu'est-ce que la réalité?: Réflexions autour de l'oeuvre de Stéphane Lupasco*, Liber, 2009. より作成

光を浴びるにつけ、人文社会科学でもディシプリン（学問分野、分科科学）を超える試みが強調され、日本語では「超学科的」と訳されて紹介されている。*94

一九九〇年代から二〇〇〇年代にかけてトランスディシプリナリティの国際会議が開催されたり、ユネスコ・チェアーにトランスディシプリナリティの名称を冠したりして、最近ではとみに脚光を浴びるようになった。科学理論批判のうえに立った、非科学的、非合理的なものも取り入れた複雑性の科学としてであるが、一方では、超科学的《trans-science》な面を強調するようになった。その根底には、量子力学以来の認識論的な断絶がある。

ルーマニアの理論物理学者バサラブ・ニコレスキュがまとめた規範科学*95とトランスディシプリナリティとの比較を図21に示した。科学理論のよりどころとする同一律、矛盾律、排中律の代わりに、それらで説明できない地球環境問題のような複雑な現象を理解するために、存在の認識論（オントロジー）や複雑性、含中律の論理を対照的にもってきている。圏的発想というのはトランスディシプリナリなアプローチをとるところから生まれて

＊94　エドガール・モラン『複雑性とはなにか』（古田幸男、中村典子訳）国文社、1993年、77ページ参照。[Edgar Morin, *Introduction à la pensée complexe*, ESF éditeur, 1990.]

＊95　図21のNormal Sciencesをさす。

くる、バラバラでいっしょの論理なのである。

学問、科学を超えるとはいかなることであろう。単なる設計科学では不十分なのである。デザインを提示することですまそうとするやり方は、いままでも、成熟社会、循環社会、調和社会などの理念型に肉づけをするようなかたちでいろいろ考えられてきている。

地球環境問題の解決には、環境の改善に向けて人びとが受け入れてくれるデザインを共同で生産することが必要である。いくら立派な統合的モデルであっても、実生活に使われるモデルの提示は合理的判断だけでは難しい。感情や信仰など非合理、非科学的といわれるものを包摂する合理性が必要なのである。感情や信仰をそのまま包摂するのではなく、「合理的に」包摂するのである。そのためには、超越的な存在者として振る舞う科学者だけで設計・デザインを考えるのではなく、行政にたずさわる者、市民、利害関係者が研究の進行のさなかに加わり、現場を重視した共同研究、そしてそれにもとづいた共同設計、そしてできれば研究成果を実践というかたちで公表するプロセスが本来の人間科学的統合である。もちろん、関係者に迎合して受け入れられやすく、実践しやすいデザインを求めるのではない。批判的対話のうえに立った共同生産である。

共同研究というのは、共同で研究し、共同でデザインし、共同で解決策を生みだす仕組みである。既存の学問分野でも、工学、農学、建築学など利用者の立場に立ってデザインを提供する学問分野は多い。ここで示唆しているトランスディシプリナリティは、デザインのときに利用者

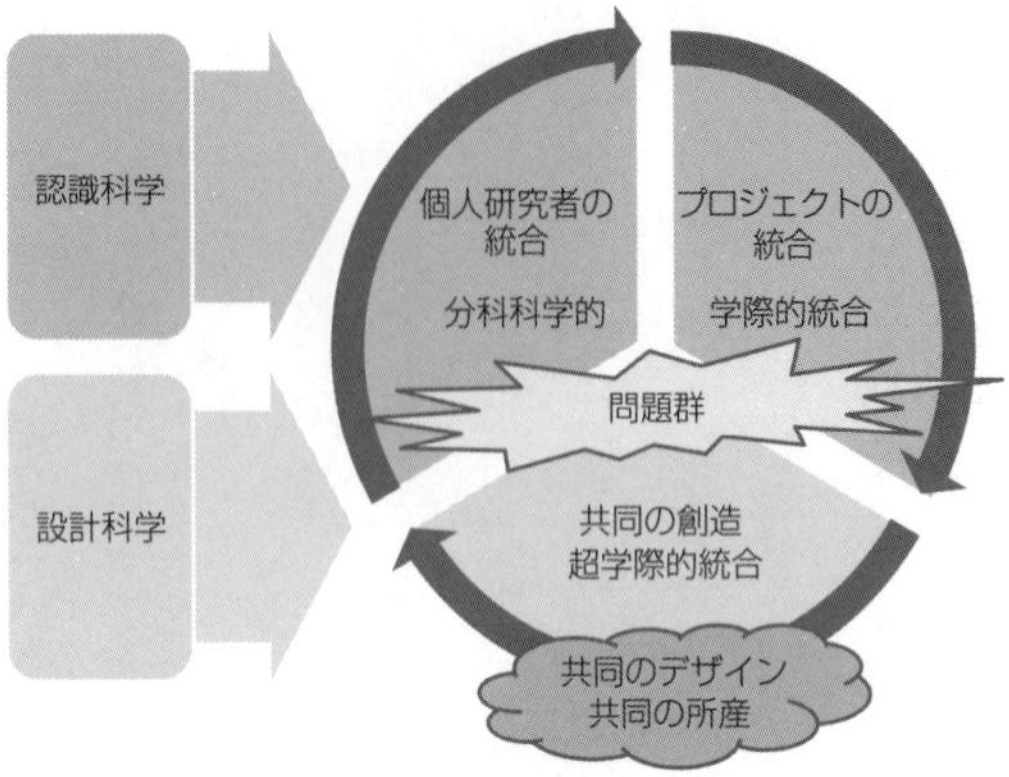

図22　共同研究のあり方

を考えるだけではなく、研究過程、設計過程、生産過程で人間科学的な立場に立って共同で考えるのである。技術の適用、応用科学ではなく、人間に役に立つ知識をともに生産するのである。研究所における共同研究のあり方の一つとして、図22を掲げておく。*96

分科科学領域（ディシプリン）を超えたところに何が見えるのか。トランス・サイエンスのように科学を超えてしまう場合もありうるとは思うが、実践者になってしまうのではなく、既存の思考パラダイム、ディシプリンを超えた新しい科学分野の舵取りとして専門科学者でありたいと私は考える。真理を探究するという社会的分業の一画を担う科学者としては、実践者、生活者そのものになってしまう道を否定するわけではないが、それはあくまでも信念による選択肢で、

＊96　総合地球環境学研究所編『地球環境学事典』弘文堂、2010年。

新学問を構築することが必要不可欠である。

生活世界―社会システム―地球システムの統摂から統合へ、これが「地球システム人間科学」である。その道具が超学際的（トランスディシプリナリ）なアプローチである。そして、地球システムというのはあくまでも生活からは遠い準拠枠であり、地球環境学が軸足を置かねばならない分析枠組みは風土であり、その具体的な広がりである地域圏であることを最後に確認しておきたい。同時に、そのときの統合はバラバラでいっしょなのである。圏的、ネットワーク的統合が「いっしょ《togetherness》」なのである。*97

*97 Kuang-Ming Wu, *On the "Logic" of togetherness: A Cultural Hermeneutic*, Brill, 1998.

第六章 ● 東アジア圏論の構図

立本成文

フレーミング

物語と地域概念

「東アジア」という地域が注目を浴びている。どのような地域区分をするのか私なりの物語を語ってみたい。

「物語り」[*1]というのは、全体（物語）と部分（出来事）の間の解釈学的循環を「始め—中間—終わり」の時間構造に積み重ねたものであるという[*2]。それはそうであるが、物語にしろ出来事にしろ、始めと終わりは付け足しで、本当に大切なのは真ん中のエッセンス、本質、中間といわれる内容であろう。もとより歴史における神話的始原や宗教的終末論の重要性を否定するものではないが、それらは後知恵の感を免れぬものがあるのも否めない。日本史でも、変革期に焦点をあてて考えると、比較的安定した時期が区切りになるというような発想もできる[*3]。

これは物語りの素材となる事実、状況をどのように切り取るかという、日常的な出来事にひきつけていえば、いわゆるアメリカの社会学者アーヴィング・ゴフマンのいうフレーミング[*4・5]である。現象、事象をフレーミングすることによってはじめて経験となる。あるいは意味を与えるといってもよい。パラダイムに近いフレームワークの概念もこれの延長線上にある[*6]。広い意味での儀礼は日常生活に別のフレームを組み込むと考えてもよい[*7]。

語りの時間構造あるいは素材をつむぎだすフレーム分析を空間概念に適用するとどうなる

＊1　「物語り」は過程・営為を、「物語」は語られた作品全体をさすと区別している。

＊2　野家啓一『物語の哲学』岩波現代文庫、2005年、314ページ参照。初出は2003年。

＊3　林屋辰三郎、梅棹忠夫、山崎正和編『日本史のしくみ——変革と情報の史観』中公文庫、1976年。

＊4　Erving Goffman, *Frame Analysis: An Essay on the Organization of Experience*, Harvard University Press, 1974.

＊5　佐藤仁「『問題』を切り取る視点——環境問題とフレーミングの政治学」石弘之編『環境学の技法』所収、41-75ページ、東京大学出版会、2002年。

＊6　カール・ポパー『フレームワークの神話——科学と合理性の擁護』（ポパー哲学研究会訳）未来社、1998年。

か。空間も時間もそれ自体としては無限定であることは同じである。しかし、空間は具体的に場所や地域としてさし示すことができるのに対し、時間を追体験することは難しい。したがって、空間は時間などよりは実体概念として取り間違えられやすい。そのように実体化される「地域」を単なるフレーミングとして考え、そのうえでフレームを構築している本質（＝本当の意味）は何かを論究するのが地域研究である。

さまざまなスケール

日本語の地域という語は、隣近所を含む生活共同体、地域社会、コミュニティという狭い範囲から、中部地域、東海地域など国家のなかの大きな部分をさすこともある。「地域研究」という語は、英語のエーリア・スタディズ、ときにはリージョナル・スタディズの訳語として日本語に定着した。この場合の地域は国よりも狭い範囲であることも、国を対象とすることも、国家の境界にこだわらない広い領域を対象とすることもある。国家というのは、地域研究のフレームのなかで大変重要なものの一つで、ある意味では、すべての地域概念のレファレンス・フレーム（準拠枠）となっている。しかしながら、地域研究のよさは、国家を超えた、国家に囚われない地域を設定することにある。だから、東北アジア、東アジア、東南アジア、アジアなどの地域区分をするわけである。

いろいろなスケール（レベル）の地域概念があり、それらは入れ子型に重層しているとともに、

＊7　ファン・ヘネップの儀礼論をうけて、儀礼過程をリーメン（閾）にある反構造のコミュニタスととらえたV.W.ターナーの『儀礼の過程』思索社、1976年参照。

同じレベルをとれば多元的に重複している。[*8・9] アジアや東アジア、あるいは日本という重層性に関しては、いずれを本質的なまとまりとするかは決着がつかない。全体と部分の解釈学的循環をどこかで断ち切るしかないのである。東北アジア、東アジア、東南アジアのような重複性に関しては、境、境界が重要なのではなく、地域の本質規定に意味がある。重層性にしても重複性にしても物語りの始まりと終わりと同工異曲である。区分が重要なのではなく、本質が問題であるとはいっても、空間区分というのは重複性を避けられるから魅力があるという主張もまったく拒否するわけではない。とりあえずは、重複性がなく、境界の一番明確な国家を「準拠地域」と考えておく。あくまで一般に考えられている参照点、準拠枠であって、地域が国家をそのまま指示するということではない。繰り返しになるが、むしろ、国家＝地域を考えなおすところに地域研究の醍醐味がある。

メガ・メゾ地域

地域レベルの設定については、たとえば、スラブ地域研究の例を参考にできる。[*10] 旧ソ連邦と東ヨーロッパを一括して、制度的アイデンティティ（社会主義体制）のあったメガ地域（スラヴィク・ユーラシア）とする。ソ連の崩壊後、このなかに、①制度的アイデンティティ、②自己認識（セルフ・アイデンティティ）、③他者による認知（エクスターナル・アイデンティティ）の三つの軸からなる何らかの地域統合が東ヨーロッパ、中央ユーラシア、極東シベリアに萌芽的に

＊8　山影進「国際社会の地域認識」『対立と共存の国際理論——国民国家体系のゆくえ』所収、273-308ページ、東京大学出版会、1994年。

＊9　立本成文『地域研究の問題と方法——社会文化生態力学の試み』（増補改訂）京都大学学術出版会、1999年、320ページ参照。

＊10　Osamu Ieda、Regional Identities and Meso-Mega Area Dynamics in Slavic Eurasia: Focused on Eastern Europe, *21st Century COE Program Slavic Eurasian Studies*, No.7, pp.3-25, 2005. http://src-h. slav.hokudai.ac.jp/coe21/forum/forum03.html

＊11　渡辺利夫、寺島実郎、朱建栄編『大中華圏——その実像と虚像』岩波書店、2004年。

＊12　長崎暢子他編〈現代南アジア〉全6巻、東京大学出版会、2002-3年。

あらわれてきているとする。これをメゾ地域と規定している。

このメガ・メゾ地域の概念を借りることにする。ただしアジアの場合は、スラヴィク・ユーラシア地域とは逆方向で、メゾ地域の形成からメガ地域への道である。東北アジア、東アジア、東南アジアというメゾ地域から、新しいメガ地域が構想されるというプロットである。いうまでもなく、メガであるか、メゾであるかは相対的な名づけであり、全体と部分の解釈学的循環が示されればよい。大中華圏[*11]、大インド圏[*12]、中近東・中央アジア・イスラーム圏[*13]をメガ地域とするかどうかは今後の課題であるが、これらとインターセクトするかたちで海域アジアすなわち東アジア圏[*14]をメガ地域として語(騙)ろうというのが本論の目的である。あるいは、スケールからいえば新たなメゾ地域にすぎないかもしれないが、メガ地域の一つのあり方として、西アジア、南アジア、東アジアといったメゾ地域を横断しながら、横断したすべてのメゾ地域の範囲を含まないということである。東アジア圏という語は、東方アジア[*15]およびEastern Asia[*16]と同じであり、狭義の(日中韓をイメージするような)東アジアではなく、東北アジアと東南アジアを含んだメガ地域である。それはアメリカやEU[*17]というメガ地域のヘゲモニーに対抗する有望な道筋であり、長期的な世界平和への階梯でもある。

＊13　佐藤次高他編〈イスラーム地域研究叢書〉全８巻、東京大学出版会、2004-5年。

＊14　大庭三枝「アジアにおける地域主義の展開」関根政美、山本信人編『海域アジア』〈現代東アジアと日本4〉所収、11-40ページ、慶應義塾大学出版会、2004年。

＊15　立本成文「東アジア地域研究」『東アジア研究』(大阪経済法科大学アジア研究所紀要), No.31, pp.1-3、2001年。

＊16　Narifumi Tachimoto, Ethnicity and Community in Eastern Asia Reconsidered, In *Global Area Studies and Fieldwork,* Discussion Paper No. 129, Graduate School of International Development, Nagoya University. 2004.

＊17　平島健司『EUは国家を超えられるか――政治統合のゆくえ』岩波書店、2004年。

東南アジアからの視座

文明史的転換

アジアということばは「専制と停滞」というオリエンタリズムのつくりあげた思考を脱却して、現代ではアジア文明を世界に発信するという大きな夢を抱かせることもある。しかし、近世や近代を通じて、自他ともに従属的なイメージが定着しているのも事実である。もともと他者がつけた名称を名乗らざるをえないディレンマに悩みながら、アジアとは何かを問うてきたのである。*18 もとより、地域というのは歴史的な変遷によって左右される「空間」認識である。*19 ドイツの政治学者カール・シュミットは、アレキサンダー大王の遠征、ローマ帝国、十字軍をあげ、これらがグローバリゼーションという全世界的な空間革命を引き起こした歴史的な諸力であるとする。このヨーロッパ中心の史観をアジアの空間革命の視点から矯正すれば、秦漢唐や元帝国、シルクロード、鄭和西征、大航海時代などを加えることができよう。それはそれとして、シュミットのいう「空間概念そのものの構造」言い換えれば「政治的、経済的、文化的な変遷の本来の核心」の変化・変容に着眼するのはきわめて重要なことである。これを私は「社会文化生態力学」的変容としてとらえる。*9

＊18　たとえば、松枝到『アジアとはなにか』（大修館書店、2005年）などのタイトルに表現されている。「アジア新世紀」全8巻のうち、第1巻『空間——アジアへの問い』（岩波書店、2002年）もいろいろな分節からアジアを問いかけている。

＊19　カール・シュミット『陸と海と——世界史的一考察』（生松敬三、前野光弘訳）福村出版、1971年、52ページ参照。

世界地域区分

世界認識の方法としての地域区分というのは、イギリスの文明史家アーノルド・トインビーをもちだすまでもなくさまざまな地域あるいは文明の設定が行われる。たとえば、歴史学者上原専禄は「世界の大衆につながる日本の大衆としての生活的な問題意識を媒介にした」地域設定として一〇地域をあげている。民族解放の問題がアクチュアルの問題として闘われてきた「アフリカ」、「中東ならびに北アフリカ」、「東南アジア」、「ラテン・アメリカ」。平和共存の主役である「ソヴィエト」、「アメリカ」。主役となった二つの社会の建設原理が最初につくりだされた「西ヨーロッパ」、「東ヨーロッパ」、「北ヨーロッパ」。最後に、東西の緊張関係のなかで民族独立の問題を共通に抱えている「東アジア」があり、これには日本と中国と朝鮮とヴェトナムを含めている。[*20]

アジアの地域区分

もう少しユーラシア地域に焦点をあわせた地域区分を松田壽男、宮崎市定等の歴史家、梅棹忠夫、高谷好一などの生態学的文明論者がしている。

松田はアジア史の基盤として四大文化圏（東アジア農耕世界、南アジア農耕世界、オアシス世界、遊牧世界）をあげ、周辺的に北の狩猟世界（亜湿潤アジア）と南の海洋世界（東南アジア）を加えている。[*21] 風土的な下敷きがこの区分にはあるが、それともう一つ、やはり中国とインド

＊20　上原専禄『世界史論考』〈上原専禄著作集 19〉評論社、1997年、182-3ページ参照。初出は1964年。

＊21　松田壽男『アジアの歴史――東西交渉からみた前近代の世界像』岩波同時代ライブラリー、1992年。

という古代文明圏がその根底にあると思われる。アジアは一つであると唱えた美術評論家、啓蒙的文化人の岡倉天心であるが、実際には中国とインドの違いを強調する。これに関して、社会人類学者中根千枝は地理的な条件と人口構成という共通点のうえに立って、この二つの巨大社会は統合の仕方、カテゴリーの設定、家族の理念と男女のカテゴリーなどが共通しているということを指摘しているのは興味深い。[*22] 東南アジアはこの大きな文明圏のはざまにあって、そのどちらとも社会構造が違っているというのが一般的な見解である。

高谷は独特な景観的手法で地域区分をし、その地域単位を「世界単位」とよぶ。[*23] 高谷のことばを借りれば、「人びとが共通の世界観を共有するような地理的範囲」である。もっともこの世界観の共有というのは、きわめて主観的なというより観察者の直感から抽出されたものに限りなく近い。しかしそれはそれで一つの地域区分であることに間違いはない。日本、中華大文明、モンゴル、チベット、東南アジア大陸山地、インド大文明、タイ・デルタ、ジャワなどを単位にしたうえで、東アジア海域世界、東南アジア海域世界、インド洋海域世界を考えている。東アジア海域世界は朝貢貿易の歴史的積み上げのうえにできた海域経済圏をさしているようである。東南アジア海域世界は交易の場というより生活の海として、東アジア海域とは区別されている。

海域世界

歴史学者濱下武志は、むしろユーラシア東部の海を北のオホーツク海からオーストラリアの

＊22　中根千枝『中国とインド――社会人類学の観点から』国際高等研究所、1999年。

＊23　高谷好一『新編・「世界単位」から世界を見る――地域研究の視座』京都大学学術出版会、2001年。

＊24　濱下武志「地域研究とアジア」溝口雄三他編『地域システム』〈アジアから考える 2〉所収、1-12ページ、東京大学出版会、1993年。

タスマン海にいたるまでの海域圏の連続としてとらえる。[*24] 東西交渉史を専門とする家島彦一は地中海からインド洋、東シナ海までの重層的な海域世界のつながりをみる。[*25]

高谷の地域区分は直感的であるとともに、生態的観察によるところが多い。これは哲学者和辻哲郎の風土哲学的伝統を受け継ぐものかもしれないが、直接的には自然学を標榜する今西錦司、梅棹忠夫の流れを汲むものであろう。その梅棹忠夫の文明生態史観は人口に膾炙した。[*26] しかし、大きな欠陥がある。それはユーラシアの東西のイギリスと日本とを対蹠的に比較するという優れた視点を取り入れてはいるが、大陸にこだわり、海の視点が欠如しているということである。[*27]

私はユーラシア大陸の東部を、大陸部は環ヒマラヤ山系の氷河群を源流とする八大河川を中心に考え、周辺部は南のインド洋と東のグリーンベルト・火山帯・熱い海のクラスターとから考えてみたい（**図1**）。もちろん本論では後者の部分が関連する。経済史学者川勝平太は西太平洋の海域圏のつながりを「豊饒の半月弧」と名づけている。[*28] 生態学者井上民二の要約によると、アジアグリーンベルトがシベリアからニュージーランドまで連続し、それを火山帯と海洋エコシステムであるブルーベルトが支えている。[*29] そして、チベット高原と西太平洋からインド洋に続く二八度以上の熱い海水とによって豊富な雨量がもたらされている。東北アジアからオーストラリアまで続く大陸沿岸部と群島群からなるアジア海域世界の生態的統合の節目であり、この地域の生物多様性をもたらしている。これはアジア群島あるいはアジア地中海ともいえる。[*30] もっともアジア海域世界は西に延びて家島彦一のいうインド洋世界につながる。

＊25　家島彦一『海が創る文明――インド洋海域世界の歴史』朝日新聞社、1993年。

＊26　梅棹忠夫『文明の生態史観』中公叢書、1969年。

＊27　川勝平太『文明の海洋史観』中央公論社、1997年。

＊28　前掲書＊27、220ページ。

＊29　Tamiji Inoue, Biodiversity in Western Pacific and Asia and an Action Plan for the First Phase of DWIPA, In Ian M. Turner, et al, editors, *Biodiversity and the Dynamics of Ecosystems*, DWIPA Series, Vol.1, pp.13-31. The International Network for DIVERSITAS. 1996:19-20.

＊30　立本成文『共生のシステムを求めて――ヌサンタラ世界からの提言』弘文堂、2001年。

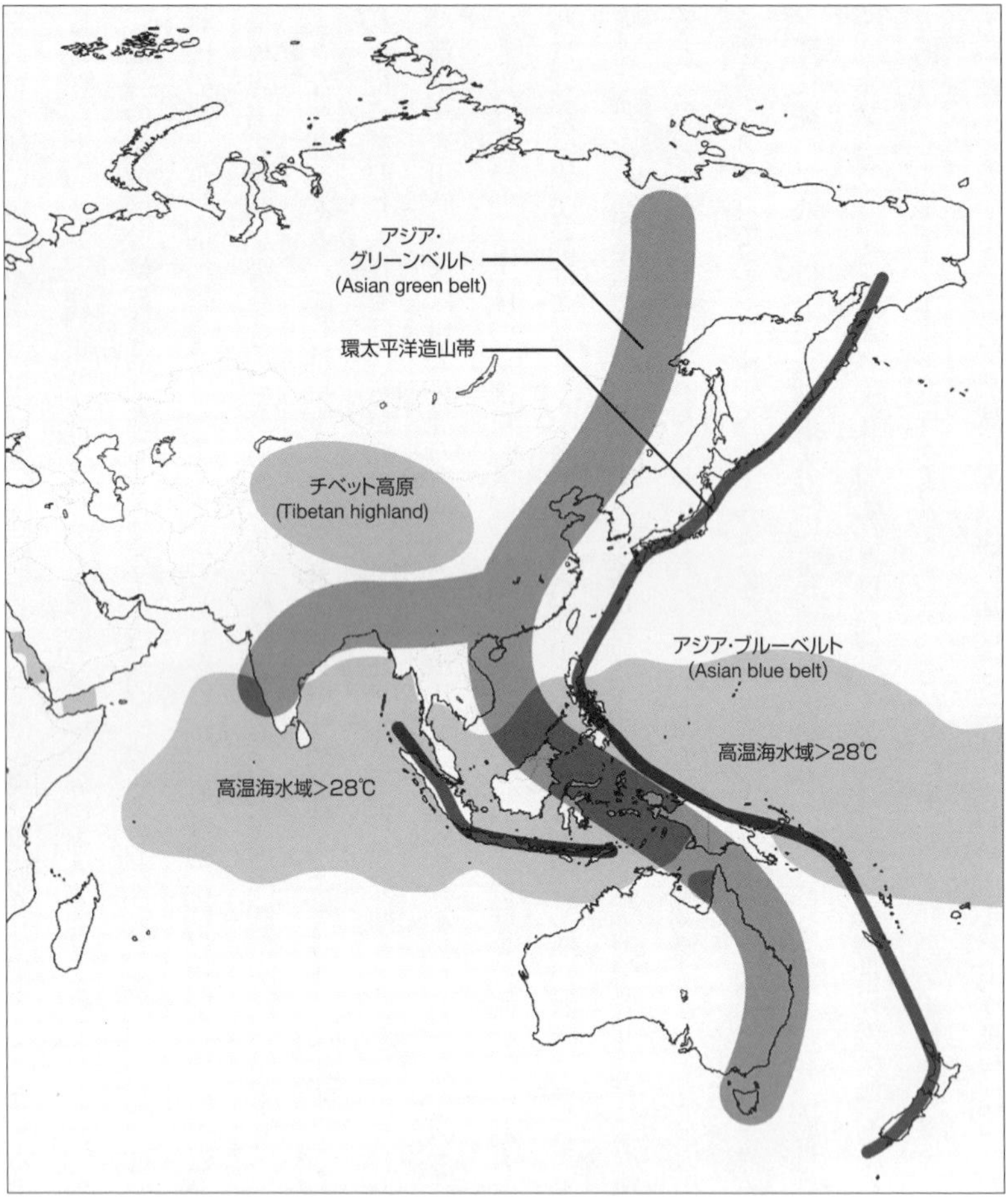

図1　グリーンベルトとブルーベルト

井上民二原図を、半藤逸樹が海面水温データの気候値（Thomas M. Smith, *et al.*, Improvements to NOAA's Historical Merged Land-Ocean Surface Temperature Analysis (1880-2006), *Journal of Climate*, Vol.2, 2283-2296, 2008.）にもとづいて、高温海水域の範囲を修正したもの。井上はインド洋の高温海水域を無視して、太平洋側の高温海水域をブルーベルトとしていた

これらは、地域をいかに区分するかという、いわば文明的、歴史的、生態的最適地域論からの議論である。これとは別個に東アジア共同体がマハティール構想以来、盛んに議論されるようになる。この議論はあくまでも、国家ありきの発想から出ているのが特徴である。経済的な共同体を構想していても、国家にこだわることには異ならない。

東南アジアの合従と東アジアの連衡

歴史に学ぶ

中国の歴史をみると、新石器時代、夏商周春秋戦国時代を経て秦帝国に統一されるのが一つの大きな契機となって漢隋唐とつながっていく。[*31] 秦帝国のビッグバンに続くブレークスルーがモンゴルの元である。これはユーラシア大陸を席巻したといえる。現在の中華の境域は、しかしながら、清帝国によってつくられた、せいぜい二五〇年の歴史をもつにすぎない。[*32] 中国古代史は新石器時代の文化地域から中華世界がどのように帝国として成立したかを知るうえで有益であるだけでなく、現在のメガ・メゾ地域を構想するうえでもヒントを与えてくれる。あえていえば、西洋の遠隔植民地主義に比肩されうる周辺拡大植民地主義のうえに中華世界が築かれたといえる。それは、歴史的には対極にあるようにみえるアメリカ合衆国のフロンティア拡大、ハワイ併合、フィリピンの植民地化と同じである。

＊31　平勢隆郎『都市国家から中華へ――殷周 春秋戦国』〈中国の歴史 2〉講談社、2005年。

＊32　杉山正明『遊牧民から見た世界史――民族も国境もこえて』日本経済新聞出版社、1997年および『ユーラシアの東西――中東・アフガニスタン・中国・ロシアそして日本』日本経済新聞出版社、2010年参照。

グリーンベルトの地域とは対照的なモンゴルの風景。現代の遊牧民は馬ではなくバイクで移動する

中国の完全な植民地化を免れた朝鮮半島、日本列島、インドシナ半島、アジア多島海地域は、しかしながら、近世近代に西洋勢力の侵略を受ける。西洋がアジアに侵入してくる一五世紀以降、南アジア、東南アジアは次々と西洋勢力による植民地化への道を歩み、一九世紀には植民地帝国の構図ができ上がる。言い換えれば、アジアには植民地化されたところとそうではないところができ、植民地化されたところは植民地遺産を糧として国家形成がなされた。植民地支配の遺産は国民国家統合への強い憧憬だけでなく、帝国へのあくなき夢をアジアに残した。

植民地化以前の秩序を中華世界からみれば、朝鮮半島、倭国、琉球、台湾、インドシナ半島は、モンゴルやチベットや新疆《しんきょう》と同じく、中国の一部であるともいえる。そして、

覇権こそ唱えないが文化的に強い影響を与えたのがヒンドゥ世界であり、ミャンマー、シャム、クメール、チャム、ジャワの古代世界を形成した。開かれた海域世界を中心にしてみると、中華世界、ヒンドゥ世界などいわば驚くべき安定を示す「文明の地理的枠組み」があることも事実である。[*33] 中華とヒンドゥは相拮抗するところもあったが、その間隙をも残した。それがマレー海域世界である。これが核になって東南アジア、東南アジア諸国連合（ＡＳＥＡＮ）を形成したといえる。

二〇世紀の動向

二〇世紀前半期のソヴィエト連邦の成立と後半期の中華人民共和国の成立を契機とする東西冷戦体制と、第一次、第二次世界大戦そして朝鮮戦争、ヴェトナム戦争がアジアの秩序に大きな影を落としている。東南アジア条約機構（ＳＥＡＴＯ）、アジア太平洋協議会（ＡＳＰＡＣ）、バンドン会議、そして新興独立国の政治経済的自立、国民統合、国家建設（南北問題）、先進国／開発途上国の格差拡大（開発問題）はそのような戦争と秩序によって振り回されてきた。湾岸、アフガニスタン、イラクでの戦争は、イスラエルの問題を下敷きにしているとはいえ、二一世紀の世界秩序を左右する戦争かもしれない。いうまでもないが、戦争と秩序というのは相容れない対立概念ではなく、すでに述べた歴史の安定期と転換期との秩序のあり方の一つである。戦争も秩序の一つであるという安心感が戦争を不滅のものにしているのではないだろうか。

＊33　原洋之助『新東亜論』NTT出版、2002年、138ページ参照。

ばらばらのアジアが国際政治の輻輳《ふくそう》のなかで、限定つきとはいえ、成果のあるまとまりを示してきたのがＡＳＥＡＮである。一九六七年にインドネシア、マレーシア、シンガポル、フィリピン、タイの五か国によって設立され、東西冷戦の終結とともに、インドシナ半島の社会主義国も参加し、現在はＡＳＥＡＮ10といわれるように、東ティモール共和国を除く東南アジア諸国すべてが参加している。拡大に伴って、深刻な域内格差と亀裂を抱え込んでしまったが、これまでは、全会一致、内政不干渉などの原則のうえに立った会議外交の成功といえる。*34〜37

二一世紀に向けて

東アジア圏論*38の流行の発端となったのは、ルック・イースト政策を推し進め、反米感情をむきだしにしたマハティール構想とみることもできる。一九九〇年末のマハティール・ビン・モハマド首相の東アジア経済ブロック構想である。後に東アジア経済グループ（ＥＡＥＧ）、そして東アジア経済協議体（ＥＡＥＣ）*39へと軌道修正された。*40アメリカの意向を伺う日本政府は、自分たちの過去の負債である「大東亜共栄圏」の悪いイメージもあり、支持しなかった。一九九三年から施行されているＡＳＥＡＮ自由貿易地域（ＡＦＴＡ）計画、一九九四年以来のＡＳＥＡＮ地域フォーラム（ＡＲＦ）、一九九六年設立のアジア・欧州会合（ＡＳＥＭ）、一九九七年からの「ＡＳＥＡＮ＋３」の首脳会議を経て、やっと二〇〇二年に日本版「東アジア・コミュニティ」が提唱された*41（すでに一九九九年のマニラのＡＳＥＡＮ＋３で議長国フィリピンはイー

＊34　佐藤考一『ASEAN レジーム―― ASEAN における会議外交の発展と課題』勁草書房、2003年。

＊35　Amitav Acharya, *Constructing a Security Community in Southeast Asia: ASEAN and the Problem of Regional Order*, Routledge, 2001.

＊36　Amitav Acharya, Regional Institutions and Asian Security Order: Norms, Power, and Prospects for Peaceful Change, In Muthiah Alagappa (ed.) , *Asian Security Order: Instrumental and Normative Features*, pp.210-240, Stanford University Press, 2003.

＊37　Barry Buzan, Security Architecture in Asia, *The Pacific Review* Vol.16, No.2, p.147, 2003.

＊38　東アジアをどのようにくくるかという議論を東アジア圏論と一括してよぶ。東アジア共同体は東アジア圏が国際的な認知を受けた一つのかたちである。

スト・アジアン・コミュニティの常設を唱えたが、日本の消極的姿勢で共同声明に取り入れられなかった)*[42]。

二〇世紀の終わりから、東アジア地域主義はファッションのように語られる。その議論は経済連携に典型的にみられるように、多くが国、国家を前提にしている。南北両朝鮮、米中、日ロの六か国の安全保障体制構想である「東北アジア共同の家」もその限りでは同様である*[43]。

現代の合従連衡

国家を前提に考えると、アジア東部の結びつきのシナリオは次の三つが考えられる。

まず、中華圏に抗する東南アジア・東アジア周辺部の合従である。中国を取り巻く中小諸国が合同して、中国の覇権主義に対抗する道である。ただ北にはロシアがあり、東にはアメリカ合衆国という大国がある。覇権のはざまにあって、果たして合従策はうまく行くか。

次に、中華圏に併呑される東アジアの連衡である。しかしこれは体制の違いの問題もあり、また巨大な大中華帝国の出現をアメリカが許すかという世界的なバランスからみて、実現可能性は少ない。ただ、実際の大帝国化は現実味がないとしても、実態上はそれに近いものとなる可能性はあるのではなかろうか。

三つめに、環太平洋を視野に入れたアジア太平洋主義がある。これは、アメリカ追随主義から出てくる発想といってよい。この議論には、オーストラリアとニュージーランドを除くオセ

＊39　East Asian Economic Caucus (EAEC)

＊40　前掲書＊34、86ページ参照。

＊41　山影進編『東アジア地域主義と日本外交』日本国際問題研究所、2003年。

＊42　前掲書＊34、186-7ページ参照。

＊43　姜尚中『東北アジア共同の家をめざして』平凡社、2001年。

アニアは常に無視され、環太平洋という戦略上の結びつきだけが議論される。

そのほかに、アジアと南アジアとの結びつきも考えられる。これはインドと中国を含む大アジア圏というより、ヒマラヤ山脈に阻まれて、南アジアと東南アジアの結びつきとなってしまう。

東アジア圏の未来

くくり方

「東南アジアからの視座」では地域研究の立場から、「東南アジアの合従と東アジアの連衡」では国際政治学、国際関係論の立場から、東アジアを論じた。その間の懸隔は意外に大きい。二つの立場をつなぎ、止揚することは喫緊の課題である。そのささやかな試みをもって、結論に代えたい。

ヨーロッパやアメリカの地域統合を他山の石として利用することであって、モデルとすることは賢いやり方といえない。アジアにはアジアの地域統合が必要であろう。その目的は、国家間の安全保障、経済的連携だけではなく、むしろ、人間的生活保障（人間の安全保障）をガバナンスできる地域圏でありたいものである。*44 それはとりもなおさず国家のあり方を再構築することにもなる。この方向をしっかりと見極めれば長期的な世界平和へ貢献できよう。しかし、国家至上主義のナショナリズム（国民主義であろうと民族主義であろうと）に偏った国策がどこかの国で振り回される限り、悲観的にもならざるをえない。

＊44　Amitai Etzioni, *Political Unification Revisited: On Building Supranational Communities*, Lexington Books, 2001.

東アジア圏を考える際、中国の動向は無視できない

メガ地域東アジア圏

メガ地域としての東アジア圏は、まず中国、ロシアなど大国の細分化を前提とした「東アジア」のガバナンス地域である。東南アジア、香港、台湾、日本列島、朝鮮半島、シベリアを結ぶ地域圏である。中国が一国二制度のような仕組みを拡大するのなら、広西省から山東半島、遼東半島を経て、黒龍江までの沿岸諸省を加えることも可能である。ロシアはソ連の解体後も、ヨーロッパから中央アジア、東アジアを含む広い地域なので、東アジア圏を構想するのであれば、東部を何らかのかたちで分離する必要がある。いずれにしても、国家という制度を簡単に解体すべきではないとすると、連邦制のようなかたちで、大国覇権主義を希釈するのが大前提であろう。

アジアの大同コミュニタスは大国の細分化あるいは一国二制度が必須の要件である。*[45] これがあって、はじめて、グリーンベルトとブルーベルトの東アジア圏が形成されうる。

中華思想によらないメガ地域統合を考えるとすれば、グリーンベルト、イエローベルト*[46]、ブルーベルト、チベット高原・ヒマラヤ圏を生態的核として包含するメガ地域アジア圏である。オーストラリア、ニュージーランドを含むオセアニアをメガ地域アジアに加えてもよいが、そうなると環太平洋地域圏となってしまう。中朝韓日が万一まとまることになると、東南アジアとしては南アジアとの結合を考えざるをえなくなる。

このようにいろいろ頭のなかで考えられるシナリオがあるが、長期的には、東アジア圏の未来と戦国時代から秦帝国成立の中国古代の歴史とが重なってみえてきて仕方がない。いずれのシナリオでも問題はその内容である。「帝国」的覇権に抗するに「帝国」以外の道を選ぶとすれば、歴史をなぞらないようにするために、理念となる世界秩序の新しい物語を共有することが必要である。

＊45　大室幹雄『劇場都市――古代中国の世界像』三省堂、1981年、426ページ参照。共同体・コミュニタス・農村と国家・都市を対比させて、母性原理による大同コンプレックスと父性原理による小康コンプレックスという結合原理を摘出している。

＊46　ユーラシア内陸から北部アフリカにかけて広がる乾燥・半乾燥地帯は人工衛星画では黄色い帯のようにみえる。これをイエローベルトとよぶ。総合地球環境学研究所編『地球環境学事典』弘文堂、2010年参照。

第七章

海洋アジア文明交流圏

立本成文

私の最初の調査地（フィールド）はマレーシアである。以後マレーシアとインドネシアを中心に東南アジア地域研究に従事し、東南アジアを海域世界あるいはその延長としてとらえるという視点を強調してきた。臨地研究からみた「文明交流」の場を考えるとき、まず交流する主体は人間であるとするのが普通である。物、人、思想などいろいろなものが流通し、交流されるわけである。調査対象としている地域圏全体を資源、人材、思想のフローの世界としてとらえると、交流、交換の場、人間と人間との間が当体（作用主《agent》、ありのままの本体）と考えてもよい。[*1] 当体はいろいろなスケールであらわれてくる。当体を部分とするか、全体とするかは単なる視座の違いにすぎない。本稿では当体を構成する地域社会（地域圏）をミクロ、メゾ、メガの視点から論じることによって、ストックに焦点をおいた地域研究の批判をしたい。当然、私の臨地研究であるコミュニティ調査からみえてくる交流圏から考えていきたい。圏内における互酬性や再分配の面ではなく、日常的な出来事としての交換・交流・移動・フローの面により光をあてている。その際、コミュニタス[*2]としての共同体のイメージを強調することになる。

コミュニティ調査については、すでにモノグラフ、論文等で発表しているので、依拠する書名、論文名は大方省略して、本文中でとくに引用する場合には脚注で解題を付けて示している。このような小論に、普通の地図ではみつけられない地名など見慣れない語を次々とめまぐるしく出して申し訳ないが、単なる記号と読み流して、むしろキーワードの方に注目していただきたい。故にあえて地図を付さなかった。無意味ともみえる地名を並べるのは、研究者にとって

＊1　立本成文『共生のシステムを求めて――ヌサンタラ世界からの提言』弘文堂、2001年。民族、国家などの概念について批判的に検討を加え「ネットワーキング社会システム」を提唱している。ヌサンタラは群島を意味するインドネシア語。

＊2　ヴィクター・ターナーが提起した概念。「地位・役割などで人間を区分する社会構造に対して、平等と連帯を強調する人間の存在様式」のこと。『リーダーズ・プラス』研究社、1994年。

キーワードで表現できない万感の思いが込められていることもあるが、著名な中央・深奥部ではなく、知られていない周辺地域圏を当体とする本稿の趣旨を踏まえていることも理解いただければ幸いである。

マラカ海峡とコミュニタス

流動農民

三重県の熊野灘に面している尾鷲の漁村で社会調査のまねごとをした私は、マレーシア成立翌年一九六四年春にマラヤ大学に留学することになる。同時に京都大学東南アジア研究センター（現在は東南アジア研究所）のマレーシア・プロジェクトに参加する。欧米へ渡航する洋行とはいえないが、はじめての外国遊学である。

マレーシアは、マレー半島にあったマラヤ連邦と、シンガポル英国自治領と、ボルネオ島の西端にあったサラワクと北ボルネオのサバーが、同じ英国領であったということで一九六三年に合体したものである。石油資源のあるブルネイは英国の影響力のなかにと

マラカ海峡の杭上集落。マレー半島の対岸、インドネシアのスマトラ島にて

どまり、遅れて一九八四年に独立宣言を行った。マレー半島のマラヤ連邦というのも、英国によってつくられた戦後の独立国である。マラヤ連邦というのは、もともとそのような大きな単位があったのではなく、英国によって便宜的に統合されたものといえる。マラヤ連邦を構成する北部の州はタイ王国の支配を受けていたこともあったが、マレー人が主体である。

私のマレーシアでの最初の村は、京都大学東南アジア研究センターのプロジェクトで選ばれたケダー州の州都アロルスタルの近くパダンララン村という行政村の中心アロルジャングスである。[*3] ケダー州というのは、マラヤ連邦生みの親であるマレーシア初代首相トゥンク・アブドゥル・ラーマンや、第四代首相マハティール・ビン・モハマドなどを輩出しているが、前者はタイ人の血、後者はバングラデシュ系インド人の血が混じっているというのは周知の事実である。調査地のアロルジャングスでは、中国人（アモイ方言を話す福建人）が川沿いの中心部に商店を構えている。この地域がマレー人によって開拓される前にはタイ人軍人が駐屯していたといわれるが、調査時は「マレー人」の村である。ただし、マレー人といっても、マレー語を話し、マレーの慣習（アダト）に従い、一般的にムスリムであればマレー人というカテゴリーに入る。血筋からみても純粋の土着のマレー人を探すのは至難の業である。村人が覚えている系図をたどっても、すぐにこの先祖は他の地方から来たということになる。いわゆる通婚圏によって形成される範囲よりずっと広いネットワークをもっている。

日本の農村社会学に親しんでいる者にとっては、調査地で面くらうことが多い。その一つに、

＊3　1964年初訪問。

村の歴史をさかのぼる資料が少なく、実際に歴史もそんなにさかのぼれないということがある。村自体の成立が比較的新しいこともある。東南アジアの他の地域の調査者とも意見交換して、「流動農民」ということばを提唱したのは、確かヴェトナムの歴史家桜井由躬雄であったように記憶している。季節労働者、出稼ぎ農民が動いているという意味ではなく、村や農民が居所を移すということである。

大変荒っぽいくくり方であるが、東南アジアの村々をみているとあたるところが多いのは事実である。このようにステレオタイプ化して語る利点は地域なり社会なりを俯瞰的に他と比較して理解しやすいことである。ただ、他の地域にも移動や流動はあるわけで、それらとの違いは、定着する農民、移動する非農業民という二極的ステレオタイプ化に対する異議申し立てというところであろうか。社会学的には、フランスの政治思想家アレクシ・ドゥ・トクヴィルのいうモーレス／習俗[*4]ないしは、それを支える要件をキーワードで表現していると取っていただければ幸いである。さらにいえば、この習俗が文明交流圏を成立させる要件でもある。

エコトーンの低湿地開発

前節のパダンララン村も開拓のときには水利管理のために運河や排水路をつくったといわれる。マレー半島の西海岸は、スマトラ島東海岸同様、低湿地だったところが多い。南の方に行くと開拓の年代も段々新しくなる。二〇世紀のゴム園の開発と並行するように、道路がつけ

＊4 「習俗というのは、古人がモーレスという言葉に結びつけた意味」である。「固有の意味での習俗は、心の習慣とでも呼びうるが、観念や意見、そして精神の習慣を形づくるもろもろの考えの総体」でもある。集団の慣習という意味だけでなく、規範や倫理となったものまでさす。トクヴィル『アメリカのデモクラシー』第一巻（下）（松本礼二訳）岩波書店、2005年、211ページ。

られ、多くは華人がマジョリティの都市ができあがっていく。

私が本格的にマレー人の調査をしたのは、マラカにあるトゥロッマス村のブキッペゴー*5である。マラカは普通マラッカと表記される。私は、できるだけ原音主義（ローマ字ではMelaka）で表記をしたいので、促音を入れないマラカを取る。マラッカと促音を入れるのは子音を重ねる西洋語の表記（たとえば英語のMalacca）につられて、間違ったカタカナ表記をしたと思われるからである。

ブキッペゴーは周囲が天水田で、高みに集落がかたまっている。地形の制約から塊村になっているのは一般にマレー人カンポン（村落）がリンボン状に展開するのと異なるが、集落形態以外は、普通のマレー人のカンポンとかわらない。しかし、半島内または対岸のスマトラからの移民ではなく、直線距離で二二〇〇キロのところにある遠く東インドネシアのスラウェシ島から来たブギス移民*6の子孫なのである。伝承によれば一七世紀後半にワジョ・ブギスの貴族が一族郎党を率い、シンガポルを経由して、ここに定着したことになっている。周辺の部落を含めて古いブギス出自の人びとは完全なマレー人と同化してブギスの伝統を残さないが、この集落では塊村であるということもあって、ブギス社会で著しいいとこ婚の選好が顕著に残っていた。また、少し前にはこれもスラウェシで報告の多い縮陽（コロッ）で死亡したというケースがあったという。*7もう一つブキッペゴーに特有なのは、オーストラリア領クリスマス島での燐鉱発掘労働者としての出稼ぎが多いということである。これはブギス人の特性に関係したことでは

＊5　1970年初訪問。

＊6　ブギスは民族名。ブギス人が話すことばもブギス語という。松原正毅、NIRA編『〈新訂増補〉世界民族問題事典』平凡社、2002年のブギスの項（立本成文執筆）参照。

＊7　調査の手伝いをしてくれていた青年によると、コロッということばは知らなかったが、彼の父親は畑で男性性器が埋没して死亡したという。

ない。たまたま戦後早く労働者調達の責任者にこの村出身のものがあたることになり、それ以来村からの出稼ぎが定期的になされているのである。

最初にブギス人が入植した海岸部は良好なかんがい水田となっているが、少し内陸寄りのブキッペゴーでは、ゴム園用の排水路はあるがかんがい用水はなく、すべて天水田であった。これも徐々に商業作物用の畑地になり、次には工場や住宅へと転換されて、郊外の街の一部となってしまったのは一九八〇年代の後半である。低湿地居住入植農村から、近郊地区へと転換し、市街地の一部になったのである。

マラカ海峡沿いの東スマトラ、マレー半島の西側は低湿地帯である。海岸線、沿岸部の低湿地帯、河口、クアラ（川の分岐点）など生態学的にいう漸移帯（エコトーン）が生活の拠点となっている。マレー半島を南に下っていくと土地の果て（ウジョンタナー）といわれたジョホル州になる。ジョホルとシンガポル島との間はジョホル海峡である。そこからジョホルに流れ込む川のうち、ジョホル河はジョホル王朝の都も

マレーシア、ゴムの木の表面を傷つけて樹液を採取する（タッピングという）

あったことがあり、現在の州都ジョホルバルが位置する。その他の川は近世になって開拓されるようになった。カンカル（港脚）制度という川の利権を与える仕組みで、略奪農業的ではあるが一応開発が進んでいく。西海岸側にあるプライ川もジョホル海峡に流出する。このプライ川から西が農園として開けたのは、この地域一帯六万エーカー（二万四千ヘクタール）の土地の権利をジョホルのスルタンがアルサゴフの一族（当主の妻はマカッサルのゴワ・スルタンの娘）に与えたからである。アルサゴフ一族は一八二〇年代にシンガポルに移住してきたハドラミー[*8]である。プライ川の河口はマングローブ林で、湿地林帯を北上した最上流にはカンカルもあった。私が調査地に選んだのは、このプライ川の中流域の支流にある一九世紀末に移住してきたブギス出自の人が多いスンガイカラン村の集落[*9]である。ちょうど、華人のカンカル制度とアルサゴフの譲渡地のはざまに入植したかたちである。その一部は一九三六年にマレー人保護地区に指定されている。ここのブギスの当時の首長は、首都のあるスランゴルの王族に関係するが、住民の大部分はインドネシアからシンガポルやマラカ海峡のカリムン島を経由してきたブギスである。戦前の経済不況などのときには、多くのものがカリムンに一時的に避難したりしているが、親類縁者はインドネシア、マレーシアにまたがって広がる。

ブキッペゴーにみられた第一いとこ婚[*10]は比較的少ない。これは入植者の親族の多くが再移動をしているからかもしれない。占いあるいは神話などにかろうじてブギスのにおいを残している。ブギス文字も伝えられていないが、スラウェシ島では広くみられるサワリガディン伝説

＊8　アラビア半島の南海岸地帯ハドラマウトの住民。東南アジアのアラブ人にはハドラミーが多い。

＊9　1987年初訪問。

＊10　父または母の兄弟・姉妹の子。自分と父母のいとことの間柄と区別して第一いとこという。

(『イ・ラ・ガリゴ記』[11])が脚色されて伝えられていたのは驚きであった。

泥炭湿地帯であるので、農業にも限界がある。上述したように、入植してもその二世代から離散するものがある一方、新しい入植者が入ってくる。三世代目になるとほとんどが土地に残らず成功したもののところに移住していき、貧しい層が残され、新入者はアブラヤシ園の労働者として働くことになる。このような発展を「解離的発展《dissociative development》」とよんでみた。[12] 近代における条件の悪い低湿地開発の一つの典型である。

マレー半島からマラカ海峡を渡ってみよう。インドネシアが独立した直後から一九六〇年代まで、インドネシア領であってもシンガポル・ドルが流通するシンガポルの経済圏であったことは記憶していてもよかろう。マラカ海峡の真ん中にリアウ・リンガ諸島がある。マラカ・ジョホル王朝のスルタン居住地でもあった。リアウ・リンガ諸島を含めて、インドネシア共和国リアウ州とされていた。州都のプカンバルはバリサン山脈の東麓にあるといってもよいが、広大なスマトラ東海岸はマラカ海峡の島々につながる低湿地開発のフロンティアである。リアウ州と南のジャンビ州の近くにルテー川という小さな川がある。この中流域にできているプラウクチルという集落[13]に入ったことがある。河口にはマレー人が住み、昔はその周辺のオランラウトという家船住まいの海人がマレー人貴族と従属関係をもっていたという。マレー王朝の系統を記録した『スジャラ・ムラユ』という史書にもマラカ王朝建国の際に貢献した文化英雄がオランラウトと関係しているという記事がある。調査拠点プラウクチルというのは、ブギス人が

＊11　後出235ページ参照。

＊12　Narifumi Maeda Tachimoto, Copng with the Currents of Change: A Frontier Bugis Settlement in Johor, Malaysia, *Tonan Ajia Kenkyu* (『東南アジア研究』京都大学) , Vol. 32, No.2, pp.197-230, 1994.

＊13　1990年初訪問。

主体で、実際に入植にあたって排水路をどのように掘ったかなど詳しい聞き取りもそのときはできた。プラウ（島）という名前は、ここが低湿地帯で、排水前は島状になっていたことを想像させる。ここもジョホルのスンガイカラン同様、土地自体に対する執着や農業へのこだわりはない。生活のために水田を開いたり、畑をつくったりする。しかし、商品作物が売れるとなるとすぐに水田をヤシ園、ゴム園にして、再移住するのも当たり前である。流動農民というよりは、流動ポリビアン[*14]という方が適切であろう。

もう一つ、エスニシティもこれだけ輻輳《ふくそう》すると、自分は何人であるということを操作することも簡単になる。たとえば、マレーシアでは、インドネシアからの移民はできるだけマレー人となる。マレー人である方が政府が保護する特権を享受できるからである。

コミュニタスとカリスマ

インド洋からマラカ海峡に入って南シナ海に抜ける出口近くにリンガ島という島がある。リンガというのは中国文献では龍牙と表記されている。山頂が龍の歯のようにぎざぎざになって印象深いことと、マラカ海峡一の高さ一二〇〇メートルを誇るからであろう。ここを抜けると、アラブ人がサラヒトの海とよんだ開けた海域（南シナ海南縁）になる。この島の西にシンケプ島という比較的大きな島がある。シンケプの西の対岸が先ほどのルテー川である。このシンケプの北端にスラヤル島という小さな島があり、その島の南東にプヌバという集落がある。[*15・16]

＊14　ポリは多様な、ビオスは生き方。ラテンアメリカ地域の専門家であるマイケル・カーニーの造語。

＊15　1993年初訪問。

＊16　Narifumi Maeda Tachimoto, Symbiotic Dynamism of an Insular Community in the Melaka Strait, *Regional Views*（『地域学研究』駒澤大学）No.11, pp.1-21, 1997.

集落の前に本当に小さな島リパンがあり、入江になっている。二〇世紀初頭にオランダの監視官（コトレール）がおかれ、少しあとには華人の頭領代理（リユテナント）が任命されている。華人は漁業、商業、農業に従事していた。潮州人が主で、農業といえるのは当時のこの地方の主産業、ガンビール（阿仙薬）と胡椒栽培であった。現在は漁業と商業が中心である。マレー人は集落の街区（コタ）の周辺に散らばる。街区の商店には、中国人のほかミナンカバウ人（実際はバンキナン出身）、バタク人、ブトン人、ジャワ人などもいる。南シナ海のナトゥナから来ている人もいた。対岸のリパン島には家船から定住させられたスクラウトという海人（オランラウト）が住んでいる。このようにプヌバは典型的なローカル多民族集落である。

古くから居住する潮州人も三世代めぐらいで、ごく一部のマレー人をのぞいて土着の人はいない。漁船、交易船、舟、商品、物産が交差する、流動の激しい街である。華人はシンガポルの主要住民である福建人とは違うが、それでもシンガポルとの結びつきが強い。マレー系はスマトラ島よりもジョホルとの血縁関係が多い。伝統的なコミュニティではなく、寄り集まってきた人びとがそれぞれの文化的伝統を適宜調節しながら共生しているたまり場、コミュニタスなのである。したがって、人よりすぐれていると認められたものがそこでのリーダーシップを執っていく。いわば初期状態のカリスマである。*17

コミュニタスという意味では、港市国家といわれるシンガポルやマラカもコスモポリタンなコミュニタスである。シンガポルは、一八一九年にラフルズが上陸したときには、三〇世帯の華人

＊17　前田成文『東南アジアの組織原理』勁草書房、1989年。

がガンビール、胡椒栽培に従事していただけであったという。マラカは、一五〇〇年ころスマトラから流離していった王が建国し、ムスリムに改宗して、東西交易の拠点としたところである。

マカッサル海峡と固執する文化

拡散とディアスポラ

マレー半島とスマトラ島の間を通るマラカ海峡が東西の交易路であったのに対し、インドネシアを東と西に分けるマカッサル海峡は海の道として南北をつなぐ、地域的な海道の役目を果たしている。これは、大陸から離れて位置しているからかもしれない。その北にあるセレベス海、スル海を含めてマカッサル海峡としてここでは論じる。生物学的には、インドネシアとマレーシアとを一括したマライシアという分け方もあるが、チャールズ・ダーウィンに資料を提供したイギリスの博物学者アルフレッド・ラッセル・ウォレスにちなんで名づけられたウォレス線によって東西が区分される。縄文海進の前のスンダ陸棚とサフル

インドネシア、リアウ諸島で使われるボート

陸棚との間をウォレシアとよぶこともある。文化地理的には西からの影響が切れるところである。西からの影響は著しく少なくなり、マカッサル海峡から東は形質的にみてもジャワをも含めたマレー世界からメラネシア・ポリネシア世界への漸移帯ととらえられる。

マレー半島、スマトラ島からは、南シナ海を経てボルネオ島（カリマンタン）の南西へのマレー人移住が多い。東側ではマレー人の痕跡は激減するが、東カリマンタンのボンタンや、スラウェシ島のマカッサルなどにもマレー人のディアスポラがある。もちろんより近いジャワ島、バリ島からはジャワ海を経て交流がある。一三世紀のモンゴル襲来を機に建国して一四世紀半ばに勢力圏を拡大したジャワのマジャパヒト王国はスラウェシ島のマカッサル、バンタエン、ルウッ、バンガイ、ゴロンタロなどの地名を属国として残している。*18

大航海時代とともに西洋勢力が伸張してくる。一六世紀以降である。マカッサルのソンバオプ（マカッサル王の居住地・要塞）のように、王の在所をコタ、ベンテンとして城壁で囲むことや、歴史書を記録する習慣も西洋人の影響で進められたものと思われる。ジャワ海ではオランダが国際交易の権益を握っていたが、ローカルの交易は土着の勢力が握っていた。それを証明する一つが海法である。マレー人のマラカ海法が有名であるが、一九世紀初めにオランダで紹介されたアマンナガッパの航海法はブギスのものである。一七世紀のマカッサルに在住していたワジョ・ブギスのアマンナガッパという海商の頭領が規則化して、広くこの海域で二〇世紀初頭まで使われていたローカルな海法である。その原型はマラカ王朝時代の海法にあるの

＊18　1365年ころにプラパンチャの書いた『ナガラクルタガマ』史書。

かもしれない。古い海法には地図などないが、アマンナガッパ航海法には航路と運賃を書き入れた地図が加えられている。

ブギス人は海洋民族、傭兵、海賊としてマレーシア、インドネシア、西洋勢力に知られている。マレーシアでは、一七世紀以降マレー王朝の血統にブギスの血を混入させている。第二代首相のアブドゥル・ラザックもブギスの出自である。ジャワにもブギス・ディアスポラは残る。ブギスは西だけではなく東にも進出するが、移住というより資源獲得のためであることが多い。たとえばニューカレドニアにはジャワ人のディアスポラがあるが、ブギス人は東側では定住していない。ただし、ジャワ人は西に南アフリカ、スリナムまでディアスポラがあるが、ブギス人とは違って自発的な移住ではないことに注意したい。

かつてはヒンドゥ寺院だったモスクで礼拝する、インドネシアのムスリム

ポリビアンと固執する文化

ブギス人と隣接して住むマカッサル人とは言語上区別されるが、スラウェシ外ではその出自

にかかわりなく「ブギス」とよばれたり「マカッサル」と称されたりする。自称として使う場合も、その土地で流通している方を使う。マカッサル人を含めてブギス人は海洋民族といわれるが、本拠地では農民であり、漁民であり、山の民であり、商人、職人としても生きる。いろいろな職種があるという意味ではなく、ポリビアンなのである。そして、海洋民という評判にもかかわらず、海に背を向けて生きる人もいる。海民ではない人が「海外に」移住し、移住先でまさしくポリビアン的な生き方をするのである。

もう一つブギス人といって思い浮かべるのは、敬虔なイスラーム信徒（ムスリム）であるということである。これは第二次大戦後のイスラームをシンボルとした地方の反乱がスマトラ島だけでなく、スラウェシでも席捲したことで、「狂信的な」というイメージをつくりあげたのかもしれない。そのようなムスリム・ブギスの真ん中に、ブギス人ではあるがイスラームを拒否するグループがある。そのようなグループに興味をもって、アンパリタという集落を選んだ。[19]マレーシアで調査したエンダウの集落が、[20]イスラームを嫌って逃げたマレー系のオランアスリであったこともこの選択に影響したのかもしれない。[21]アンパリタは、イスラームがスラウェシに受容される一六世紀以前のブギスの伝統を残しているといわれる。イスラーム信者は五行六信を堅持すればよいわけであるが、アラビア語でアーダッ、マレー語でアダトに関する葬送儀礼と婚姻儀礼、割礼、食禁忌などが障害となったようで、アンパリタも戦前まではこれらを受け入れずに、あるいは表面的にイスラームを受け入れて、自分たちの伝統に固執していた。バリのヒンドゥ教

＊19　1975年初訪問。

＊20　1965年初訪問。

＊21　立本成文『家族圏と地域研究』京都大学学術出版会、2000年。家族圏から地域圏まで論理的道筋をモノグラフと比較の論考で検証したもの。とくに、第III部「地域研究に向けて」において、エコ・アイデンティティにもとづいた世界単位の必要を主張している。英語では Narifumi Maeda Tachimoto, *The Orang Hulu: A Report on Malaysian Oranga Asli in the 1960's.*, Center for Orang Asli Concerns, 2001.

とは歴史的な関係もなく、教義的にもおそらくは異なると思われるが、スハルト体制下ではバリ・ヒンドゥの一派という政治的な位置づけで、かろうじて「無宗教」というラベルは貼られずに収まった。彼ら自身は自分たちの信仰を「トロタン」の教えという。かといって、トロタンの人はアンパリタの土着の人間ではない。東のワジョから、イスラームに改宗した王の支配をのがれてきた。たどりついたこの地の王との契約で一七世紀から定着したものである。

このようにイスラームを忌避して古来の伝統にとどまっているブギス人はよくみるとほうぼうに残っている。このように伝統に固執するのは、イスラームを受容したにもかかわらず、ジャワ宗教といわれるジャワの状況に似ている。しかし、ジャワのようにヒンドゥ王権ができたわけでもなく、またトロタンは明確にムスリムではないことに存在意義を見出している。ブギスの場合、重要なのは固執しているのは文化であって、土地ではないことに注目したい。ブギスの村々にはポッシタナッという村の中心地を祭る風習がある。これは土地神、土地の主を祭る場所で、この場所が土地への執着心・アイデンティティを生むわけではない。したがって、内陸であっても移動、村ごとの移住、個人の移住というのは頻繁におこっている。そのような状況で、前イスラームの伝統に固執する地域がパレパレ中心に南の方に分布するのは、イスラームの入口であったマカッサルではなく、ヒンドゥが最初に入ってきたパレパレ以南の地方であるからということがあるのかもしれない。イスラームはジャワ島経由ではなく、スマトラ島から直接招来している。[*22]

＊22　ジェルヴェーズ『マカッサル王国史』など。

ブギスの伝統を支えるのが、建国前の神の世をつづった『イ・ラ・ガリゴ記』である。もともと口承文芸であるが、ロンタラ[*23]とよばれる貝葉文書になってたくさんの異説が存在する。神代記ということでは古事記に似ているが、スラウェシ全体に認められる欽定版は存在しない。天界の主が地上の混乱をみかねて、その一族を竹の中に入れて地上に送るところから話が始まる。天上の神から送られた神王の系統が八代続く物語がガリゴ記である。天界、海底界、地上界の行き来だけではなく、海を越えて遠征する（チナという地名も出てくる）英雄（サワリガディン）の話が大きな部分を占めている。これら神王が人間界の混乱・醜さに辟易して天界に戻った後、現在まで続く王国が人間によって建国される。この建国譚はロンタラ文書として各王国で残されている。ガリゴ記における天孫降臨（最初の神の子は竹のなかに入れられて雷光とともに地上に送られてくる）を受けて、建国後のロンタラでは紛争を解決するために神秘的にあらわれた「異人」を建国王とみなすことが多い。

また、異人は天界からだけではなく、建国の際に海人が重要な役割を果たすことにみられるように海とのつながりも重要である。この点では、この地域の海人（オランラウト）であるバジャウ人との関係も注目される。しかし現在の海人は、跨境域と周縁に逃げてしまっている。わずかに、その後を追いかけるように周辺に移住したブギス人とバジャウ人が共生関係をもっていることが報告されている。

＊23　ウチワヤシ、パルミラヤシの葉に書かれた文書をロンタラと呼ぶ。東南アジア大陸部では経文を記したので貝葉経と呼ぶ。

ネットワーク型社会

北スラウェシのサンギヘ諸島はスラウェシとフィリピンのミンダナオとの中継点である。インドネシアとフィリピンとの境界はアメリカとオランダによって引かれたものであるが、境界付近に住む住民の往来は政府によってもある程度許されており、マラカ海峡同様、不法な越境も比較的自由である。セレベス海の東北端、ミンダナオ島のダバオ湾の西南端にサランガニ諸島という小さな島々がある。スペインも海賊対策に要塞をつくったことがあるという。その一つバルト島の集落にはサンギヘ諸島出身のインドネシア人が住む。[*24] 一九二〇年代以降のコプラ・ブームで入植した人びとの子孫や、その後新しく伝手を頼って移住してきたものである。インドネシア政府の移民政策や経済的な理由で、調査当時は人口が減少していた時期である。インドネシアに帰っていく人びとが政府から斡旋される再移住先は、近くのサンギヘ諸島ではなく、北スラウェシのマナドに近いところであった。

私自身は腰を落ち着けて調査したことがなく、スル海と南シナ海のはざまバラバク、セレベス海とスル海のはざまシタンカイ、センポルナ沖など数地点を巡検しただけであるが、フィリピンとボルネオ島の間、スル海は東南アジア北部の交流圏といえる。この交流の伝統が現在にも引き継がれたかたちで具体的な国際協力の場となったのが、ブルネイ・インドネシア・マレーシア・フィリピン—東ASEAN成長地帯BIMP—EAGAである。二〇〇一年からBIMP広域開発が動きだす。マラカ海峡でのシジョリ（シンガポル・ジョホル・リアウ）開発地域

＊24　1995年初訪問。

と同じである。インドネシア・マレーシア・タイ国の成長三角地帯など、ASEAN自由貿易地域（AFTA）につながるものでもある。

マレー人に代表されるマラカ海峡に比べて、マカッサル海峡はブギス人が主役となり、より離散性《schizogenesis》（ディアスポラ）を示し、商業性《commoditized mediation》（商品化・交換・交易）にたけ、いろいろなネットワークをうまく使う連鎖性《networking》（圏）を兼ね備えているという印象をもった。

異文化接触の記録・ストック

マラカ海峡については東西交易の要衝であったので中国（義浄、鄭和の随行者）、アラビア（イブン・バットゥータ）をはじめ西洋（マルコ・ポーロ、トメピレス）の記録も多い。それに比べて、マカッサル海峡の方は中国文献にも言及されることが少なく、西洋の注意を引くのも香料貿易以降ということになる。

ローカルな歴史書はすでにいくつか引いているが、異文化接触の記録としてはマラカ生まれのマレー語教師ムンシィ・アブドゥラーの書いた『アブドゥッラー物語』（一八四九年出版）が出色である。著者はインド系の出自である。これより少し遅く一八六〇年に、オランダの植民地官吏・文筆家エドゥアルト・ダエウエス＝デッケル（筆名ムルタトゥーリ）の『マックス・ハーフェラール』の初版が出される。[*25] 東洋の『アンクル・トムの小屋』に喩えられるが、外来文明の使者としての植民地官僚制度と土着のそれを利用する支配階級との間に挟まれた官吏の、オランダ王

＊25　邦訳はムルタトゥーリ『マックス・ハーフェラール――もしくはオランダ商事会社のコーヒー競売』（佐藤弘幸訳）めこん、2003年。

インドネシア、バリ島。海の先に交流圏が拡がる

への弾劾の書である。シンガポルとジャワという異なる地域の話であるが、両者とも文明の重要な装置である「制度」の移植のあり方を考えさせる。[*26]

このような記録者は、外から入ってくる文明（外文明）を受け止める人であったり、外の世界で境界人であったりすることが多い。それが異文化の担い手すなわちブローカー・メディエイターである。このカテゴリーの人は、周縁人、境界人、異人とよばれる。受け止める世界（内世界）のなかでは、モノの見方が少数派である。これをコグニティブ・マイノリティ《cognitive minority》とよんでみた。カリスマが出現するときの最初の姿である。

外文明の内世界化とは文化伝搬の受容ということである。[*27] 伝搬されるものには、物、物産複合、文化複合体（技術、儀礼、信仰・神話・世界観）、思想、ことば・文字・文学、絵画・音楽、衣食住のスタイル・生活様式、制度（国家、法律、経済制度、宗教）がある。[*28] そして何より人（民族移動、征服、奴隷、商人、混血）が大切である。

＊26　前田成文「オランダ植民地官吏の文化摩擦」石井米雄編『差異の事件誌——植民地時代の異文化認識の相克』〈叢書・アジアにおける文化摩擦〉所収、287-334ページ。巌南堂書店、1984年。

＊27　前田成文「文化の多様性——異相と多義」『東南アジアの文化』〈講座 東南アジア学 5〉弘文堂、1991年では、外文明と内世界の関係が論じられている。

＊28　川勝平太『文明の海洋史観』中央公論社、1997年。梅棹忠夫の生態史観の批判にもとづいた海洋史観のテーゼを近代アジア史によって再構築している。

文明交流圏

世界単位としての海域世界

これまで、フィールドからみた文明交流圏を語ったが、それらはいわば点におけるフローの現象を記述しただけで、圏が意味する空間的広がりをどのように担保するのか、世界単位として成り立つのか、という疑問は残る。[*29] 交流圏は少なくともフローの現象をとらえたことばである。しかし、その交流の結果はどこに積み重ねられるのか。それを記憶する当体は何なのか。主体は部分ではなく、全体である。たとえば、人間の場合であれば「記憶」として体に蓄積される。類推して、交流圏の場合も、交流の場に記憶されるといってもよいのだろうか。もちろん部分としての人間の活動を媒体とする。しかし、人間の記憶も、これが伝達されなければその人限りのものでストックとはならない。[*30] ストックのようにみえる文物も、それだけでは行為の主体という意味での当体にはなりえず、人間の体にもう一度戻され、解釈しなおされねばならない。場に残された記憶というのは、ストック的な発想では成立しない。フローによって場が成立すると考えざるをえない。ストックに実態・リアリティがあるのではなく、フローの世界なのである。村落がストックとしてあるのではなく、流動農民によって村落が存在意義をもつのである。あえていえば、文明交流圏のストックとはフローのなかでの連続性といえる。

このように考えれば、海という人間が住めない空間を含む海域世界で「文明交流圏」が成立す

＊29　矢野暢編『世界単位論』〈講座 現代の地域研究 第2巻〉弘文堂、1994年。地域研究の一つのあり方として対象とする地域を「世界単位」と扱う試みのこの時点での集成。ただし、世界単位概念はこの発刊以降ある種の反発を受け、地域研究論としてあまり定着しなかった。

＊30　フロー・ストックの比喩は経済学でいう、過去からの富の貯えであるストック概念と、年々の生産量、所得、投資、貯蓄をさすフロー概念になぞらえて、文明や文化を考えたものである。

るということはいえそうである。もちろん、海域世界だから成立するというのではないことも確かである。ここでは取り上げなかったジャワ海についてはフランスの東南アジア研究者デニス・ロンバルが詳しい。[*31] ロンバルは文明交流圏ということばではなく、東西の交差点、十字路、交流地の意味のカルフール《carrefour》を使っている。

東南アジアと海域世界

東南アジアが海域世界であるということは以前に述べたので繰り返さない。[*1] 東南アジアは群島であるとともに、大陸部、半島、大島を含む地中海ともいえる。島のつながりということを考えると、太平洋西岸域（ユーラシアからみれば東）を南から北のカムチャッカ半島までさかのぼることになる。そのような地理的特徴を強調して、東アジアや東洋という古い言い方ではなく、東方アジア圏という地域区分をしてみたこともある。[*32] この区分は西太平洋の火山列弧をその外縁の熱い海が取り囲むという構図になる。それに抱かれる東ユーラシアから東南アジアはアジア・グリーンベルトである。東方アジア圏はあくまでも生態学的・文化地理的区分であって、現在の国境をそのまま境界として考えない。

海域アジア

地球全体をみるのは難しい。地球全体にみられる現象、たとえば地球環境問題、というのは、

＊31　Denys Lombard, *Le Carrefour javanais: essai d'histoire globale*, 3 vols., Ecole des Hautes Etudes en Sciences Sociales, 1990.

＊32　立本成文「東アジア圏論の構図」立本成文編著『人間科学としての地球環境学――人とつながる自然・自然とつながる人』京都通信社、2013年所収。『アリーナ』No.3、24-31ページ、中部大学、2006年初出。東アジア共同体を陸アジアのくびきを脱して海から構想した論考。

温暖化が全体に一様に生じているのではなく、平均をとってみれば上昇の傾向があるということにすぎない。これを世界地図にあらわすと一目瞭然である。地球環境問題とぎょうぎょうしくいうが、実状は寒くなったところも、暑くなったところもまちまちなのである。地図とは、あらかじめ俯瞰的なイメージとして情報を縮減したものをつなぎ合わせたものである。したがって、本当に地図を理解するためには、細部（部分）をみて、知って、理解したうえで俯瞰的な視線で本質を診るという作業を要求される。地球環境問題といっても地域での実状がまず解明されねばならないのである。

遠くから地球を診たとき、この地球は四色でできているという。[*33] テラ衛星がとらえた地球画像から地球の生態環境を、海洋の濃青、高山と極地の白（低温、少雨）、砂漠の黄（高温、乾燥化）、森林の緑（高温、湿潤化）の四色から成るとする。このような俯瞰的な見方と歴史的な展開を踏まえて、ユーラシア全域を模式的構造化したのが、［中心］―［周辺］構成体論である。[*34] すなわち、中心にユーラシア深奥部（中央ユーラシア）があり、外辺を取り巻く周辺を二重として、陸域巨大周帯とその外の海域巨大周帯がある。その周帯のうちユーラシアの東と南の海を海洋アジアと区別してみよう。海洋アジアは東アジア海域世界、南シナ海を中心とする東南アジア海域世界、ベンガル湾（インド洋西部）海域世界、アラビア海（インド洋西部）海域世界である。地中海海域世界、北ヨーロッパ海域世界と分かれている。問題なのは、陸域巨大帯の文明圏を東アジア文明圏、東南アジア文明圏、南アジア文明圏、西アジア文明圏として、陸域と海域とを分

＊33　応地利明『生態・生業・民族の交響』〈中央ユーラシア環境史〉第４巻、臨川書店、2012年。「ユーラシア深奥部――三つの生態・生業系の収斂場」論が敷衍されている。

＊34　応地利明「人類にとって海はなんであったか」青柳正規、陣内秀信、杉山正明、福井憲彦編『人類はどこへ行くのか』〈興亡の世界史　第20巻〉所収、121-182ページ、講談社、2009年。ユーラシアの海域巨大周帯の成立を海からの視点で解き明かした労作。

けてしまっていることである。とくに東南アジア文明圏は東南アジア大陸部と島嶼部とが分かれていて、陸域の文明なのか、海域の文明であるのか論議の分かれるところであろう。陸域と海域との対立では東アジア圏も中国だけにするのか、朝鮮半島、日本を含むのか微妙なところである。

中心部と周辺部とは価値転換することができる。ユーラシアの深奥部（私としてはイエローベルトととらえたい）と海洋アジアのネットワーク性という意味での相同性がみられる。海域世界を中心に世界をみることも可能である。東南アジア文明圏は海域世界である。大陸部も海からの延長とみなすのである。歴史学者の家島彦一は、インド洋を中心に陸域から海域中心へ歴史の視点を移して海域世界の一体性をとらえることに成功している。[*35] 太平洋に関しては、歴史資料が少ないので、考古学、言語学などの助けを借りて、人の移動などの交流圏を再構築している。[*36・37]

結論的にいえば、海洋アジアというのは、ユーラシア大陸の東部と南部の沿岸部と縁海と島々からなると考えたい。国でいえば、ロシア、中国からインド、オーストラリアを含むことになるが、国全体ではなく、その沿海域であるということがポイントである。

＊35　家島彦一『海域から見た歴史——インド洋と地中海を結ぶ交流史』名古屋大学出版会、2006年。海そのものを一つの歴史世界としてとらえる立場を歴史資料と臨地研究（現地学）から実証した、著者積年の研究の総合的成果である。

＊36　Peter Bellwood, *First Farmers : The Origins of Agricultural Societies*, Blackwell, 2005.（長田俊樹、佐藤洋一郎監訳『農耕起源の人類史』京都大学学術出版会、2008年。）ベルウッドは考古学者であるが、言語学など隣接領域の成果を取り入れて、東南アジア・オセアニアの先史時代の再構築に多くの業績がある。この著書は農耕の起源と拡散に焦点を合わせて人類先史を復元しようとした労作である。著者の東南アジア・オセアニア地域に関する成果も簡潔に要約されている。

圏というのは、牛馬を養う檻、囲いの意味がもともとの語源である。『字統』によれば、「虎を飼うところを虎圏という。窮屈にすることを圏曲といい、その範囲の外にあることを圏外、なかでともに暮らす一族の者を圏属という」とある。現代の中国語では、「円、まる、輪」の意味と、集団、グループ、仲間、範囲の意味とがある。日本語でも、「ぐるりに囲いをしたところ、輪」のほかに、「限られた区域、範囲」という意味でも使われる（『広辞苑』）。むしろ、前者よりは、北極圏、大気圏、通婚圏、公共圏などとして後者の意味で使われることが多い。圏外もそうである。本稿での圏はこの「範囲・区域」の意である。

その区域という概念であるが、圏の原義からは逸脱するが、境界の曖昧な概念として用いる。公共圏あるいは社会圏という使い方と同じである。空間概念である圏を社会空間としてとらえるということである。これは、境界の明確でメンバーシップの決まっている「集団・団体」や、男性・女性など属性によって区別する「カテゴリー」とは違うものである。強いていえば、境界の曖昧な、相互関係によって成立する「ネットワーク」といえる。*17・38

このような使い方をすると交流圏というのはどのように考えられるか。圏を社会空間としてとらえることは、社会関係によって空間が成立するということであるので当然交流関係は含まれている。したがって、圏内の相互交流をわざわざ交流圏という必要はない。むしろ含意さ

＊37　Wilhelm G. Solheim II, *Archaeology and Culture in Southeast Asia: Unravelling the Nusantao*, The University of the Philippines Press, 2006. 早くからNusantao（nusaは島嶼、taoは人の意味）説をとなえているが、その論の集大成。考古学者であるが、拡散のルートなどベルウッドと見解を異にする点も多い。

＊38　立本成文『地域研究の問題と方法――社会文化生態力学の試み』（増補改訂）京都大学学術出版会、1999年。第2章「〈世界〉としての単位」および第8章「海域世界」を参照されたい。

れるのは、圏外との交流の主体が明らかになることであって、これを範囲のある交流圏と考えることができる。この圏の地理的実体概念として「地域」(たとえば海洋アジア地域)を使い、社会的文化的に「想像されたコミュニティ」として「世界」を使っていく。[*1・39] 帝国のように、外枠があるものが一方であり、他方で文明のように枠はないが、いわれてみればなるほどと納得できる空間的な広がりを納得するようなまとまりがある。その中間に圏は位置する。

全体と部分とがあくまでも相対的なものであるのと同じように、範域あるいは境界を設定するのは困難である。圏は関係の束と考えても、関係というのはどこかで完全に切れてしまうということではないので、結局、一つの社会ネットワークと他のネットワークを区別するときのように、交流のより密な範囲、交流の質の違いなどを指摘することによって区切らざるをえない。それが地域であり、より単位性の強いものを世界(単位)とよぶにすぎない。それだけでなんらかの意味のあるまとまった一つの単位として認められる最大地域圏を世界とするわけである。

アメリカの政治学者ベネディクト・アンダーソンが『想像の共同体』で構築したような、広義のコミュニティ、世界単位としての要件が当然必要とされる。[*39] 要件を抽象的にではなく具体的に確定することは、逆にいえば、海洋アジアにおける文明交流圏を検証するということであり、海洋アジア文明交流圏の構築でもある。この営為は、陸域を中心に発展してきた近代文明を超克して、二一世紀の新世界秩序構想のために必須のものである。ユーラシア大陸の東から南へめぐる海域アジアは一つの文明交流圏として想像(創造)することが可能である。スケールに

＊39　Benedict Anderson, *Imagined Communities: Reflections on the Origin and Spread of Nationalism*, Verso, 1983.(白石隆、白石さや訳『定本 想像の共同体――ナショナリズムの起源と流行』書籍工房早山、2007年。2006年版 New Edition の訳)原著は何度か改訂されているが、新しい章が加わっただけであるので、原著は初版を、訳書は新版を引用している。広義の共同体 community の成立過程の社会学的考察としてひじょうに優れている。

よってさまざまな区分が可能であるが、そのなかのどの単位も海域アジア文明交流圏として成り立っているのである。

附論　シノプシス[*40]

海の道と陸の道

文明の交流通路として「陸の道」と「海の道」とがあります。それぞれの道の交流の特色はすでに十分研究されているようにみえますが、海には人が住めないということ、そこには交流の痕跡が残りにくいということもあり、「海の道」は重要なのに忘れられがちであります。したがって、文明は陸域中心に語られますが、むしろ、海洋に焦点を合わせることにより地域の構造がより明らかになることもあります。海洋文明交流の観点から海洋国といわれる日本の位置づけを広くユーラシア大陸を視野に置いてみてみたいと思います。

たとえば、東と西の海上交通の結節点でもあるマラカ（マラッカ）海峡を取り上げてみましょう。ミャンマーから、タイ、マレーシア、シンガポル（シンガポール）と続くマレー半島とインドネシアのスマトラ島の間にあって、船がインド洋から入り島々を縫うように南シナ海へ通り抜けていくマラカ海峡は、古代から東西交通路として重要な位置を占めています。輸送手段としての船舶の重要性が減少した現代においても、石油タンカーの通路として、日本にとって重

＊40　「海洋アジア文明交流圏」を視点を変えて、大局から論じたものである。

要な戦略的位置を占めています。ごく直截的な数字をあげれば、日本が輸入する八割の石油が通過しているという数字からもそれが伺われます。海賊が横行するというニュースがありますが、海賊が跋扈するほど交通路としての機能を果たしているといえます。

海峡名に付けられたマラカという地名は新しく、一五世紀はじめにスマトラから移住したマレー人の王が川の流域に王朝を建国し、その地を、マラカとよんだのに始まります。マラカというのは木の名前でもあります。マラカの都は一五一一年にポルトガルに占領され、以後西洋勢力の植民地都市となりますが、西洋人がマラカを知ったときには「東洋のベニス」といわせたほど、各国の人びとが寄り集まるコスモポリタンな港市国家でありました。交易のハブである港が行政の中心となり、国家といわれるようになったのが港市国家であります。このマレー人のマラカ王国の都の名にちなんで海峡名がマラカ海峡とよばれるにいたったわけであります。

さらに東西交通の証拠は紀元前後までさかのぼれます。たとえば、メコン川下流域の、一世紀から七世紀までの遺跡が出てくるオケオでは、ヒンドゥ教神像、サンスクリト語銘入りの護符などのインド系の出土品のほかに、ローマ皇帝の銘が入ったコイン、そして中国の想像上の動物を描いた夔鳳鏡《きほうきょう》、東西南北の四方神を刻んだ方格規矩四神鏡などが発見されており、ローマ・インドと中国を結ぶ海上交易のルートであったことがわかります。ちなみにコインに銘のあるアントニヌス・ピウス帝、マルクス・アウレリウス帝はいずれも二世紀半ばごろ在位したローマ皇帝です。紀元後は、とくに季節風であるモンスーンを定期的に航海に利用するよう

になって、マラカ海峡の長距離海路としての重要性は増しています。

東南アジアと海洋アジア

さて、東西文明交流の通路にある東南アジアにおける国家をみてみますと、実際に勢力を及ぼす国の領域は比較的規模が小さく、帝国といえるほどの巨大国家はできませんでした。マレー半島を中心とするマラカ王国、スマトラ島とジャワ島におけるシャイレーンドラ王家、シュリーヴィジャヤ国、マタラム国のように比較的勢力範囲が大きい場合でも、実態はむしろ小国の連合体ないしは属国を従える強大勢力圏といった方がよい場合もあります。

これに比べまして、ユーラシア大陸では巨大国家、帝国ができます。まず、その周辺部で大河流域の古代文明が形成され、次に秦や漢の中国、ハカーマニシュ帝国（アケメネス王朝）などのペルシャ、ヨーロッパのローマ帝国、一六世紀に入ってからではありますがムガール帝国のインドのように、いわゆる帝国といわれる大文明圏が成立しております。

一方、ユーラシアの中心部は草原・ステップ・砂漠が主であります。ときには、元のような大帝国ができてモンゴル時代を実現させたり、イスラーム王朝が興隆したりしています。しかし基本的には、シルクロードで代表されるように、古くから人類の移動の道、交易の道でありますす。いわゆる海のシルクロードに位置する東南アジアはネットワークの社会といわれますが、ユーラシア中心部も基本的にはネットワークが社会の基本となっています。対比的に単純化

していえば、それぞれ、砂漠と海とが人の住まない通路にあたり、オアシスと島ないしは港市がネットワークの結節点、拠点、居住空間となっているということです。それら陸と海のネットワーク社会の間に帝国をつくった大文明圏があるわけです。

このように俯瞰すれば、ユーラシア大陸の地勢的な構造は、核心的な深奥部をめぐって二重の周縁帯をなしているといえます。

（1）まず深奥部の中央ユーラシアが核としてあります。乾燥地帯が多く砂漠、草原です。中近東、北アフリカまで延長できるイエローベルト文明圏の一部ともいえます。

（2）その周辺に中国・インドのように大文明圏が成立した陸域巨大周帯があります。北方には遅れてスラブ圏ができていますが、古代文明は成立しなかったようです。

（3）更にその陸域を取り囲む沿岸周縁帯（アジア・グリーンベルト）、それを支える海域周帯（ブルーベルト）があります。海域は、北海、大西洋、地中海、アラブ海、インド洋、南シナ海、黄海、日本海、オホーツク海、太平洋と連なります。沿岸周縁帯と海域周帯はいっしょになって沿岸部プラス島々のセットとしてそれぞれの海域で海洋文明圏を形成してきています。すなわち海洋文明圏は、陸域の文明圏とは違い、港市を含む沿岸部と海域とがセットになって交流圏をつくっている、言い換えれば海域世界としてとらえられます。東南アジアはそのような海域世界の一つの典型であります。

古来東西交通の要衝であったマラカ海峡からすべての文明交流圏に通じるように、東南アジ

ア文明交流圏（海域世界）は、インド洋交流圏、シナ海交流圏と連なって、上位概念である海洋アジアを構成しています。もちろん、海洋アジアも、地球世界に通じるユーラシア海域周帯交流圏の一つであることは論をまちません。

ユーラシアと同じように太平洋と大西洋との間にある新大陸では、その北西、東北、あるいはカリブ海のある中南米など、島嶼環境としてはユーラシア周辺と似たところも散見されますが、ユーラシアのように歴史を通じた文明交流圏を形成するにはいたらなかったといえます。アフリカ大陸の中南部も島嶼が少ないせいか文明交流圏にはならなかったと考えます。太平洋諸島もモンゴル系人類の移動はありましたが、離島的環境のために何らかの交流圏を形成しているとは言い難いようであります。

このように、ユーラシア海域、とくに海洋アジア文明交流圏は世界史のなかでユニークかつ重要な位置を占めています。東南アジアは東と西とのつなぎの位置を占め、その終点の一つに日本が位置していたわけであります。

東アジア共同体

海洋アジア文明交流圏の観点からみれば、インドは「アラブ海・インド洋・ベンガル湾からなる海洋インド」、中国は「黄海・南シナ海を中心とする海洋中国」の視点が歴史的にも現代の海洋資源開発の上でも必要なことが認められます。しかし、巨大文明圏の延長上にある「海洋

中国」、「海洋インド」とは違い、陸域とは比較的無関係に、交流圏の連鎖のなかで成立したのが「東南アジア文明交流圏」であり、その点ユニークな文明であるといえます。

東南アジアという名称は戦後普及することになりますが、その存在感はここに生まれたASEAN（東南アジア諸国連合）によるところが大であるといえます。ASEANは元来、冷戦構造のなかで政治的に形成されたもので、その結成は一九六七年にさかのぼります。当初はインドネシア、マレーシア、フィリピン、シンガポル、タイの五カ国だけで、その他のインドシナ半島諸国と対立するような関係でしたが、現在では域内すべての諸国（ただし東ティモールは未加入）を含み、名実ともに連合体になってきています。参加国の全会一致による決議、互いの内政不干渉を原則とする、いわば会議によって運営する連合体ですが、逆にこのようなゆるい結びつきが結束を強め、その存在感を強くアピールするようになってきています。

二〇世紀の終わりごろから、東アジア共同体ないしは類似の地域共同体の考えが出されています。これは国を単位としながら、その境界・バリアーを低くしようという試みで、経済的・政治的意図がありましょうが、海洋アジアの視点からとらえなおすこともできます。ヨーロッパのEU（欧州連合）がモデルとしてあることは否めませんが、東南アジア文明交流圏の歴史的蓄積が現実態となったASEANに刺激されていわゆる「東アジア共同体」が構想されているといってもよいかと思います。

しかしながら、東アジアの範囲は定かでありません。漢字文明圏、儒教文明圏として共通の

文化的背景をもつ中国、朝鮮半島、日本、ときにはヴェトナムも含めて、東アジア、あるいは東洋とする見方は古くからあります。一方、一九九〇年代終わりから議論されています東アジアの協力関係の範囲は、ASEANに日本・韓国・中国を加えた範囲でした。世界銀行など経済学の分野では、東南アジアを含む領域を東アジアとして議論しています。さらにはそれにオーストラリア、ニュージーランドなどオセアニア、あるいはかなり離れたインド、アメリカなどを加えた広域地域協力も議論されています。

観点を変えて、この東アジア共同体を生態学的にみてみましょう。東部ユーラシアはカムチャッカからオーストラリアまでつながるアジア・グリーンベルトとよばれる森林の連続がみられます。そしてその周辺には列島孤が連なり、火山帯とも重なり、西太平洋の表面水温二八度といわれる熱い海のブルーベルトがあります。このような自然条件がこの海域世界の生態資源を豊かにしているのです。さらには、ヒマラヤ山脈とモンスーンが気候に大きな影響を与えています。この構図では、狭義の東アジア、東南アジア、南アジアがくくられることになります。東アジア共同体にインドを加えるということは、このように国家を超えた海洋アジア文明交流圏ということを考慮に入れれば理解しやすいといえます。

おわりに

海洋アジア文明交流圏と地域を限って名づけても、実際には、西アジアのアラビア海、紅海、

そして陸を超えて地中海へとつながることはもちろんです。海は世界をつなげているのですから、それは当然でありましょう。それを区分するのは政治的経済的な都合ですが、他方、生態、風土、文化、文明から区分した概念が「圏」、「文明交流圏」であります。この後者の観点から海洋アジア文明交流圏を日本としてはもっと重視すべきでありましょう。経済や政治の結びつきだけでなく、文化交流、環境問題を考える上で海洋アジア文明交流圏という概念は、二一世紀における日本にとって、今後ますます重要性を増していくに違いないと考えます。

第八章

統合知（方法論）

半藤逸樹
大西健夫

知の統合

アメリカの生物学者エドワード・オズボーン・ウィルソンの提唱したコンシリエンス《consilience》（＝知の統合、統合知）は、実態のある知ではなく、知を帰納的に統合する過程としての意味合いが強い。*1 このコンシリエンスには、自然科学と還元主義による人文・社会科学系分野の乗っ取りであるという見解がある。*2 人文学や社会科学の区別が明確にされないことも誤解の一因となっている。ジョージ・バグリアレロは人文（科）学による科学と技術の陶冶を提案するが、ここでは社会科学の位置づけが不明瞭である。*3・4 環境問題という文脈において、社会制度を提案するという視点が重要である以上、社会科学を含むことは必須と考えられる。したがって、社会科学が人文科学と自然科学とを陶冶するという可能性もある。たとえば、社会科学分野では専門を異にする研究者がそれぞれの方法で情報を記述するバウンダリー・オブジェクト《boundary objects》という概念によって、共同研究を促進するやり方もある。これは学問分野というよりも研究要素の統合になっている。*5・6

総合地球環境学研究所（地球研）には、文理の枠を超え、多種多様な学問分野が連携して地球環境問題の解決に資する研究を行うという基本的なスタンスがある。いわば、地球研には「分野連携型共同研究の実験場」としての機能もある。その実効性については、いまだに試行錯誤の段階にある。この背景には、好奇心駆動型・仮説検証型・問題解決型を問わず、共同研究を行う立場にいる研究者であるならば、分野連携の必要性には気づいていながらもなかなか実行し

＊1　Wilson, E. O., *Consilience: The Unity of Knowledge*, Knopf, 1998.

＊2　Costanza, R., A vision of the future of science: reintegrating the study of humans and the rest of nature, *Futures*, Vol.35, pp.651-671, 2003.

＊3　Bugliarello, G., A new trivium and quadrivium, *Bull. Sci. Tech. Soc.*, Vol.23, pp.106-113, 2003.

＊4　安部浩「地球環境学の構想と予防原則の形而上学的基礎づけ —— H・ヨナスの『未来の倫理学』の一解釈」『文明と哲学』No.1、138-152ページ、2008年。

＊5　Star, S. L., and Griesemer, J. R., Institutional Ecology, 'Translations' and Boundary Objects: Amateurs and Professionals in Berkeley's Museum of Vertebrate Zoology, 1907-39, *Social Studies Sci.*, Vol.193, pp.387–420, 1989.

難いという問題がある。*[7]

そもそも、イギリスの物理学者であり小説家でもあったチャールズ・パーシー・スノーが主張した文と理の対立は、近代の学問体系の成立のしかたがその根底にある。*[8] 作家の瀬名秀明らは、デカルトの『方法序説』に示された原則を例示し、いわゆる文系と理系との相違は、その総合性の有無にあるわけではないとしている。*[9] いわゆる文系・理系といった相違を超えて、本質的に方法論として相互共約が容易でないのは、対象の観察者が対象の外にいると措定する立場と、あくまでも対象の中に含まれておりその内部から対象を観察記述しようとする立場との相違であるとする。もし、学問として価値の創造に立ち会おうとする立場をとるならば、いかにして現実に向かい合い、そのなかで価値を見出して作り出していくのか、という人間的な行為自体を自分自身の内部から記述する必要があり、大いなる転換が必要となることを覚悟する必要がある。

タデウス・ミラーらは、ウィルソンのコンシリエンスを拡張した認識多元主義論（EP論）*[10] による共同研究を提案している。*[1・11] ミラーらの著者陣の専門はそれぞれ人類学、生態学、環境哲学、地理学、数学、政治科学となっており、この点ではEP論の立ち位置は理解できるが、既存の分野を超えた新たな知の枠組みを明示するものではない。*[11] EP論がトランスディシプリナリティ《transdisciplinarity》（超学際性）からインターディシプリナリティ《interdisciplinarity》（学際性）への逆行にみえなくもないのは、多様な学問分野の融合以前の分野連携に留まっているためであるといえる。

＊6　Kimble, C., Grenier, C., Goglio-Primard, K., Innovation and knowledge sharing across professional boundaries: Political interplay between boundary objects and brokers, *Intl. J. Info. Management*., Vol.30, pp.437-444, 2010.

＊7　Hulme, M., Meet the humanities, *Nature Climate Change*, Vol.1, pp.177-179, 2011.

＊8　Snow, C. P., *The Two Cultures*, Cambridge University Press, 1993, 1959.

＊9　瀬名秀明、橋本敬、梅田聡『境界知のダイナミズム』〈フォーラム共通知をひらく〉、岩波書店、2006年。

＊10　Epistemological pluralism

＊11　Miller, T. R., Baird, T. D., Littlefield, C. M., Kofinas, G., Chapin III, F., Redman, C. L., Epistemological pluralism: Reorganizing interdisciplinary research, *Ecology & Society,* Vol.13, p.46, 2008.

統合知の演出——統合知エミュレーターの構想

既存学問の連携という観点ではEP論でも十分な面もあろうが、新しい学問体系や問題解決思考を創出するためには、EP論を構成する要素の再構成が必要になるのではないか。そこで、統合知をEP論から「目標とする統合形態」への写像（関数）と解釈することを提案したい。ウィルソンのコンシリエンスは、それそのものが実態をもたない関数とすれば自然に解釈可能であると考える。実際問題として、文理融合・連携を謳うプロジェクトの多くは、「統合知＝在来知＋科学知＋……」のような単純な図式を表に出す傾向があるが、統合知を関数と解釈することで、より自由度の高い知の統合を想定することができる。

文理融合型研究グループの形を模索するために、二〇〇七年度に文理・理理・文文融合のための勉強会*12を行ったところ、分野横断的なグループ分けと議論は可能だが、それ自体が統合知を導くものではないことを経験するに至った。このような具体的な議論の際の方法論として、理学者の郡司ペギオ-幸夫と上浦基は、観測由来へテラルキーの理論にもとづいて（複雑系において創発を呼び込むような形式）、広告制作現場における新たな制作体制のあり方を提案している*13。それは、次のようなものである。

「たとえば制作現場を、第一のコピーライター・イラストレーター集団と、第二のコピーライター・イラストレーター集団とに二分する。第一の制作集団には、論理的で秀才型の人間を集

＊12 Preparatory Research for the Interdisciplinarity and Novel Consilience through Inter-Project Interaction Activities（通称 PRINCIPIA）

＊13 郡司ペギオ-幸夫、上浦基「複雑性の本質：観測由来ヘテラルキー」早稲田大学複雑系高等学術研究所編『複雑さへの関心』所収、3-53ページ、共立出版、2006年。

める。第二の集団には感覚的でバランス感覚が足りないと言われる人間を集める。まず、第一の集団にコンセプトを提示し、その下でコピーとイラストの対を提案してもらう。コンセプトを理解した彼らは、それを分節したうまい対を創り出すだろう。しかしこの段階で、広告作品は均衡のとれた結晶のようなものとなり、その行儀のよさに強いインパクトはない。こうして得られたコピーとイラストの対を、第二の集団へコンセプトの提示なしに与える。第二の集団は、この『コピーとイラストをまねよ』とだけ言われる。まねるとは、コピー機を使って複製することではない。彼らなりにまねることで、逆に独自性が発揮される。しかも彼らは対の全体に横たわるコンセプトを知らない。その結果、できあがるコピーとイラストの対は均衡からはずれながら、まねることによって、ある規範性を担ったインパクトのある作品となり得るだろう」。

あるグループに対して、課題が与えられ、それに対する議論がなされ結論が出る。出された結論を別のグループに渡し、課題は伏せたまま、内容に関する吟味と議論がなされ、あらたな結論が出される。こういった試みをしてみるのは、大変興味深いことではないだろうか。この方法は、知の統合過程を検証するのに役立つであろう。

さて、写像（関数）としての統合知を理解するためには、「目標とする統合形態」を仮想的にでも設定する必要がある。そこで、「統合知ＣＥＮＳＵＳ」を提案する。*14 質問項目を設定し、地球研関係者をはじめ、国内外の連携機関の研究者にインターネットで回答してもらうものである。回答内容には、専門分野・研究歴の自己申告から、方法論・研究対象（テーマ・概念・場）の

＊14　http://www.rihn-consilience-census.com 参照。

志向、問題解決型研究のあり方が含まれる。このCENSUSの回答結果を集計し、それから統合知エミュレーターを構築する。ここで、エミュレーターとはシミュレーターを模倣するものとする。これは、IT用語のエミュレーターと、大きな違いはない。地球研のような研究集団を「統合知シミュレーター」と仮定し、それを統計学的に模倣するものが「統合知エミュレーター」である。

このエミュレーション方法は、計算コストがかかる数値モデルなどのために利用されており、[15・16] 著者（半藤）は化学汚染の動態予測の不確実性解析や室内実験のデザインを考案する過程において、統合知エミュレーターを構想した。統合知エミュレーターは、帰納的統合を方程式で表現するものである。この点においてもウィルソンのコンシリエンスと整合的である。[1] 著者は、統合知エミュレーターを、文理融合型人工知能として運用することも視野にいれている。

説明変数には学問分野《disciplines》、フィールド《fields》、テーマ《themes》、概念《concepts》、方法《methods》、経験《experiences》のような統合要素を想定する。個々の要素に対するEP論と考えて差し支えない。目的変数には価値判断を含む統合形態の志向性や仮想的な統合目標をとる。このとき、統合知は一価関数であるが、目的変数は複数であっても構わない。統合知エミュレーターによる統合知の評価には次の特長が備わる。

①ベイジアン・エミュレーションにより少数派の意見が確実に反映される、②統合知CENSUSの各質問項目は目的変数にも説明変数にもなり得る。したがって、後述する認識科学的統合と設計科学的統合の合成が可能である、③様々なステイクホルダーが望む統合の方向性

＊15　Conti, S., and O'Hagan, A., Bayesian emulation of complex multi-output and dynamic computer models, *J. Statist. Plan. Infer.*, Vol.140, pp.640-651, 2010.

＊16　Handoh, I. C., and Kawai, T., Bayesian uncertainty analysis of the global dynamics of persistent organic pollutants: Towards quantifying the planetary boundaries for chemical pollution. Omori, K., Guo, X., Yoshie, N., Fujii, N., Handoh, I. C., Isobe, A., Tanabe, S. (ed.) Modeling and Analysis of Marine Environmental Problems. *Interdisciplinary Studies on Environmental Chemistry*, Vol.5. TERRAPUB, Tokyo, pp.179-187, 2011.

を、統合の不確実性と変数の優先順位から判断できる。

さらに、統合知エミュレーターによって、チリの経済学者マンフレッド・マックスニーフが提案しているトランスディシプリナリティの三柱を定量評価することが期待できる。[*17] 特に、含中律の議論とその定量化は、ウロボロスで象徴されるミクロとマクロの融合に関連するため、認識科学的統合の限界を見極めるうえでも文理融合の突破口になり得ると考えられる。[*18] この試行を経て、トランスディシプリナリティ《laws of transdisciplinarity》の三則を検証することは可能であろう。[*17] 第一法則と第二法則は、実質的にクルト・ゲーデルの不完全性定理と老子の『道徳経』第十一章の読み換えであるが、第二法則は「知の体系の進化」を記述するものである。

統合は、個々の細分化した学問分野の寄せ集めではない。統合が成立したときには、マックスニーフが指摘するような知の階層構造が成立するのであろう。[*17] しかしながら、個々の学問分野がよって立つ前提自体が異なるため、異分野どうしがよって立つ共通の基盤を設定することは極めて困難である。マックスニーフは、複数の異なる分野が同時並列的に存在しうることの可能性を示しながらも統合には至っていないように考えられる。[*17]

他方、解剖学者の養老孟司は、人間を尺度とした諸学の統合というあり方を提示している。[*19] 言い換えると、人間の世界認識の癖といったものを共通了解事項として共有していることは、議論を円滑にするということであろう。一貫した論理体系をつくること自体にはそれほど拘泥する必要はないと考えるが、個別専門分野において日々あらたな世界認識を生み出す学問を

＊17　levels of reality, axiom of the included middle, complexity. Max-Neef, M. A., Foundations of transdisciplinarity, *Ecol. Econ.*, Vol.53, pp.5-16, 2005.

＊18　Primack, J. R., and Abrams, N. E., Cosmic questions: An introduction, *Ann. New York Acad. Sci.*, Vol.950, pp.1-16, 2001.

＊19　養老孟司『人間科学』、筑摩書房、2002年。

行っているのもまた人間であるという、最も当たり前ではあるが、ときとして忘れがちな地点に立ち返って諸学の共通事項を明示的に表現することが必要ではないだろうか。そこで、統合の大枠としての認識科学的統合と設計科学的統合を考察する。

認識科学的統合と設計科学的統合

日本学術会議の新しい学術体系委員会は、〝あるものの探求〟をする「科学のための科学」を認識科学、〝あるべきものの探求〟をする「社会のための科学」を設計科学と記述している。[*20] 後者は価値と目的を伴う価値命題に重きを置くもので、設計科学 = 人工物システム科学とされる。認識科学と設計科学を繋ぐ概念は「秩序原理」であり、そこには法則とプログラムがある。物質科学で重視される法則は不変のものであるが、生命科学の信号性プログラムと人文・社会科学の表象性プログラムは変動する。トランスディシプリナリティの第二法則はこのプログラムを強調しているのかもしれない。[*17] 認識科学を構成する学問分野には人文学、数学、経済学など様々なものが独立、あるいは相互作用して存在する。しかしながら、設計科学を構成する単独の学問分野というものを想像するのは難しい。価値命題を重視し、問題解決能力を有する学問体系ができてはじめて、それを設計科学と称するためである。したがって、「認識科学的統合」には既存の統合方法があり、「設計科学的統合」にはそれがないということになる。

＊20　日本学術会議　新しい学術体系委員会「新しい学術の体系――社会のための学術と文理の融合」、2003年。
http://www.scj.go.jp/ja/info/kohyo/pdf/kohyo-18-t995-60.pdf

日本語で「設計」といった場合には、建築あるいは情報通信分野で用いられることが多く、工学的な色彩が強く意味が限定されている。一方、英語の design が使用される場面は、「下絵、略図、配置、構造、図柄、模様、デザイン、意匠、様式、型、案、計画、意図、狙い、たくらみ、陰謀」などより広い範囲にわたっている。ここでは、より広義の意味をもつ design を日本語での「設計」が意味するところとする。また、「人工物システム」については、あらゆる物質的な構造物（ハード）と、あらゆる社会制度（ソフト）の両面を指し示すことになるという立場をとることにしたい。

また、地球環境問題の解決に資する設計を行う場合は、設計者自身を含むシステム設計であることを忘れてはならない。このような立場は、環境問題の本質的な解決とは、「個人、家族、地域、国家、世界、地球」といったあらゆる社会階層における、なんらかの環境への作用を及ぼすような政治的な決定において、地球環境という価値を織り込ませることができるかにかかる、と主張する科学史家の米本昌平と同根のものである。[*21] これは、技術的な開発だけでは環境問題は本質的に解決しないというもので、人間文化のあり方を問う主張でもある。しかも、これらの階層は相互に結びあっているために、すべてを同時に考える論理体系の基盤となる総合地球環境学が必要となる。これを構築するのが地球研のミッションである。

たとえば、「飛行機を設計する」といった工学的な設計ならば、「飛ぶ」という目的を明確に設定することができるため、設計自体は困難ではない。一方、地球環境問題における価値設定で難しいのは、価値を一元化できない点である。また、飛行機ならば明確に飛行機というシス

＊21　米本昌平『地球環境問題とは何か』、岩波新書、1994年。

テムの境界を設定することができるが、地球環境問題においては、境界設定が難しい。これは言い換えると、主体のとり方が「個人、家族、地域、国家、世界、地球」までの大きなスペクトルに渡っていることに起因すると考えられる。しかしながら、地球環境問題に関する研究の蓄積により、問題解決のための大きな主題は出揃っているとも言える。

地球研では、人間と自然系の相互作用環を明らかにする現状認識の科学（認識科学）から、目的や価値を伴う人工物システム（社会制度を含む）構築のための科学（設計科学）へと進む研究を展開している。組織的（形式的）には、「〝人間と自然系の相互作用環〟を解明する認識科学を実践する領域プログラム」と、「〝地球環境問題の解決〟に資する設計科学を主導（社会をデザイン）する未来設計イニシアティブ」を統合する形になっている。設計科学的統合には、目的・価値の設定だけでなく、具体的なシステム構築のための諸方法論を確立する必要があるように思える。しかしながら、この方法論はどうしても認識科学的アプローチに頼りがちになっている。また、地球研における設計科学的統合の進捗状況や、文理融合の実態を評価する方法としては、前述の統合知CENSUSなどが有効であろう。

地球研の総合地球環境学ゼミナール（EHE）で整理されたプロ・サイエンティフィック《pro-scientific》・インテグレーションとプロ・ヒューマニスティック《pro-humanistic》・インテグレーションは、それぞれ認識科学的統合と設計科学的統合に対応する（**表1**）。前者はインターディシプリナリティ、後者はトランスディシプリナリティに対応している。後者は社会のニーズに応じて問題解決型志向であり、必

＊22　5th Framework Programme (FP5)

＊23　Bruce, A., Lyall, C., Tait, J., Williams, R., Interdisciplinary integration in Europe: the case of the Fifth Framework Programme, *Futures*, Vol.36, pp.457-470, 2004.

＊24　Scholz, R. W., Lang, D. L., Wiek, A., Walter, A. I., Stauffacher, M., Transdisciplinary case studies as a means of sustainability learning: Historical framework and theory, *Intl. J. Sustain. High. Learn.*, Vol.7, pp.226-251, 2006.

表1　認識科学と設計科学の対応

	認識科学	設計科学
設定される命題	事実命題	価値命題
統合の質	Interdisciplinary systematics (pro-scientific integration)	Transdisciplinary synthesis (pro-humanistic integration)

然的に利害関係者というキーワードを伴う。〝インターディシプリナリー・インテグレーション《interdisciplinary integration》〟にも利害関係者を考慮する意味合いが含まれている場合もある。たとえば、EU出資の大型共同研究プロジェクトにおいては、FP5の段階ではインターディシプリナリティが標準であったように思う。[22][23] 最近は、トランスディシプリナリティ・インテグレーションやトランスディシプリナリティ・リサーチの要素に利害関係者を含めるのが主流になってきている。[2・24〜28] 特に、トランスディシプリナリティ・リサーチでは、「科学と社会の共創」によって知の生産を行うことが強調され、Future Earth[29]などの国際プログラムでも大きく取り上げられてきている。しかしながら、科学と社会の連携が盛んになっても、学問上はほぼ単独分野によって構成されているトランスディシプリナリティ・リサーチも少なくないのが現状である。知の統合を掲げる地球研としては、トランスディシプリナリティ・リサーチの過程や成果にも、分野横断性と文理融合を盛り込む必要がある。

ここにミラーらのEP論を考慮すると、認識科学的統合はEP論を維持（支持）するもので、統合には個々の分野から派生した方法

＊25　Scholz, R. W., *Environmental Literacy in Science and Society: From Knowledge to Decisions*, p.650, Cambridge University Press, 2011.

＊26　Pohl, C., Transdisciplinary collaboration in environmental research, *Futures*, Vol.37, pp.1159-1178, 2005.

＊27　Alrøe, H. F. and Noe, E., *Multiperspectival science and stakeholder involvement: Beyond transdisciplinary integration and consensus*. 9th European IFSA Symposium, 4-7 July 2010, Vienna, Austria, 2010.

＊28　Wagener *et al*., The future of hydrology: An evolving science for a changing world, *Water Resources Res*., Vol.46: W05301, 2010.

＊29　http://www.icsu.org/future-earth 参照。

論を活用すればよいことになる。*[10] 一方、設計科学的統合の表現にはEP論の改訂が必要になり、トランスディシプリナリティという制約を設ける以上、「知の統合＝設計科学的統合」と解釈できなくもない。この展開は、養老に整合的である。*[19]

総合地球環境学研究所（地球研）における知の統合

知の統合は、学者間の会話や交流によって自動的に起こることはない。地球研には、様々な文理融合・連携型プロジェクトがあるが、個々のプロジェクトがどの程度の知の統合に貢献しているのかは、評価の難しいところである。

地球研の未来設計イニシアティブでは、「地球環境問題解決のための学問体系（総合地球環境学）創出」のために、プロジェクトの立ち位置を統合性の次元で評価することを行っている。地球研プロジェクトは、**表2**のような形で進行する。各プロジェクトやそのシーズ（ISに相当）は、人間と自然系の相互作用環の解明と地球環境問題の解決に資する研究の実践という究極目標を共有する一方で、それぞれ固有の問題設定などがある。これを、統合の質、統合の軸、問題設定の起点によって位置づけると、球座標（三次元の極座標）で表現することができる（**図1**）。地球にたとえるなら、緯度は統合の軸を示し、南極から北極に向けて地域→概念→方法という性質の異なる統合の分布を決める。経度は、問題設定の起点を示し、物質圏－生命圏－精神圏とい

表2　地球研プロジェクトの進め方

Incubation Studies (IS＝インキュベーション研究)
↓
Feasibility Studies (FS＝予備研究)
↓
Pre-Research (PR＝プレリサーチ)
↓
Full Research (FR＝本研究)
↓
Completed Research (CR＝完了プロジェクト)

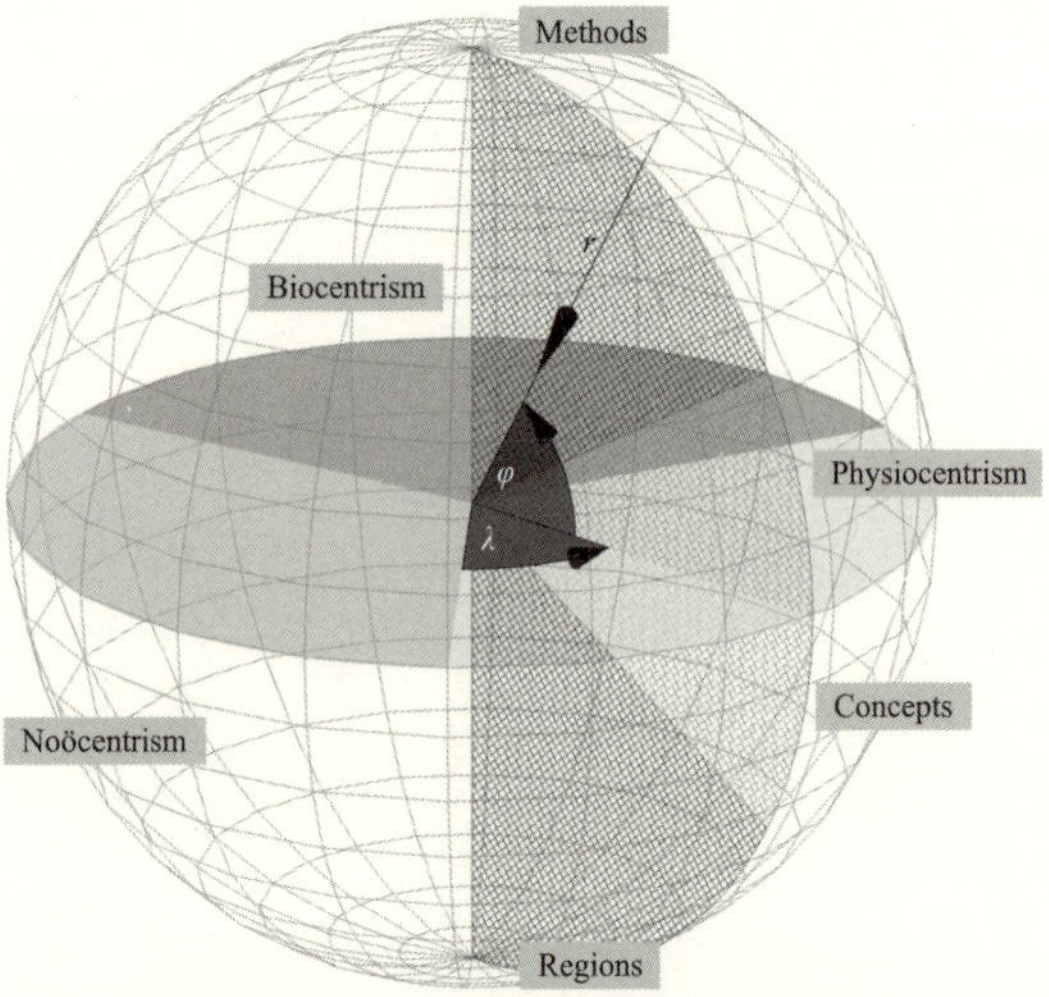

図１　総合地球環境学構築のための統合座標系

深度（r）は認識科学的統合から設計科学的統合への到達度。緯度（φ）は統合の軸としての地域、概念、方法。経度（λ）は、問題設定の起点で、物質圏 – 生命圏 – 精神圏というホラーキーを示す

うホラーキー《holarchy》を示している。また、統合の質を示す深度は認識科学的統合から設計科学的統合への進展に相当する。極座標系は、経度によって含中律を表現するのに適しており、一見、時空間スケールは精神圏→生命圏→物質圏の順で大きくなり、各圏の成立過程はその逆であるにもかかわらず、グローバルな対象とローカルな対象が接合するようなものを設定できる。

この座標系に二〇一二年度の地球研プロジェクトを配置すると、**図2**のような「地球研プロジェクト・クリスタリウム」となる。プロジェクト間の連携・継承関係を実線と矢印、プロジェクトの進行段階をプラトンの

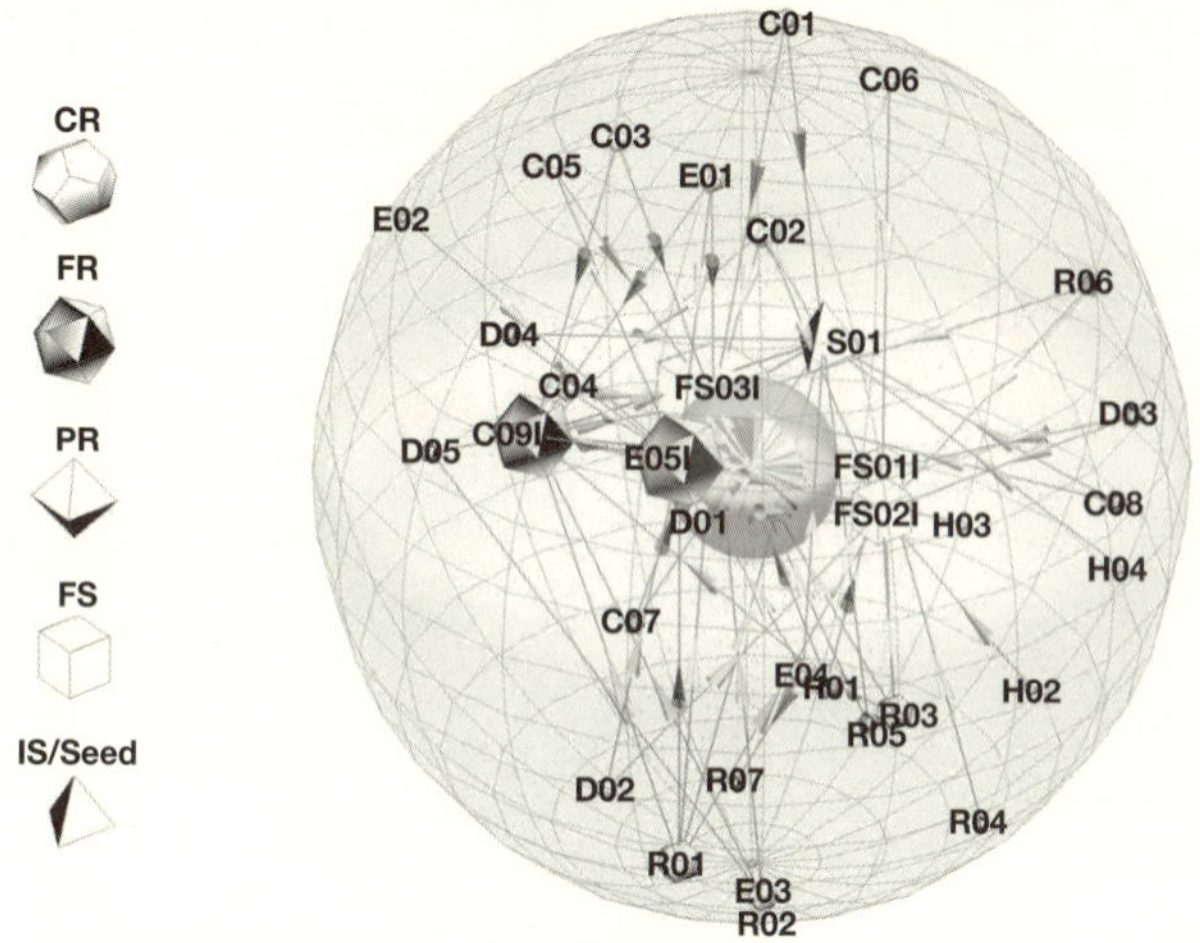

C01 大気中の物質循環に及ぼす人間活動の影響の解明
C02 地球規模の水循環変動ならびに世界の水問題の実態と将来展望
C03 近年の黄河の急激な水循環変化とその意味するもの
C04 北東アジアの人間活動が北太平洋の生物生産に与える影響評価
C05 都市の地下環境に残る人間活動の影響
C06 病原生物と人間の相互作用環
C07 温暖化するシベリアの自然と人——水環境をはじめとする陸域生態系変化への社会の適応
C08 メガシティが地球環境に及ぼすインパクト——そのメカニズム解明と未来可能性に向けた都市圏モデルの提案
C09I 統合的水資源管理のための「水土の知」を設える
D01 持続的森林利用オプションの評価と将来像
D02 日本列島における人間—自然相互関係の歴史的・文化的検討
D03 人の生老病死と高所環境——「高地文明」における医学生理・生態・文化的適応
D04 人間活動下の生態系ネットワークの崩壊と再生
D05 東南アジア沿岸域におけるエリアケイパビリティーの向上
E01 琵琶湖—淀川水系における流域管理モデルの構築
E02 流域環境の質と環境意識の関係解明——土地・水資源利用に伴う環境変化を契機として
E03 亜熱帯島嶼における自然環境と人間社会システムの相互作用
E04 社会・生態システムの脆弱性とレジリアンス
E05I 地域環境知形成による新たなコモンズの創生と持続可能な管理
H01 水資源変動負荷に対するオアシス地域の適応力評価とその歴史的変遷
H02 農業が環境を破壊するとき——ユーラシア農耕史と環境
H03 環境変化とインダス文明
H04 東アジア内海の新石器化と現代化——景観の形成史
R01 乾燥地域の農業生産システムに及ぼす地球温暖化の影響
R02 アジア・熱帯モンスーン地域における地域生態史の統合的研究——1945-2005
R03 民族／国家の交錯と生業変化を軸とした環境史の解明——中央ユーラシア半乾燥域の変遷
R04 熱帯アジアの環境変化と感染症
R05 アラブ社会におけるなりわい生態系の研究——ポスト石油時代に向けて
R06 東南アジアにおける持続可能な食料供給と健康リスク管理の流域設計
R07 砂漠化をめぐる風と人と土

図2　地球研プロジェクト・クリスタリウム

統合座標系における各地球研プロジェクトの立ち位置を示したもの。2012年度の各プロジェクトの進行段階を、プラトンの立体で表示。正4面体（IS/Seed）、正6面体（FS）、正8面体（PR）、正20面体（FR）、正12面体（CR）。矢印はプロジェクト間の連携・継承関係を示す。球の中心に総合地球環境学が位置する

立体で示す。これをプロジェクト・ネットワークと呼称すると、ネットワークの結節点としてのプロジェクトの中心度を、正多面体の大きさで表現できる。これは局所的統合を示す度合いとなる。大局的統合は総合地球環境学の創出であり、これは球の中心に位置する。具体的な結節点の体系化については、オントロジー工学で評価可能であると考える。[*30] 参考までに、三次元空間における統合座標系を二次元の極座標で示すと、**図3**と**図4**のようになる。

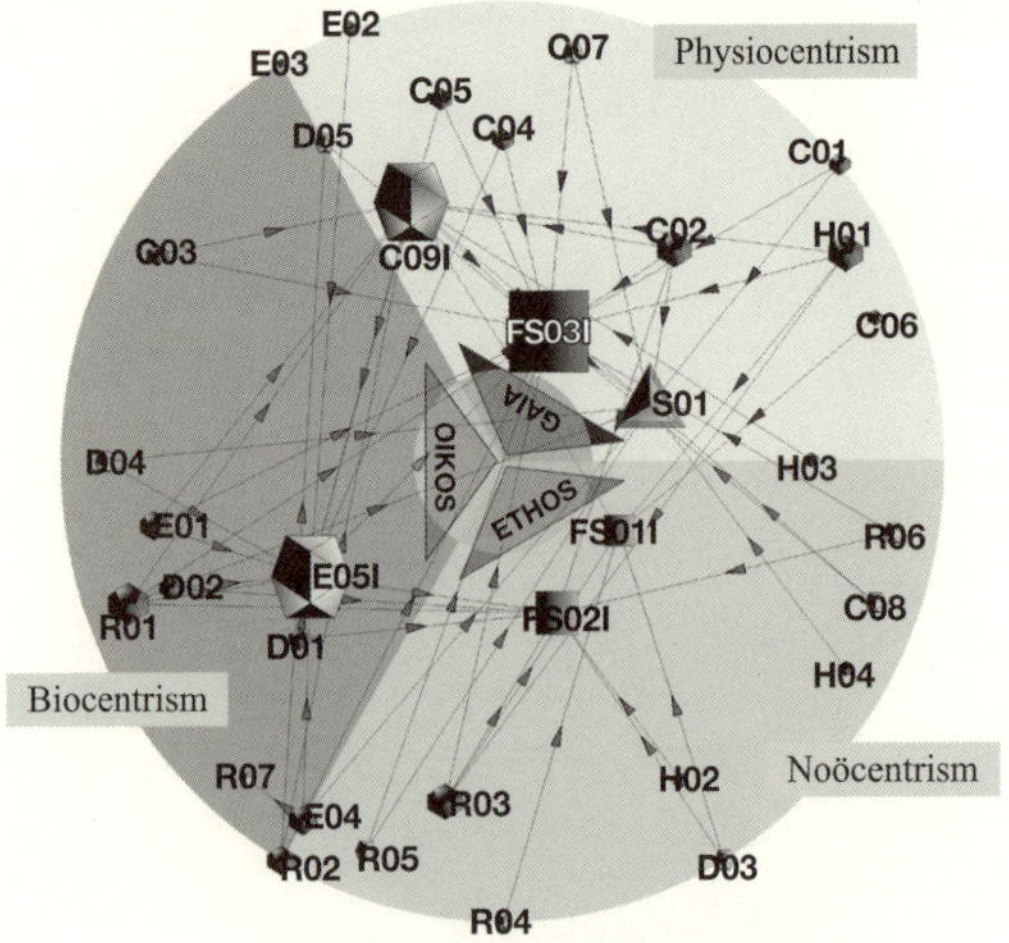

図3　図2の二次元平面（深度と経度）

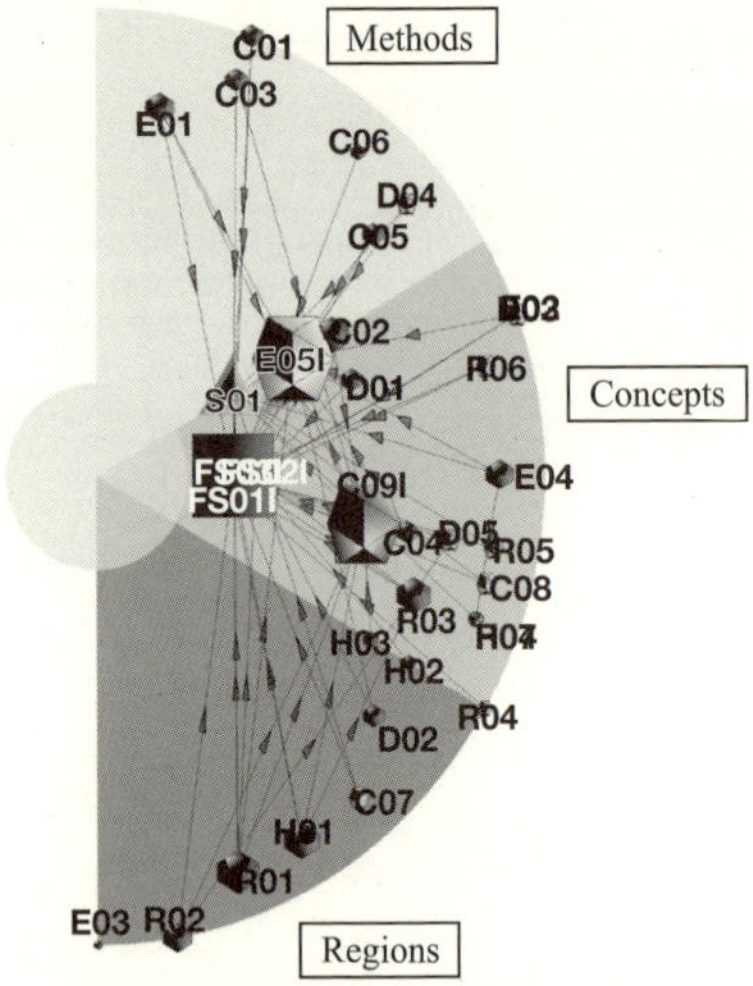

図4　図2の二次元平面（深度と緯度）

＊30　Kumazawa, T., Saito, O., Kozaki, K., Matsui, T., Mizoguchi, R., Toward knowledge structuring of sustainability science on ontology engineering, *Sustain. Sci.*, Vol.4, pp.99-116, 2009.

総合地球環境学の世界樹

アンネ・イェルネックらは、ルンド大学の持続可能性研究センターでの持続可能性学構築の試みを、三段階に分けて提示している。*[31] 段階は、理論、方法論、組織、教育の項目ごとに区分されている。同研究所は二〇〇八年に創設された研究所であり、向こう一〇年間での期待される統合への道筋を示している。一方、総合地球環境学研究所は二〇〇一年に創設され二〇一三年度には創設一三年を迎える。ルンド大学での試みと比較するとき、理論、方法論、組織、教育、ともに多少の方向性が異なるとはいえ、最終的な形態としては類似したものをもとめていることが認められる。地球環境問題の解決に向けたベルモント・チャレンジ《Belmont Challenges》など、近年は類似のグランド・チャレンジなど、近年は類似のグランド・デザインが存在する。プロジェクト・クリスタリウムは、統合の深度に応じて、グランド・クエスチョン《Grand Questions》を設定するためのツールとなることが期待される（図5）。認識科学的統合から設計科学的統合へ

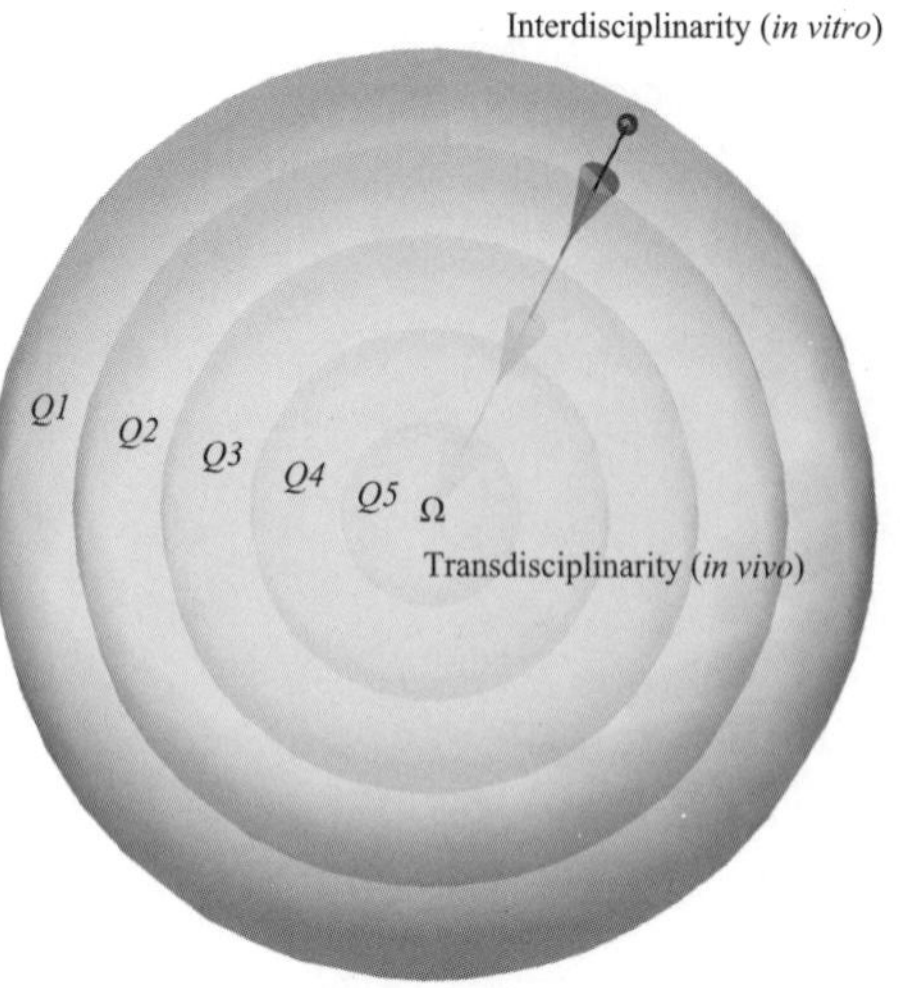

図5　地球環境問題解決のための グランド・クエスチョンの設定

＊31　Centre for Sustainability Studies. Jerneck, A., Olsson, L., Ness, B., Anderberg, S., Baier, M., Hickler, T., Hornborg, A., Kronsell, A., Lövbrand, E., Persson, J., Structuring sustainability science, *Sustain. Sci.*, Vol.6, pp.69-82, 2011.

進展し、地球環境問題の解決に向けた中心課題を設定しつつ、より設計科学的色彩の濃いプロジェクトを立案するのである。

このような背景のなかで、総合地球環境学の世界樹（図6）は、五つの領域プログラム[*32]を三つの未来設計イニシアティブ[*33]によって統合に導き、総合地球環境学を構築する方針を示している。

図6　総合地球環境学の世界樹

＊32　循環、多様性、資源、文明環境史、地球地域学
＊33　風水土、山野河海、生存知

第九章

地球システムと未来可能性

……………… 半藤逸樹

人間圏の存在

人間と自然系の相互作用環を議論するとき、地球システムにおけるサブシステムとしての人間圏《anthroposphere》の位置づけを明確にする必要がある。地球システムを、大気圏・水圏・雪氷圏・地圏・生物圏という五つのサブシステムに分類すれば、人間圏は生物圏の一部となる。

人間圏は生物圏から独立したものとして議論されることもある。地球史のなかで、その地位の確立は、人間圏の構成種であるホモ・サピエンス、あるいはホモ属の誕生の瞬間ではない。狩猟生活時代の人類は、生態系におけるただの消費者であった。生物としての人類は、肉食動物のような高次消費者の脅威にさらされる。狩猟生活は、衣食住の確保のみならず、外敵からの防御手段という意味でも脆弱であり、農業の始まりや都市の形成による定住生活化とそれに伴う定常的なエネルギーの獲得は、人類が種として存在するためには必然的な動きだったのではないだろうか。これが人間圏の確立の一つの形であったのであろう。

農業の起源には諸説あるものの、概ねヤンガードリアスの後である。[*1・2] 個体数の増加、すなわち人口の増加と防衛技術の発達を含む人間圏の発展は関係性が深く、実際、人口統計の時系列を解析すると、農業革命、産業革命、情報革命などの技術革命以降は人口が急激に増加していることがわかる。各技術革命は（その是非はともかく）、ジョン・ホールドレンとポール・アーリックなどの古典的な人口モデルにおいても、人口増加の主要因として位置づけられる。[*3]

＊1　Simmons, I. G., *Changing the Face of the Earth: Culture, Environment, History*, 2nd edition, Blackwell, 1996.

＊2　Tákacs-Sánta, A., The major transitions in the history of human transformation of the biosphere, *Human Ecol. Rev.*, Vol.11, pp.51-66, 2004.

＊3　Holdren, J., Ehrlich, P. R., Human population and the global environment, *Am. Sci.*, Vol.62, pp.282-292, 1974.

人口推計を問うのではなく、環境への影響という点から考察してみると、森林伐採や稲作の開始に人間圏と人類世《anthropocene》の確立を見出すこともできる。ウィリアム・ラディマンは、森林伐採による大気の二酸化炭素濃度上昇や稲作によるメタンの放出の起源を農業革命にもとめ、産業革命以降を人類世とするパウル・クルッツェンの主張とは異なる見解を示している。[*4・5]

持続可能性とレジリアンス論

地球システムにおける人間活動を中心とする持続可能性の他にも、持続可能性を議論する領域がある。宇宙論でフェルミのパラドックス《Fermi paradox》とよばれるものがある。これは、「宇宙の年齢と知的生命体が誕生するまでの時間スケールを比較した場合、知的生命体はすでに宇宙をみたしているのではないか。なぜ地球人は他の知的生命体に遭遇しないのだ?」ということである。このパラドックスに対する解にはいくつかの説があるが、近年、持続可能性説が提唱された。[*6] それは、「知的生命体は急激な発展をとげるため、資源の枯渇を招く。あるいは急激な発展を得て環境負荷を考慮した成長をするようになるため、他の知的生命体と遭遇しないでいる状態を保っている」というものである。持続不可能な成長形態でいるにしろ、持続可能な繁栄をとげているにしろ、フェルミのパラドックスに対するこの解は、天文学的な時間スケールの持続可能性解として統合されている。

＊4　Ruddiman, W. F., The anthropogenic greenhouse era began thousands of years ago, *Clim. Change*, Vol.61, pp.261-293, 2003.

＊5　Crutzen, P. J., The Anthropocene: geology of mankind, *Nature*, Vol.415, p.23, 2002.

＊6　Haqq-Misra, J. D., Baum, S. D., The Sustainability Solution to the Fermi Paradox, *J. Brit. Interplanet. Soc.*, Vol.62, pp.47-51, 2009.

さて、地球環境問題の文脈において、持続可能性の問題点としては、定義そのものに統一見解がないということ、特に時間スケールの設定がないことを取り上げたい。[*7] 持続可能性に端を発し、千年持続学という表現も生まれる一方で、持続可能性の指標に百年を越えるものはない。[*8・9] 実際、個々の人間の平均寿命を考えると、百年以上先の生活を想定するのはなかなか難しい。[*10] 持続可能性を、「人と自然の付き合い方」に関する目標とする解釈もあれば、「人と自然の相互作用環・共進化」とすることもある。[*11・12] そもそも、持続可能性とは、概して人間中心主義にもとづくものであるが、その認識については一様ではない。[*13]

たとえば、EUにおけるサステナビリティ《sustainability》とは、あくまでも生活を支えることであり、社会政策的側面が強い。EUでは、千年前に形成された都市のネットワーク全体を維持することが基本認識になっており、ヨーロッパでは、このような意味での長い時間スケールに対する共通認識があるものと推察できる。

自然環境はあらゆる時間スケールで変動するということがわかってきている。このような変動に対しては、人間社会は適応が難しいという可能性がある。その最たるものは、〝第三の環境問題〟[*14]に相当するような、地球科学が古くから扱ってきた地震や津波などの人為的な制御が困難な現象である。このような災害は、すべての世代を通して、ひとりの人生のうちに必ず一度は経験するという質の自然変動ではない。したがって、その経験が世代を超えて蓄積され、社会的な制度として定着することが難しい。[*15] 長い時間スパンで変化する自然変動を、いかに個々

＊7　政治的な意味合いでの問題点については、立本が議論している。Tachimoto, N., Hayasaka, T., Yumoto, T., Sato, Y. -I., Akimichi, T., Nakao, N., *Global Humanics of the Environment, Research Institute for Humanity and Nature, Kyoto, Working Paper* No. 1 (RIHN WP No. 1), 2008.

＊8　Tonn, B. E., Integrated 1000-year planning, *Futures*, Vol.36, pp.91-108, 2004.

＊9　Parris, T. M., Kates, R. W., Characterizing and measuring sustainable development, *Ann. Rev. Environ. Resour.*, Vol.28, pp.1-28, 2003.

＊10　Tonn, B. E., Futures sustainability, *Futures*, Vol.39, pp.1097-1116, 2007.

＊11　Svirezhev, Yu.-M., Svirejeva-Hopkins, A., Sustainable biosphere: critical overview of basic concept of sustainability, *Ecol. Model.*, Vol.106, pp.47-61, 1998.

の地域がもつ歴史性を考慮しつつ社会制度の中に組み込むか（経験の伝承法など）ということも、持続可能性を検討するうえで重要な研究課題となる。

近年、発展をとげているレジリアンス論は、持続可能性や未来可能性を議論するうえで重要な概念を提示している。レジリアンスの特徴として次の四つの属性がある。*16 ①許容度《Latitude》＝システムが変化しても回復力が機能する許容範囲（閾値・限界点）、②抵抗度《Resistance》＝システムを変化させることの困難さ、③危険度《Precariousness》＝システム現状の限界点への近さ（システム現状の危うさ）、④パナーキー《Panarchy》＝システムの階層構造のなかでスケール横断的な効果が起こる規模。社会・生態システムには系の内部で複雑な構造があるため、あるサブシステムに対し、他のサブシステムの変化も外力として作用する。これらは安定性地形《stability landscape》とよばれる三次元空間で図式化される（**図1**）。

システムのレジリアンスに影響する構成要素の能力を適応能力《adaptability》とよぶ。人間社会の適応能力において、運用あるいは検討されている環境政策の大枠には緩和《mitigation》・適応《adaptation》・転換《transformation》の三つがある。一方、転換能力《transformability》とは、生態・経済・社会環境の諸条件が現状のシステムを維持できなくなったときに、根本的に新しいシステムを創造する能力である。生態環境に限定すれば、生物の進化も生物の転換能力といえる。人類は、生物圏から人間圏を確立する過程で、農業革命、産業革命、情報革命のような技術革命・革新を起こしてきたが、その変革を支えた生態環境を包括すれば、社会・生態システムの転換能力によって人間社会の転換も起こったという解釈ができる。*17 文明や技術革命の発端は、全球で同期して起こるわけではなく、地域固有の社会・生態システムの

＊12　Newman, L., Uncertainty, innovation, and dynamic sustainable development, *Sustain. Sci. Pract. Policy*, Vol.1, pp.25-31, 2005.

＊13　McShane, K., Anthropocentrism vs. nonanthropocentrism: Why should we care?, *Environ. Values*, Vol.16, pp.169-185, 2007.

＊14　立本成文「地球環境学総説」総合地球環境学研究所編『地球環境学事典』弘文堂、2010年。

＊15　大熊孝『洪水と治水の河川史――水害の制圧から受容へ』平凡社、1988年。

＊16　Walker, B., Holling, C.S., Carpenter, S.R., and Kinzig, A., Resilience, adaptability, and transformability in social-ecological systems, *Ecol. Soc.*, Vol.9, p.5, 2004.

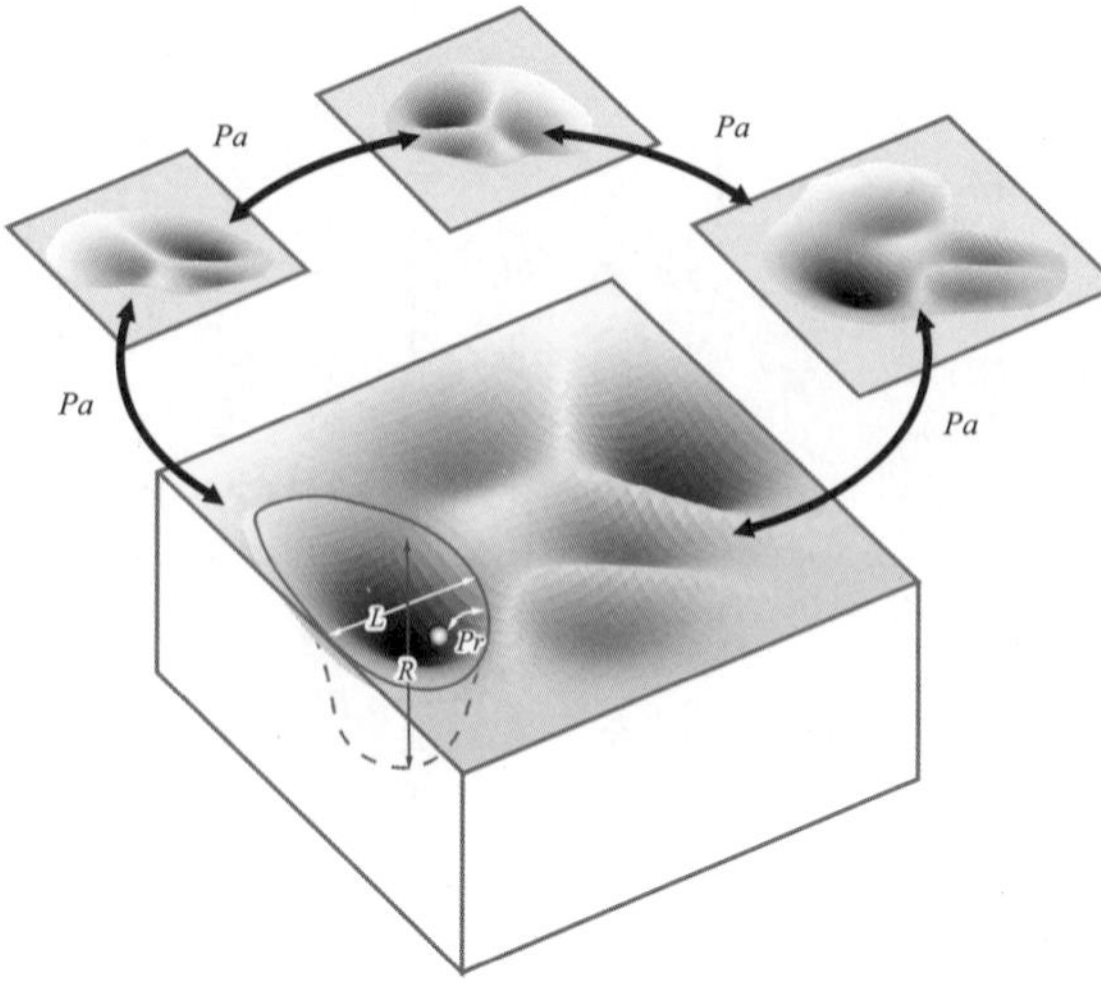

図1　安定性地形における許容度(L)、抵抗度(R)、危険度(Pr)の幾何学的表現
パナーキー(Pa)はスケールの異なるサブシステム間の相互作用を示す。＊16を参考に改訂

転換能力の独自性が具現化した結果と考えられる。社会・生態システムの適応能力および転換能力は、地球システム総体のレジリアンスの内側で形成されてきたものである。

人間活動に対する地球の収容力や、持続可能性論の展開に必要な地球システムの諸過程の理解を踏まえて、ガイア論における地球の自己調節機能に関連してレジリアンスを定量化する試みに、ストックホルム環境研究所エグゼクティブ・ディレクターのヨハン・ロックストロムらが提唱したプラネタリー・バウンダリーズ《Planetary Boundaries》(PBs＝人間活動に対する地球の限界)がある。＊18 具体的には、レジリアンスの特徴の一つである許容度に相当する尺度である。PB

＊17　Handoh, I. C., and Hidaka, T., On the timescales of sustainability and Futurability, *Futures*, Vol.42, pp.743-748, 2010.

＊18　Rockström, J., Steffen, W., Noone, K., Persson, Å., Chapin, F.S. III., Lambin, E. F., Lenton, T. M., Scheffer, M., Folke, C., Schellnhuber, H. J., Nykvist, B., de Wit, C. A., Hughes, T., van der Leeuw, S., Rodhe, H., Sörlin, S., Snyder, P. K., Costanza, R., Svedin, U., Falkenmark, M., Karlberg, L., Corell, R. W., Fabry, V. J., Hansen, J., Walker, B., Liverman, D., Richardson, K., and Crutzen, P., and Foley, J. A., A safe operating space for humanity, *Nature*, Vol.461, pp.472-475, 2009 (Planetary Boundaries: Exploring the Safe Operating Space for Humanity, *Ecol. Soc.*, Vol.14, p.32).

ｓには、気候変動、海洋酸性化、成層圏オゾンの減少、生物多様性の損失、窒素・リンの生物地球化学的物質循環、全球規模の淡水の利用、土地利用の変化と、いまだに定量化に至っていない大気エアロゾルの負荷と化学汚染を含む九つの項目がある。ＰＢｓは持続可能性の尺度として革新的なものとして注目され、様々な議論を呼んでいる。例えば、リンの生物地球化学的物質循環のＰＢには、著者が一〇年前に行った白亜紀の海洋無酸素事変に関する研究の成果の一部が採用されているもの の、*19 現在のリンの貯蔵量や人間活動を考慮すれば、このＰＢに関する数値や基準は更新されても不思議ではない。

ＰＢｓのうち、気候変動、生物多様性の損失、窒素の物質循環はすでにその限界点を超えており、地球システムが不可逆な状態に陥っていることが指摘されているが、ＰＢｓは複雑な相互作用をするため、一つの項目に対応して我々が適応能力を発揮したところで問題が解決する保証はない。

一方、転換にはシステムの内部で能動的に起こるものと、外部から強制されて起こるものがある。システムに対する騒乱・擾乱には内在的なものもあり、外力と正のフィードバックを引き起こすものもある。ＰＢｓの項目の一つが、その限界点を超えており、地球システムが不可逆な状態に陥っていることが真実であったとしたら、地球システムを構成しているあらゆる社会・生態システムは、すでにある程度は転換しているか、転換する必要があるということになる。グリーンビジネスなどは、その転換の一形態である。緩和政策のための地球工学も、その

＊19 Handoh, I. C., and Lenton, T. M., Periodic mid-Cretaceous Oceanic Anoxic Events linked by oscillations of the phosphorus and oxygen biogeochemical cycles, *Global Biogeochemical Cycles,* Vol.17, p.1092, 2003.

構想自体は、地球環境問題解決のために社会・生態システムの諸過程を定性的に変えるという点で、従来の排出量削減に比べれば転換政策に近いといえる。[*20]

未来可能性

著者と日高敏隆は、地球環境問題を人間と自然系の相互作用環として捉えるところから持続可能性の考察を始め、カロリー・ヘンリッチのメタファー論を参考に、「持続可能な寄生から未来可能な相利共生へ」というパラダイムシフトを提唱した。[*17・21] これを、オーストリアの理論物理学者エルヴィン・シュレーディンガーの生命と環境の関係に対比させると、地球環境問題は、人が地球における生命の一部である限り、逃れられない運命であるかのようにみえる。[*22] 地球研の「環境問題の根源は、人間文化の問題にある」[*23]という哲学以前の、人間＝生命としての問題である。しかしながら、環境に負荷をかけ続けるほど人間圏が拡大してきたこと、そして、その行為を引き起こした（引き起こしている）人類が、それを問題として認識できる観測者になっていることが、地球環境問題が問題とされる理由である。この議論は、観測者効果を加味して行うべきであろう。[*24・25]

前述のパラダイムシフトについて、PBsを導入すると、「持続可能な寄生」とはPBsに漸近するような人間と自然系の共進化として定義できる。自然の多様性、そして、自然の一部と

＊20　Matthews, H. D., Caldeira, K., Transient climate–carbon simulations of planetary geoengineering, *Proc. Nat. Acad. Soc.*, Vol.104, pp.9949-9954, 2007.

＊21　Henrich, K., Gaia Infiltrata: the Anthroposphere as a complex autoparasitic system. *Environ. Values*, Vol.11, pp.489-507, 2002.

＊22　Schrödinger, E., *What Is Life?*, Cambridge University Press, 1944.

＊23　http://www.chikyu.ac.jp/rihn/annai/index.html 参照。

＊24　Bostrom, N., *Anthropic Bias: Observation selection effects in sciences and philosophy*, Routledge, 2002.

しての文化の多様性を考慮する場合、一元的な持続可能性あるいは未来可能性の時間基準をすべての地域に一律に設定することは現実的ではない。したがって、「未来可能な相利共生」とは、多種多様な人間文化を維持するうえで必要最低限な環境負荷を、地域固有の環境許容限界として定めるヒューマニティ・バウンダリーズ《Humanity Boundaries》（ＨＢｓ）ともいうべき基準に漸近させる、人間と自然系の共進化として定義できる（図2）。

現在の人間活動は、明らかにこのＨＢｓを上回る環境負荷を与えるため、その行為に制限をかけ、自然系に対する負荷を軽くするだけで、「持続可能な寄生」から「未来可能な相利共生」への移行となり得る。ＨＢｓまで環境負荷を漸近させることができれば、その後の人間と自然系の共生形態は、片利共生であるかもしれない。ＰＢｓのダウンスケールを行い、地域単位のガバナンス基準を模索する試みもあるが、今のところは実用化される見通しがない。ＰＢｓ論は、二〇一二年三月のロンドンでのプラネット・アンダー・プレッシャー《Planet Under Pressure》という国際会議や同年六月のリオ＋20でも議論された。また、デボラ・トライプレイ、ペーター・ロデリック、メイ・ワンという三人の弁護士がプラネタリー・バウンダリーズ・イニシアティブ《Planetary Boundaries Initiative》を立ち上げ、貧困と不正を根絶するための持続的な支援・活動を一〇〇か国以上で展開している団体、オックスファムのうち、オックスファム・グレートブリテン《OXFAM GB》のケイト・ラワースが、ＰＢｓの範囲内で社会の公平性を実現するソーシャル・バウンダリーズ《Societal Boundaries》を提唱するなど、ＰＢｓに関する活発な議論や活動が継続されている。

＊25　Ćirković, M. M., Sandberg, A., Bostrom, N., Anthropic Shadow: Observation selection effects and human extinction risks, *Risk Analysis*, Vol.30, pp.1495-1506, 2010.

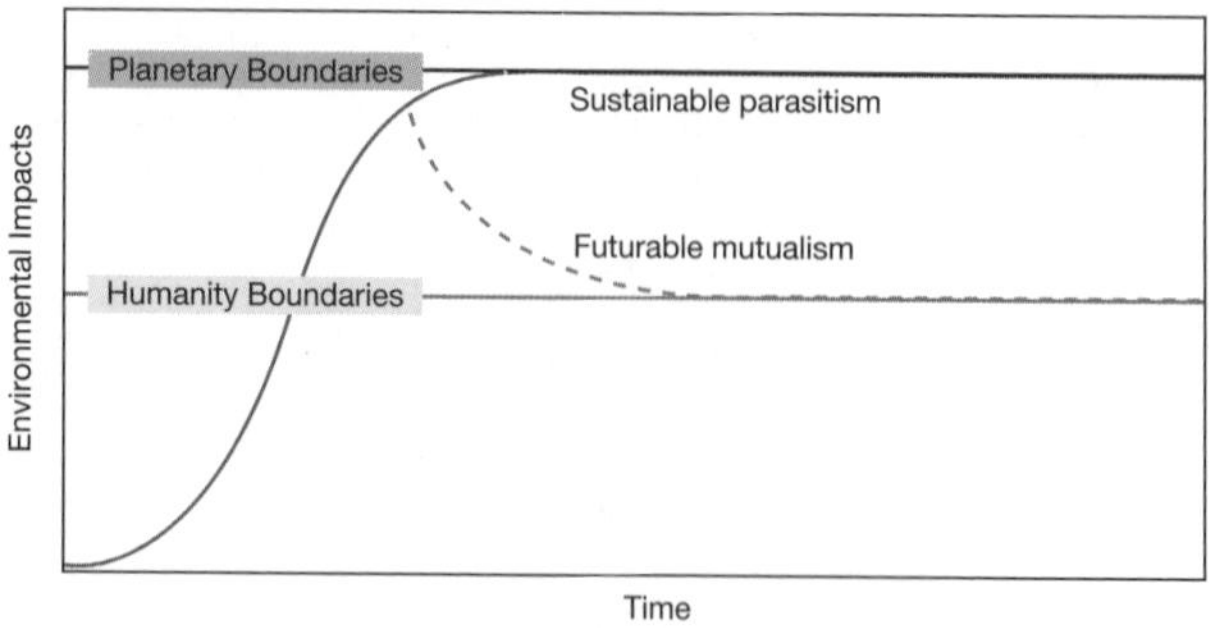

図2　人間と自然系の共進化と環境負荷
プラネタリー・バウンダリーズとヒューマニティ・バウンダリーズに関連する〈持続可能な寄生〉と〈未来可能な相利共生〉の概念

さて、「持続可能な寄生」とは、多義的に理解されがちな持続可能性の概念のなかでも、人間中心主義《anthropocentrism》を前提としたものである。一方、「未来可能な相利共生」は、エコ・アンスロポセントリズム《eco-anthropocentrism》ともいうべき共生の概念があり、人類が地球環境問題を解決するプロセスの存在が前提となっている。このような想定は、持続可能性の議論にも含まれているものの、未来可能性は持続可能性よりも強い問題解決型指向をもつ概念といえる。

問題解決には具体的な解決方法の設計が必要になる。日本学術会議は、「ある姿の探究」を主な目的として発展してきた従来の科学を「認識科学」、「あるべき姿の探求」を目的とする知の営みを広い意味での「設計科学」という名称でまとめている。*26 ヒュームの法則《Hume's law》に照らし合わせると、厳密には「ある姿」から「あるべき姿」を導くことはできない（Is-ought問題）。しかし、人間と自然系の相互作用環を論ずる場合、「ある姿・あった姿」の検証から、「あるべき姿の候補として地球環境問題解決型の

＊26　日本学術会議 新しい学術体系委員会「新しい学術の体系——社会のための学術と文理の融合」、2003年。http://www.scj.go.jp/ja/info/kohyo/pdf/kohyo-18-t995-60.pdf

未来設計」を探ることは可能ではないか。

「認識科学を踏まえた設計科学の実践」において、ヒュームの法則に矛盾しないように、次の二つの公理を設ける。「価値（現在）は事実（現在）と独立する」、「価値判断のシミュレーター（＝人間）に事実（過去・現在）が同化することで、価値（未来）は更新される」。このとき、未来可能性を「プロセス指向の未来可能性」と「目標指向の未来可能性」に区別すると、日高敏隆に端を発する未来可能性論を次のように集約できる。

プロセス指向の未来可能性

日高予想その一　「人間と自然系の相互作用環の〈ある（あった）姿（事実命題Fp）〉から、地球環境問題を解決するための〈あるべき姿（価値命題Vp）〉を導くことは可能である」。未来可能性を写像として解釈し、f：Fp→Vpのように定義する**（図3）**。立本の〈Human potential for a harmonious human-nature relationship〉もこれに相当し、インドの経済学者アマルティア・センのケイパビリティ《capability》は未来可能性の部分集合になる。[*14・27] 半藤と日高における未来可能性の暫定的な定義もプロセス指向である。[*17・28]

目標指向の未来可能性

日高予想その二　「人間と自然系の相互作用環の〈ある（あった）姿（Fp）〉を踏まえ、〈あるべき

＊27　Sen, A., Human rights and capabilities, *J. Human Dev.*, Vol.6, pp.151-166, 2005.

＊28　Futurability= A human–environment co-evolutionary process which leads to a truly sustainable anthroposphere that will survive beyond the next few hundred years

姿〈Vp〉の候補から地球環境問題解決の可能性〉を探ることができる」。これは、次のようなベイズの定理で解釈可能であり、ⓐと置く(**図4**)。ここで、ⓑ P(Vp|Fp)は未来可能性(事後分布)を示す。ⓒ P(Vp)とⓓ P(Fp)は、それぞれ価値命題を反映する未来設計(事前分布)、過去・現在の状況を表す事実命題である。ⓔ P(Fp|Vp)は、尤《ゆう》度関数になるが、価値命題を設定したうえで現在の事象を動かすという点で、バックキャスティングに相当する。厳密なバックキャスティングではないので、「疑似バックキャスティング」とよぶ。未来から現在を診る視点は、大西健夫に整合的である。[*29]

どちらの未来可能性においても、それを支えるのは人間–自然系における「人間社会の適応能力」と「社会・生態システムの転換能力」である。「未来可能な相利共生」とは、人間と自然系の共進化を促す転換政策の実践を暗示するのである。

未来設計

PBsの議論においても、地球システムは複雑であり、人間活動の様々なインパクトがどのように自然に作用し、どのような結果をもたらすのかということに関しては、予防原則や不確実性予測の有無にかかわらず、定量化されきることはないと思える。

人類存続のため、半藤と日高が提案した超エネルギー革命と意識革命は、それぞれ「科学技

＊29　大西健夫「未来可能性――持続可能性をこえて」総合地球環境学研究所編『地球環境学事典』所収、582-583ページ、弘文堂、2010年。

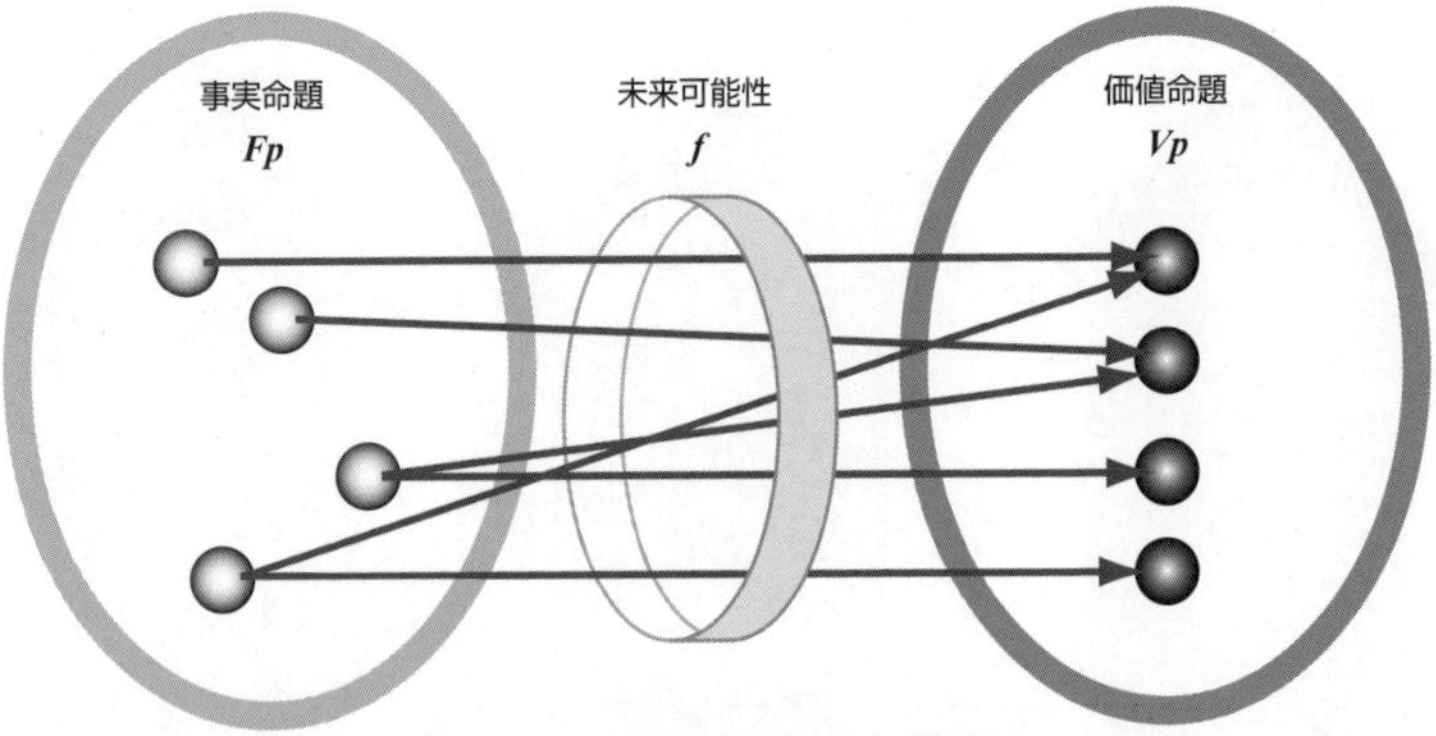

図３　プロセスとしての未来可能性
事実の集合は未来可能性という写像によって価値の集合に投射される

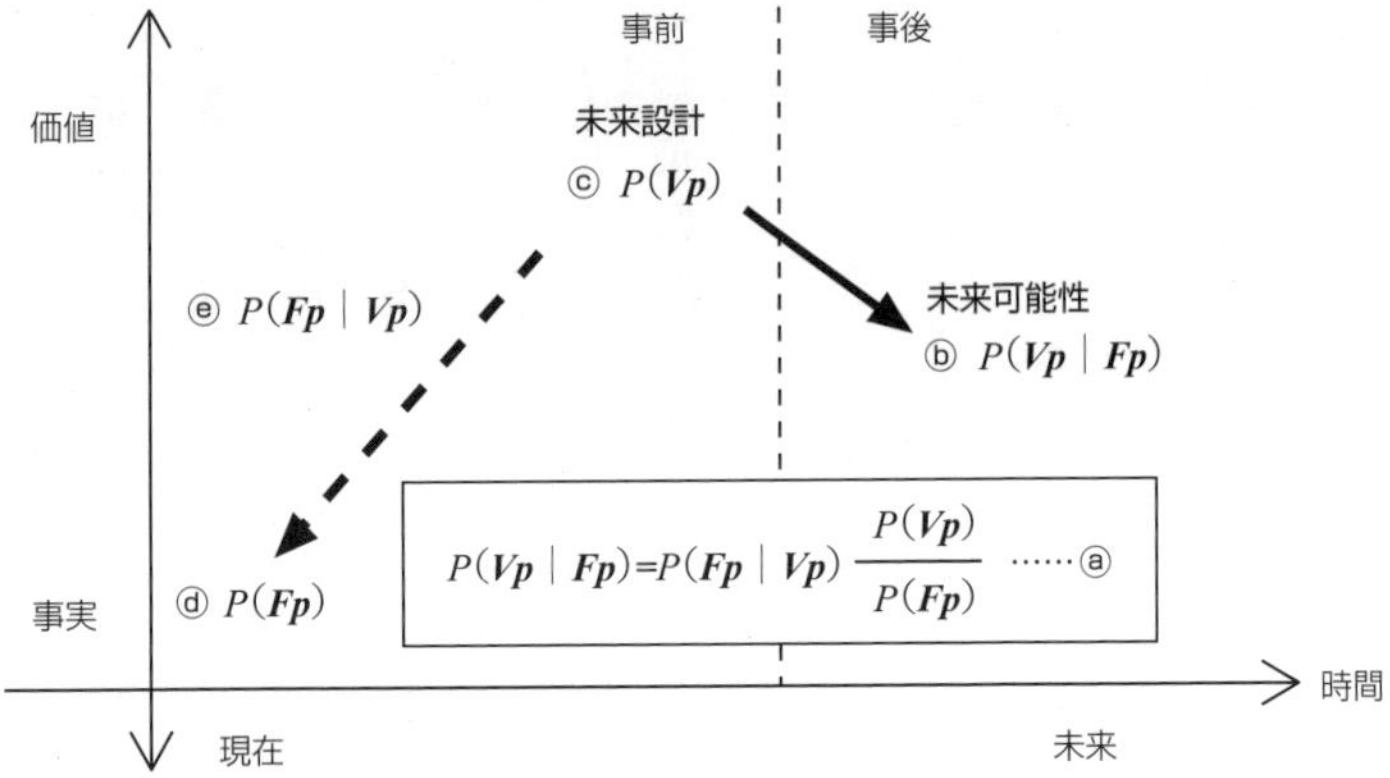

図４　目標あるいは結果としての未来可能性
未来可能性は未来設計の事後分布となる

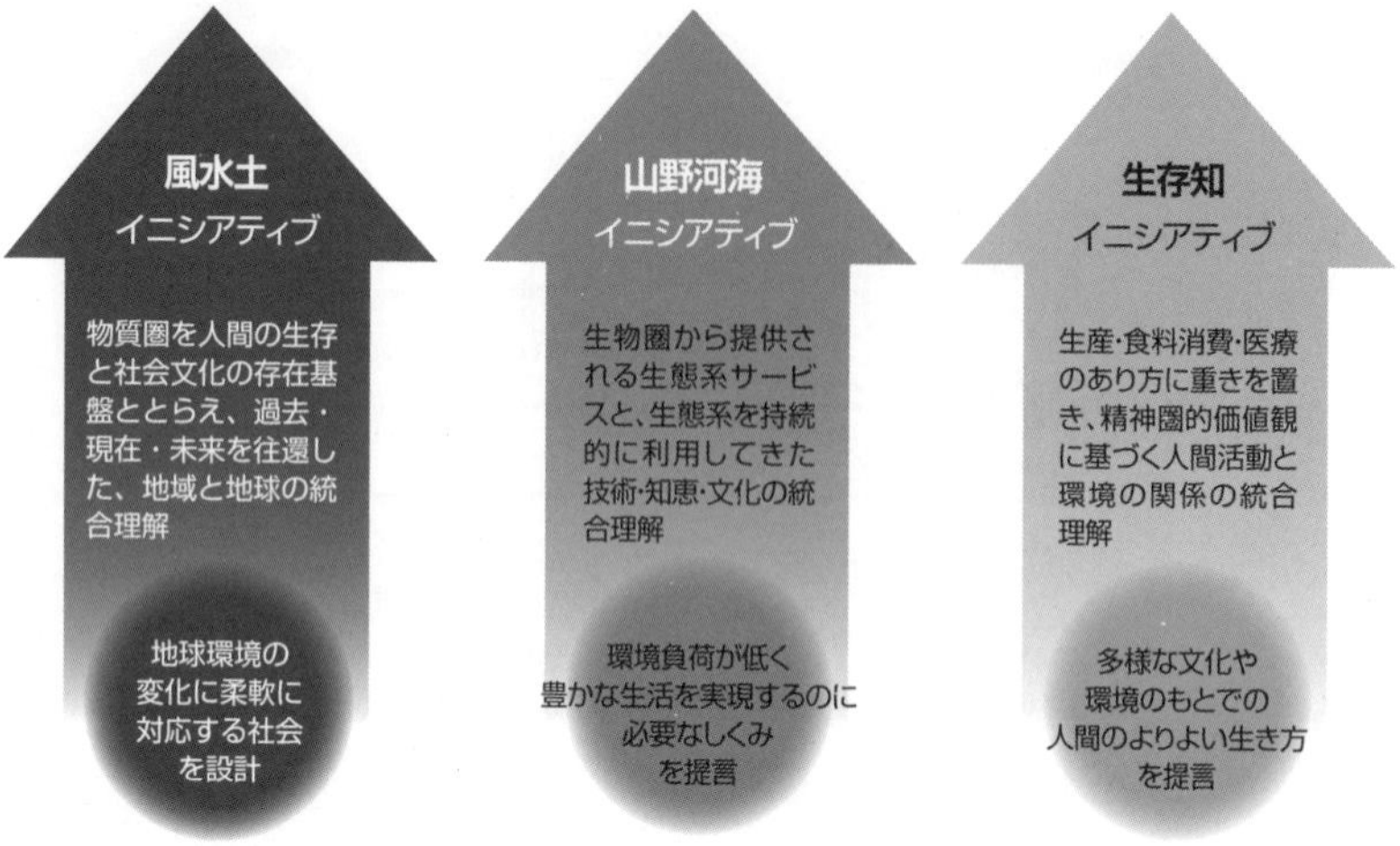

図５　地球研における未来設計イニシアティブ
風水土、山野河海、生存知の問題設定の起点は、それぞれ物質圏、生物圏、精神圏となる

術を駆使した循環型社会」と「自然共生社会」に対応している。*[17] 人類圏の寿命を延ばすという観点では、どの革命も「持続可能な寄生から未来可能な相利共生へ」というパラダイムシフトに乗るものである。また、未来可能性には、予防原則の適用が必要不可欠であり、ポスト《posthuman》ヒューマンの存在も視野にいれて時空間軸の設定を行うべきであろう。*[17・24・29・30・31]

一口に未来可能な相利・片利共生といっても、地球システムにおける人間圏の位置づけには、いくつかのシナリオが考えられる。いわゆる循環型社会、低炭素社会、自然共生社会などの社会設計には、想定される時空間規模に応じたフレームワークを構築する必要があろう。低炭素社会と循環型社会は互

＊30　Ravetz, J., The post-normal science of precaution, *Futures*, Vol.36, pp.347-357, 2004.

＊31　安部浩「地球環境学の構想と予防原則の形而上学的基礎づけ ── H・ヨナスの『未来の倫理学』の一解釈」『文明と哲学』No.1、138-152ページ、2008年。

いに独立した社会構想として議論されることがあるものの、本質的には相反するものではない。世界貿易機関（WTO）と国連環境計画（UNEP）は、国際貿易が気候変動に与える影響について、低炭素化社会を見据えて言及しているが、物質循環に関わる資源の利用や産業のあり方は循環型社会構想にも繋がる。[*32] 物質循環における炭素の行方に着目すると、低炭素社会は、目的とするところが環境負荷を全球規模で下げる構造となる。いずれのシナリオも、当面は緩和・適応・転換政策を混成するのが現実的であるが、緩和・適応で逃げ切れるか、早い段階で適応・転換政策に完全移行するかが未来可能性の分岐点ではないか。

地球研の未来設計イニシアティブでは、このような背景のなかで、三つのイニシアティブ（風水土＝GAIA、山野河海＝OIKOS、生存知＝ETHOS）によって未来社会のデザインを目指しているのである（**図5**）。

＊32　World Trade Organization, *Trade and Climate Change*. WTO-UNEP Report, p.166, 2009.

跋

本書の生い立ち

総合地球環境学研究所のプロジェクトの多くが、地球地域学の枠組みで自然科学的なテーマを追ったものである。五年周期のプロジェクトは、すでに二〇に近い数を完了させている。それらを俯瞰的に統合して、総合地球環境学の教本ないしは副読本をつくろうという発想は、若い人によってはぐくまれた。

その一つが、「地球システムの環境人間科学」(Environmental Humaincs of the Earth System、略称EHE教本)である。一応英語の直訳を挙げているが、むしろ「人間科学としての地球環境学」としたほうが趣旨をより伝えていると思う。地球研の目指す文理融合の総合地球環境学なのである。

この事業は若い人の熱心な参加でうまくいくと思われていたが、諸般の事情で挫折した状態になっていた。今後若い人たちが意図を引き継いで大成してくれることを期待しているが、序文に記したように、地球研一二年の節目を記念して、これまでの成果をささやかであっても残しておく必要を感じて、急きょこの書を編むことを最終的に決意したのが二〇一二年一一月である。時間的制約もあって、残念ながら地球環境学の自然科学中心の成果は本書に収めること

ができなかった。また、第六章、第七章のように、私の論考が多いのは、別のかたちで「人間科学としての地域研究」の総括に私が用意していた論考を流用したせいもある。

ベルク氏の論文を入れたのは、もともと和辻哲郎の風土論を独自に解釈しなおした同氏の風土論こそ、人間と自然との相互作用環の解明に邁進する地球研で発展させるべき哲学であると感じていたからである。ちょうどそのときに、同氏が人間文化研究機構の二〇一二年度日本文化研究功労賞を受賞され、環世界と中観論と風土に関する講演をされることになった。これを機に同氏の論文を掲載したいというわたしたちの要請にこたえていただいて、受賞前に東京大学でされた講演記録を快く提出いただいたという経緯がある。

『総合地球環境学』構想

参考までに、教本『総合地球環境学』の初期の構想の一つを掲げておく。

総合地球環境学要綱（Humanity and Nature: Environmental Humanics of the Earth System）

第Ⅰ部　人間社会と自然とのかかわり

一章　人間と自然との哲学的考察

　ヒト・ひと・人・人間・人類

二章　世界のなかでの〈人間と自然との相互作用環〉と文明の問題

　自然・生態・環境・地球

生・生存・生活

風土・景観・文化・歴史・世界

未来世代への責任

三章　統合知（方法論）

知の統合

多次元的リアリティと統合知

設計科学的統合

コミュニケーションと理解

第Ⅱ部　認識科学——環境変化と環境問題

四章　循環と社会——地球システム

大気環境の変化、水・物質循環系の変化循環、水循環と流域環境、温暖化

五章　生物多様性と社会——地球システムの一部としての生態システム

生物多様性とその保全、生態系サービス、多様性と進化

六章　資源・能源（エネルギー）——地球システムの一部としての文明システム

資源枯渇（ポスト石油資源社会）、農、海洋資源

七章　地域環境——全体／部分問題

ガバナンス、東ユーラシア、砂漠化、酸性雨、ゴミ、公害、都市、アメニティ

八章　環境史と持続可能性——環境変化と環境問題
　　　科学技術・近代文明・巨大都市

第Ⅲ部　設計科学——価値意識と実践・制作

九章　環境主義の持続可能性——科学技術のあり方（自然管理運営シナリオ）

一〇章　生態主義の未来可能性——自然との付き合い方（政治・経済、ガバナンスのシナリオ）

一一章　エコソフィズムの人生設計——人間文化のあり方（倫理、人間摂生シナリオ）

この構成で、第Ⅱ部と第Ⅲ部とを地球研の成果を踏まえて取りあげるとなると、とうてい一巻では収まらない。そこで、複数の巻で構成するかたちの案も出された。各部を一巻以上とする案である。とくに第Ⅱ部と第Ⅲ部とを認識科学と設計科学を対立させるかたちではなく、第Ⅱ巻を「環境変化と環境問題解決へのシナリオ（動態的平衡）」とし、第Ⅲ巻を「統合的ソリューション（ガバナンスと未来可能性）」とする案も出た。

この教本作成準備の経過を踏まえて、本書は教本第Ⅰ部の精神を受け継ぐものであり、「人間社会と自然のかかわり」の巻と言える。いずれにしろ、本書は第Ⅰ部に当たる論考が収められているわけである。

謝辞

年度末の忙しいなか、執筆、校正、編集にご協力いただいた、執筆者、同僚に心より御礼申しあげる。要請を受けてくださり、快く掲載を許可していただいたオギュスタン・ベルク氏ならびに同氏の講演原稿の翻訳を快諾いただいた、東京大学大学院総合文化研究科・教養学部附属共生のための国際哲学研究センターには心より感謝する。

短い期間にこのようなかたちで出版できたのは、京都通信社の全力を挙げての支援があったからである。『総合地球環境学構築に向けて――地球研10年誌』同様、井田典子・松下貴弘・山本耕平ティームに大変お世話になったが、とくに山本さんには、すべての論文にわたって目を通してもらい、貴重なコメントを執筆者に投げかけていただき、また索引作成にご尽力いただいた。執筆者、翻訳者一同、深甚の感謝の意を表する次第です。

二〇一三年三月一〇日

京都上賀茂にて　立本成文

初出一覧

第一章「環境問題と主体性」 本書のために書き下ろし。

第二章「価値を問う――『関係価値』試論」 本書のために書き下ろし。

第三章「風土とレンマの論理」 2012年11月6日に行われた東京大学大学院総合文化研究科・教養学部附属 共生のための国際哲学研究センター主催の講演会（Mesology（風土論）in the Light of Yamanouchi Tokuryû's *Logos and Lemma*）原稿に基づき翻訳。

第四章「地域と地球」[*1] 『学術月報』（日本学術振興会、2001年11月号、21-25ページ）所収の原稿に加筆・修正。

第五章「地球環境問題と地域圏」 岐阜聖徳学園高等学校の総合科目「環境」の2010年度講義をもとに書き下ろし。

第六章「東アジア地域圏の構図」[*1] 『アリーナ』（中部大学、2006年3号、24-29ページ）。

第七章「海洋アジア文明交流圏」 書き下ろし。ただし、「附論 シノプシス」は2011年1月12日講書始儀における進講録。

第八章「統合知（方法論）」 半藤逸樹編『総合地球環境学序説』（RIHN ワーキング・ペーパー3号[*2]、2012年3月）所収の原稿に加筆・修正。

第九章「地球システムと未来可能性」 半藤逸樹編『総合地球環境学序説』（RIHN ワーキング・ペーパー3号[*2]、2012年3月）所収の原稿に加筆・修正。

※1 第四章と第六章とを援用して半藤逸樹編『総合地球環境学序説』（RIHN ワーキング・ペーパー3号、2012年3月）に「人間科学としての地域研究」と題した論文を掲載している。

※2 このワーキング・ペーパーは、跋に記載したEHE教本作業の成果である。

ま

み

も

よ

り

れ

欧文

き

く

け

こ

し

索引

執筆者紹介（掲載順）

鞍田 崇　くらた・たかし

1970年生まれ。総合地球環境学研究所特任准教授。1997年京都大学大学院人間・環境学研究科修士課程修了。2001年京都大学博士号（人間・環境学）を取得。総合地球環境学研究所研究部プロジェクト研究員、同上級研究員などを経て現職。主な編著に『焼畑の環境学――いま焼畑とは』（佐藤洋一郎監修、原田信男・鞍田崇編、思文閣出版、2011年）、『〈民藝〉のレッスン――つたなさの技法』（鞍田崇＋編集部編、フィルムアート社、2012年）など。

阿部健一　あべ・けんいち

1958年生まれ。総合地球環境学研究所教授。1987年京都大学大学院農学研究科熱帯農学専攻修士課程修了。京都大学東南アジア研究センター助手、国立民族学博物館地域研究企画交流センター助教授、京都大学地域研究統合情報センター助教授を経て現職。主な編著に『ラオスを知るための60章』（阿部健一・菊池陽子・鈴木玲子編、明石書店、2010年）、『生物多様性――子どもたちにどう伝えるか』（昭和堂、2012年）など。

オギュスタン・ベルク Augustin Berque

1942年生まれ。フランス国立社会科学高等研究院（EHESS）教授。1969年パリ大学地理学第三課程博士号を取得。1977年パリ大学文学博士号（国家博士号）を取得。東北大学理学部（地理学）客員研究員、北海道大学講師、東京日仏会館フランス学長、宮城大学客員教授などを経て現職。2009年、第20回福岡アジア文化賞大賞受賞。2012年、第2回人間文化研究機構日本研究功労賞受賞。主な著書に『空間の日本文化』（宮原信訳、筑摩書房、1985年）、『風土の日本――自然と文化の通態』（篠田勝英訳、筑摩書房、1988年）、『風土学序説――文化をふたたび自然に、自然をふたたび文化に』（中山元訳、筑摩書房、2002年）、『風景という知――近代のパラダイムを超えて』（木岡伸夫訳、世界思想社、2011年）ほか多数。

立本成文　たちもと・なりふみ

※編者紹介を参照。

半藤逸樹　はんどう・いつき

1974年生まれ。総合地球環境学研究所特任准教授。2000年University of East Anglia大学院環境科学研究科博士課程修了。2002年に同大学でPh.D.（環境科学）を取得。University of Sheffield応用数学科／地球観測科学センター研究員、総合地球環境学研究所研究部プロジェクト上級研究員、愛媛大学沿岸環境科学研究センター助教などを経て現職。主な論文に「On the timescales of sustainability and futurability」（共著、*Futures*, Vol. 42, No. 7, pp. 743-748, 2010）、論考に「レジリアンス概念論」（共著、香坂玲編『地域のレジリアンス――大災害の記憶に学ぶ』清水弘文堂書房、51-74ページ、2012年）など、地球システム科学・環境数理解析学分野で多数。

大西健夫　おおにし・たけお

1972年生まれ。岐阜大学応用生物科学部准教授。1998年京都大学大学院農学研究科地域環境科学専攻修士課程修了、2004年京都大学博士号（農学）取得。総合地球環境学研究所プロジェクト上級研究員などを経て現職。主な著作に“The dilemma of boundaries in environmental science and policy: Moving beyond the traditional watershed concept.” In: *Dilemma of boundaries*（共著, Taniguchi, M. and Shiraiwa, T. eds., Springer Verlag, Japan, pp. 249-256, ISBN-13: 978-4431540342, 2012）、論文に「Mechanism for the Production of Dissolved Iron in the Amur River Basin－a modeling study of the Naoli River of the Sanjiang Plain. From Headwaters to the Ocean」（共著、*Hydrological Change and Watershed Management*, pp.355-360, 2009）など。

編者紹介

立本成文　たちもと・なりふみ
1940年生まれ。総合地球環境学研究所長。1967年京都大学大学院文学研究科社会学専攻修士課程修了。1974年シカゴ大学博士号（人類学）を取得。京都大学東南アジア研究センター教授、同所長、中部大学国際関係学部学部長・教授、同大学院国際人間学研究科研究科長・教授などを経て2007年から現職。京都大学名誉教授。2003年、紫綬褒章受賞。主な著書に『東南アジアの組織原理』（勁草書房、1989年）、『地域研究の問題と方法――社会文化生態力学の試み』（増補改訂）（京都大学学術出版会、1999年）、『家族圏と地域研究』（京都大学学術出版会、2000年）、『共生のシステムを求めて――ヌサンタラ世界からの提言』（弘文堂、2001年）など。

人間科学としての地球環境学
人とつながる自然・自然とつながる人

2013年3月20日発行

編著　立本成文
発行　京都通信社
京都市中京区室町通御池上る御池之町309番地　〒604-0022
電話 075-211-2340　http://www.kyoto-info.com/
発行者　中村基衞
製版　豊和写真製版株式会社
印刷　株式会社冨山房インターナショナル
製本　株式会社吉田三誠堂製本所

Printed by Japan　ISBN978-4-903473-92-5

京都通信社の本　WAKUWAKUときめきサイエンス シリーズ

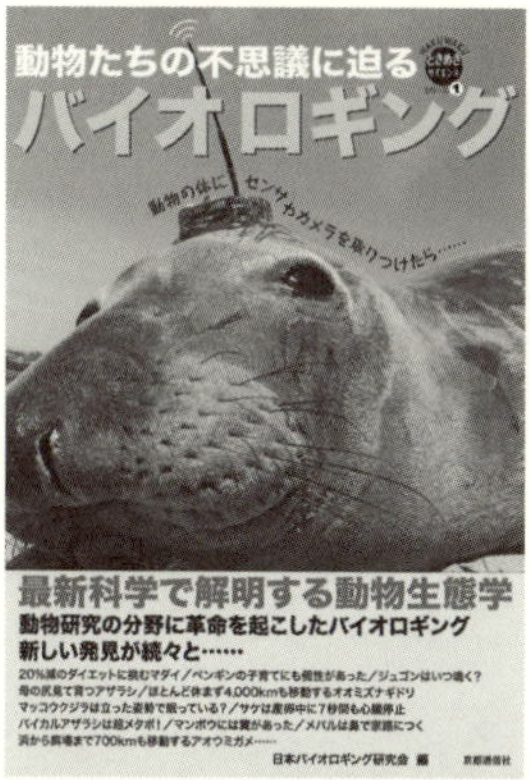

バイオロギング　最新科学で解明する動物生態学
日本バイオロギング研究会 編

動物の体にセンサやカメラを取りつけたら——
動物研究の分野に革命を起こしたバイオロギング
新しい発見が続々と……

■収録内容　母ガメは浜と餌場を700㎞も大移動／クルクルまわって、こまめに方向修正／子ガメの未来は測れるか／飼育ガメは「野性」を取り戻せるか？／ウミガメだって日光浴で体温調整／アザラシは教育ママ／バイカル湖でアザラシのメタボ検診／アザラシは真っ暗な海中でも迷わない／「眠る？マッコウクジラ」と眠れぬ私／イルカは先をお見通し／ジュゴンはいつ鳴く？／マンボウには翼があった／放流されたシロクラベラの行動は？／魚の王様・マダイの「絶食ダイエット」／ペンギンたちの未来を左右するもの／逃げる魚を追うカワウ、そのスピードは？　など

A5判　224ページ　1,905円（税別）

景観の生態史観　攪乱が再生する豊かな大地
森本幸裕 編

科学も技術も経済も発展しているのに
なぜ、生物多様性の危機を救えないのか——
総体として自然をとらえる景観生態学のまなざしに学ぶ

■収録内容　あなたは自然にいくら払いますか／「田んぼ」は、ほんものの自然じゃない？／ダルマガエルの棲む水田／勢力を拡大するツルヨシは劣化する河川環境の象徴か？／豪雪地帯に暮らす里山の知恵／屋敷林という景観に秘められた先人の知恵／都市にうまく棲みついた鳥たち／竹を侵略者にしてしまった日本人の後悔／多様性保全の方向を示唆するシダ植物と微地形の相性／階段を上るオオサンショウウオ／都市緑化技術の新しき展開に夢を託す／都市公園でトリュフを見つけた！／震災復興の二つの道、「要塞型」と「柳に風型」／復興へのシンボルとなる被災地の社叢　など

A5判　224ページ　2,000円（税別）

日本のサル学のあした
霊長類研究という「人間学」の可能性

中川尚史＋友永雅己＋山極寿一 編

個性とは、家族とは、集団とは、文化とは——
「似ている」からこそ「違い」がわかることがある。
霊長類に学ぶことで「人間とはなにか」という本質を考える

■収録内容　匂いを感知する遺伝子からヒトの嗅覚の特異性を探る／霊長類の豊かな色覚を進化の視点から探る／ニホンザルの個性はなにから生まれるのか／ウガンダの森に「混群」を観にいこう／猿害群に対峙する「サルのねーちゃん」／雪深い人工林で暮らすニホンザルの秘密／役割を分担し、協力する霊長類の自我と意思疎通／ボノボとチンパンジーに協力社会の起源を探る／ゲノムから探る野生チンパンジーの世界／震央にいちばん近い陸で巨大地震に遭遇したサルと私／チンパンジーに「絵」を教わる　など

A5判　240ページ　2,000円（税別）

京都通信社の本　シリーズ 京の庭の巨匠たち

重森三玲
写真：溝縁ひろし

永遠のモダンを求めつづけたアヴァンギャルド

◆掲載庭園……東福寺方丈「八相の庭」／東福寺 光明院「波心庭」／東福寺 龍吟庵「龍吟庭」、「不離の庭」、「無の庭」／善能寺「仙遊苑」／光清寺「心和の庭」、「心月庭」／瑞峯院「独坐庭」、「閑眠庭」／瑞応院「楽紫庭」、「如々庭」／松尾大社「曲水の庭」、「上古の庭」／旧重森邸（重森三玲庭園美術館）「無字庵庭園」／石清水八幡宮「社務所の庭」、「鳩峯寮の庭」ほか

◆座談会「21世紀は重森三玲をどう感じるか」
重森執氐／小埜雅章／齋藤忠一／佐藤昭夫／野村勘治

2,381円（税別）

植治 七代目小川治兵衛
写真：田畑みなお

手を加えた自然にこそ自然がある

◆掲載庭園……並河靖之七宝記念館庭園／無鄰庵庭園／平安神宮神苑／平安神宮神苑／何有荘庭園（旧和楽庵）／円山公園／碧雲荘庭園／高台寺土井庭園(旧十牛庵)／「葵殿庭園」と「佳水園庭園」(ウェスティン都ホテル京都)

◆座談会「文化的景観としての植治の『自然』」
白幡洋三郎／笹岡隆甫／谷 晃／永田 萠

◆七代目小川治兵衛　小野健吉

◆五感で味わう庭──植治の感性表現と意匠　尼﨑博正

2,381円（税別）

小堀遠州
写真：北岡慎也・田畑みなお

気品と静寂が貫く綺麗さびの庭

◆掲載庭園……金地院「鶴亀の庭」／南禅寺方丈「虎の児渡しの庭」／元離宮二条城二の丸「八陣の庭」／仙洞御所庭園／孤篷庵「近江八景の庭」

◆座談会「小堀遠州の遺産とその後遺症」
荒木かおり／熊倉功夫／小堀卓巌／野村勘治

◆小堀遠州の生涯　小堀宗実

◆「伝遠州」庭園が語る「遠州好み」　野村勘治

◆遠州の茶室──技法の奥に潜む美の真髄　中村昌生

2,381円（税別）

重森三玲 II
写真：重森三明

自然の石に永遠の生命と美を贈る

◆掲載庭園……天籟庵（茶室・露地）／友琳の庭／西山氏庭園「青龍庭」／岸和田城「八陣の庭」／香里団地「以楽苑」／林昌寺「法林の庭」／豊国神社「秀石庭」／住吉神社「住之江の庭」／正覚寺「龍珠の庭」／如月庵（旧畑氏庭園）「蓬春庭」／石像寺「四神相応の庭」／西禅院庭園／正智院庭園／福智院「愛染庭」、「登仙庭」、「遊仙庭」

◆三玲のモダン　重森三明

◆父の思い出　重森由郷

◆重森三玲のルーツをたどる　重森三明

2,381円（税別）